工业和信息化部"十四五"规划教材

人工智能芯片设计

◆周 巍 陈 雷 张冠文 主编

电子工业出版社.
Publishing House of Electronics Industry
北京·BEIJING

内 容 简 介

本书主要介绍人工智能芯片设计相关的知识，包括作为人工智能芯片设计基础的数字集成电路设计知识和数字集成电路系统设计知识，进而分析人工智能芯片设计面临的挑战，由此引出本书的重点：人工智能芯片的数据流设计和架构设计，包括了块浮点数设计、卷积神经网络数据量化算法、稀疏化算法、加速器系统控制策略、卷积层加速器设计、全连接层加速器设计等前沿技术。本书在帮助读者获得对人工智能芯片设计全面理解的基础上，使读者也能更好地把握人工智能芯片设计的重点和方向，为读者在此领域进一步研究和开发打下坚实的基础。

本书可作为普通高等学校电子信息类专业、人工智能专业、计算机类专业本科生的教材，也可作为从事人工智能芯片设计的工程技术人员的参考书。

图书在版编目（C I P）数据

人工智能芯片设计 / 周巍，陈雷，张冠文主编. --
北京 ：电子工业出版社，2024.8
ISBN 978-7-121-48023-2

Ⅰ．①人… Ⅱ．①周… ②陈… ③张… Ⅲ．①人工神经网络－芯片－设计－高等学校－教材 Ⅳ．①TP183

中国国家版本馆 CIP 数据核字(2024)第 111901 号

责任编辑：孟　宇
印　　刷：北京天宇星印刷厂
装　　订：北京天宇星印刷厂
出版发行：电子工业出版社
　　　　　北京市海淀区万寿路 173 信箱　　邮编：100036
开　　本：787×1092　1/16　印张：14　　字数：332 千字
版　　次：2024 年 8 月第 1 版
印　　次：2025 年 2 月第 2 次印刷
定　　价：69.80 元

前　　言

　　集成电路技术作为当今科技发展与进步的重要基石，已经成为国家重要的战略性基础技术，也是目前我国相关科技产业发展的必要技术。同时，当今世界的科技革命和产业变革进一步深入，人工智能正引发可产生链式反应的科学突破，催生一批颠覆性的技术，这将改变我们的生活。党的二十大报告指出："推动战略性新兴产业融合集群发展，构建新一代信息技术、人工智能、生物技术、新能源、新材料、高端装备、绿色环保等一批新的增长引擎。"在新工科背景下，人工智能、集成电路领域的跨学科融合发展与复合型人才的培养有重要意义。电子信息类专业的本科生掌握人工智能芯片设计的知识，对其主动适应新技术、新产业、新经济发展具有重要意义。

　　人工智能芯片设计技术涉及多领域、多学科，从基础器件到基本电路结构再到系统集成，涉及固体物理、电路理论、计算机科学等多个专业领域。尤其集成电路发展到当今的人工智能芯片阶段，其涉及的学科专业较多。本书按照半导体集成电路和人工智能芯片的发展脉络，从集成电路的器件结构、工艺实现、基础逻辑、电路构成、微互连技术、时序设计、系统芯片一直到当今的人工智能芯片的发展全貌进行整理撰写，同时对现代人工智能芯片的基本概念、模型算法基础、硬件构架等进行了较为系统全面的介绍，让读者对人工智能芯片有全面的了解。

　　本书第 1 章为导论，第 2 章为数字集成电路设计，第 3 章为数字集成电路系统设计，第 4 章为人工智能与深度学习，第 5 章为人工智能芯片简介，第 6 章为人工智能芯片数据流设计，第 7 章为人工智能芯片架构设计。

　　本书提供电子课件 PPT、教学大纲、习题解答、讲解视频等配套资源，请登录华信教育资源网（www.hxedu.com.cn），搜索本书书号（48023），注册后免费下载。

　　本书是教育部航空航天战略性新兴领域"十四五"高等教育系列教材，也是工业和信息化部"十四五"规划教材，建立了"校-院（所）-企"协同教材编写团队，由西北工业大学和北京微电子技术研究所的专家共同完成编写，其中西北工业大学的周巍编写了前言、第 5 章、第 6 章、第 7 章，北京微电子技术研究所的陈雷编写了第 1 章、第 2 章、第 3 章，西北工业大学的张冠文编写了第 4 章，周巍完成了本书的统稿工作。此外，本书的编写得到了西北工业大学电子信息学院和北京微电子技术研究所的支持与指导，在此深表感谢。

　　由于编者水平有限，书中难免有不妥之处，敬请读者指正。

编　者

2024 年 2 月

目　　录

导 论

1.1 半导体芯片技术概论

半导体技术是一种将半导体材料制成电子元器件的技术。半导体材料是一种介于导体和绝缘体之间的材料，具有一定的导电能力，可以用于制造各种电子元器件，如晶体管、集成电路等。半导体技术是现代电子工业的基础，其应用范围涉及电子、通信、计算机、医疗、能源等领域。目前，半导体技术已经发展到了纳米级别，可以制造出极小的芯片，使电子产品更加高效、便携和智能。随着技术的不断进步和应用领域的不断拓展，半导体技术将会继续发挥重要作用，推动各个领域的发展。

硅（Si）作为一种半导体，是大多数集成电路的基本原材料。纯硅由三维晶格的原子构成。纯硅结晶固体由重复排列的原子组成。周期性结构可以通过 X 射线衍射和电子显微镜来确定。图 1-1 所示为硅晶体的晶胞。

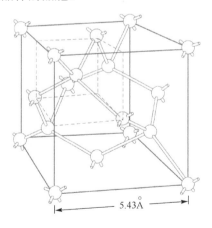

5.43Å

图 1-1　硅晶体的晶胞

硅是第Ⅳ主族元素，所以它可以与四个相邻原子形成共价键。因为所有的价电子参与形成化学键，所以纯硅是不良导体。如图 1-1 中的阴影簇所示，每个硅原子被 4 个最近的邻居原子包围。我们可以用图 1-2 所示的二维图来表示硅晶体结构。

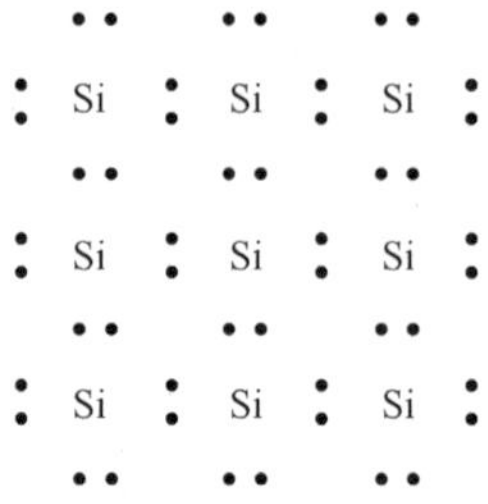

図 1-2　二维图表示的硅晶体结构

热能会使硅晶体中一小部分共价电子挣脱束缚，变成传导电子，如图 1-3（a）所示。传导电子可以在晶体中移动，因此可以传导电流。由于这个原因，传导电子比价电子对电子元器件的操作更有意义。

当一个电子挣脱束缚获得自由时，同时产生了一个空穴，如图 1-3（a）中的空心圆所示。空穴很容易获得一个新电子，如图 1-3（b）所示。这提供了另一种电子移动和传导电流的方式。该过程可以看作空穴移动到新的位置，因此将其看作电流传导的第二种方式：空穴的运动。

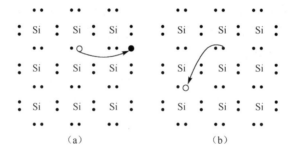

（a）　　　　　　　　（b）

图 1-3　硅晶体中的电子和空穴

在半导体中，空穴的电流传导一般与电子的电流传导一样重要。重要的是要理解空穴作为携带正电荷的移动粒子的思想，就像传导电子是携带负电荷的移动粒子一样，释放共价电子以产生传导电子和空穴需要约 1.1eV 的能量。该能量可以测定，如用光电导性实验测定。当光照射在硅样品上时，由于产生了移动的电子和空穴，其电导率增加。诱导光电导性所需的最小光子能量为 1.1eV。

通常，半导体中的热生成电子和空穴的密度在室温下非常小，假定热能在室温下为 0.026 eV。如果在半导体中引入合适的杂质原子，就可以引入数量大得多的传导电子，形成的半导体称为掺杂半导体。例如，图 1-4（a）所示的第 V 主族元素，每个原子有 5 个价电子。当 4 个电子与相邻的硅原子共享时，第五个电子可以逃逸成为移动的电子，留下正的砷离子。这种掺杂剂被称为施主，因为它们提供电子。注意，在这种情况下，没有空穴与传导电子一起产生。含有许多移动电子和很少空穴的半导体被称为 N 型半导体，电子携带负电荷。砷原子和磷原子是硅原子最常用的施主。

2

类似地，如图 1-4（b）所示，当将第Ⅲ主族杂质硼引入硅中时，每个硼原子都可以接收一个额外的电子以满足共价键，从而产生空穴。这种掺杂剂被称为受主，因为它们接收电子。掺杂有受主的半导体具有许多空穴和很少的移动的电子，被称为 P 型半导体，空穴携带正电荷。硼是硅中最常用的受主，铟和铝偶尔使用。

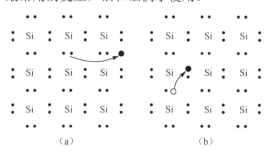

图 1-4　半导体的掺杂过程

P 型半导体和 N 型半导体之间的结称为二极管。当 P 型半导体（称为阳极）上的电压升高到 N 型半导体（称为阴极）以上时，二极管正向偏置，电流导通。当阳极电压小于或等于阴极电压时，二极管反向偏置，有非常小的电流流过。

金属-氧化物-半导体（MOS）结构通过叠加若干层导电材料和绝缘材料来创建。这些结构使用一系列化学处理方法制造，此处的化学处理方法涉及硅的氧化、掺杂剂的选择性加入及金属线和触点的沉积和蚀刻。晶体管是建立在几乎无瑕疵的单晶硅上的，这些单晶硅被制作成直径为 15～30cm 的薄扁平圆形单晶硅片。互补金属氧化物半导体（CMOS）技术提供了两种类型的晶体管：N 型金属氧化物半导体晶体管（NMOS 晶体管）和 P 型金属氧化物半导体晶体管（PMOS 晶体管）。晶体管操作由电场控制，因此该器件也被称为金属氧化物半导体场效应晶体管（MOSFET 或简称 FET）。NMOS 晶体管与 PMOS 晶体管的横截面和符号如图 1-5 所示。

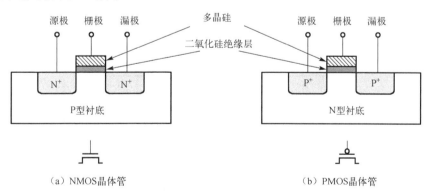

图 1-5　NMOS 晶体管与 PMOS 晶体管的横截面及符号

每个晶体管都是由栅极、二氧化硅绝缘层和硅晶片（也称为衬底）堆叠而成的。早期晶体管的栅极是由金属制成的，所以这种堆叠被称为 MOS。NMOS 晶体管有 P 型衬底，以及与栅极相邻的被称为源极和漏极的 N 型半导体区域，它们在物理上是相同的，因此我们将它们视为可互换的，衬底通常接地。PMOS 晶体管正好相反，由 P 型半导体构成源极和漏极与 N 型衬底组成。在具有两种类型的晶体管的 CMOS 技术中，衬底为 N 型或 P型。晶体管的另一种形式必须建立在一个特殊的阱中，在阱中加入掺杂剂原子形成相反类型的衬底。

栅极控制输入影响源极和漏极之间的电流。因为 NMOS 晶体管的衬底通常接地，因此源极和漏极到衬底的 P-N 结反向偏置。如果栅极也接地，就没有电流流过反向偏置结，因此，我们称晶体管关断。如果栅极电压升高，则产生电场，该电场开始将自由电子吸引到硅-二氧化硅界面的下侧。如果电压足够高，电子的数量就会超过空穴，栅极下面一个叫作沟道的薄区域就会反转，成为 N 型半导体。因此，从源极到漏极形成电子载流子的导电路径，并且电流可以流动，我们称晶体管导通。

我们推导出与这些区域中的每一个 NMOS 晶体管的电流和电压（I-V）相关的模型。假设模型沟道长度足够长，使得横向电场（源极和漏极之间的电场）强度相对较低，该模型被称为长沟道模型（理想模型、一阶模型或肖克利模型）。后续章节将对模型进行改进，以反映高电场强度、泄漏和其他非理想情况。假设长沟道模型通过关断晶体管的电流为 0。当晶体管导通（$V_{gs} > V_t$）时，栅极吸引载流子（电子）形成沟道。电子以与这些区域之间的电场强度成比例的速度从源极漂移到漏极，因此，如果我们知道通道中的电荷量及电子移动速度，就可以计算出电流。我们知道电容器每个极板上的电荷 $Q = CV$。因此，沟道中的电荷 $Q_{channel}$ 为

$$Q_{channel} = C_g(V_{gt} - V_t) \tag{1-1}$$

式中，C_g 为栅极到沟道的电容量；V_{gt}、V_t 为吸引电荷到沟道的电压，超过从 P 型半导体反转为 N 型半导体所需的最小电压。栅极电压参考不接地的沟道。如果源极电压为 V_s 且漏极电压为 V_d，则平均值 $V_c = (V_s + V_d)/2 = V_s + V_{ds}/2$。因此，栅极与沟道电位平均差 V_{gc} 之间的关系为 $V_g - V_c = V_{gs} - V_{ds}/2$，如图 1-6 所示。

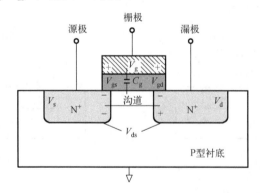

图 1-6 栅极和沟道电位平均差

我们可以将栅极建模为一个平板电容器，其容量正比于栅极到沟道的平均电压面积与厚度的关系。如果栅极的长度为 L，宽度为 W，氧化层厚度为 t_{ox}（见图 1-7），则其电容量为

$$C_g = k_{OX}\varepsilon_0 \frac{WL}{t_{OX}} = \varepsilon_{OX}\frac{WL}{t_{OX}} = C_{OX}WL \tag{1-2}$$

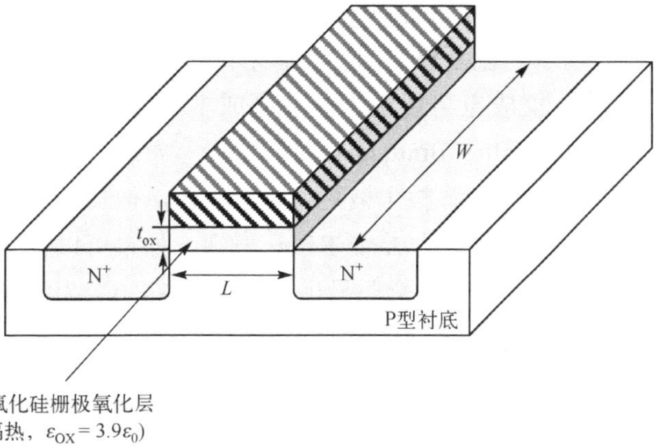

图1-7 晶体管尺寸

式中，ε_0 是自由空间的介电常数，$\varepsilon_0 \approx 8.85 \times 10^{-12}$ F/m；ε_{ox} 为二氧化硅的介电常数，其值为 ε_0 的 3.9 倍，即 $k_{ox} = 3.9$；$C_{ox} = \varepsilon_{ox}/t_{ox}$，即栅极氧化层的单位面积电容量。

注意，PMOS 晶体管的符号在栅极上有一个圆圈，表明晶体管的类型与 NMOS 相反。正电压通常用 V_{DD} 或 POWER 表示，在数字电路中表示逻辑 1。从 20 世纪 70 年代到 20 世纪 80 年代流行的逻辑器件系列中，V_{DD} 被设置为 5V。更小、更新的晶体管不能承受这样高的电压，因此使用 3.3V、2.5V、1.8V、1.5V、1.2V、1.0V 等的电源。低电压用 V_{SS} 或接地（GND）表示，在数字电路中表示逻辑 0，通常为 0V。

总之，MOS 晶体管的栅极控制源极和漏极之间的电流。当 NMOS 晶体管的栅极为高电平时，晶体管导通并且存在从源极到漏极的电流。当栅极为低电平时，NMOS 晶体管截止，从源极到漏极的电流几乎为零。PMOS 晶体管正好与 NMOS 晶体管相反，当栅极为低电平时导通，当栅极为高电平时截止。

1.2 集成半导体器件技术

1958 年，德州仪器公司的 Jack Kilby 制造出第一片以两个晶体管构成的集成电路。2008 年，英特尔公司研发的安腾微处理器包含超过 20 亿个晶体管，并且研发出超过 40 亿个晶体管的 16GB Flash。这意味着晶体管数量在 50 年内以 53%的复合年均增长率增长，历史上还没有其他任何技术能实现如此高的复合年均增长率。之所以出现如此高的复合年均增长率，主要是因为晶体管的小型化发展和制造工艺的改进。大多数工程领域都涉及性能、功耗和成本之间的权衡，但晶体管小型化后，将具备速率更快和消耗功率更低的特点，并且制造成本也更低。这种协同效应彻底改变了集成电路及其相关电子产品。

曾经用于公司的超级计算机的处理器现在可以在手机中使用，曾是一个公司会计系统所用的内存，现在可装在一个普通的平板电脑中。集成电路在航天领域的发展，使探索太空成为可能；在汽车领域的发展，可使汽车更便捷、更节能；在生活方面的发展，使人们可通过互联网获取大部分的知识，使人与世界的联系更为紧密。

1994 年，全球集成电路行业销售额破 1000 亿美元。从事集成电路行业的大多数工程师获得了不菲的收入，对于有创新想法的企业家来说，致富的方向一目了然。

在 20 世纪上半叶，集成电路使用大型、高成本、高功耗且可靠性不高的真空管。1947 年，John Bardeen 和 Walter Brattain 在贝尔实验室发明了第一个可用的点接触型晶体管，如图 1-8（a）所示。当时，该技术被列为军事机密，但贝尔实验室在第二年就公开了该项技术。十年后，德州仪器公司的 Jack Kilby 发现，如果可以在一块硅板上集成多个晶体管，那么集成电路小型化的潜力就会凸显出来。图 1-8（b）为他发明的第一个集成电路原型，其主要由锗片和金线制成。

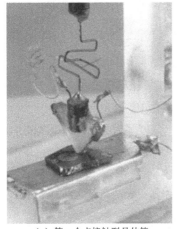
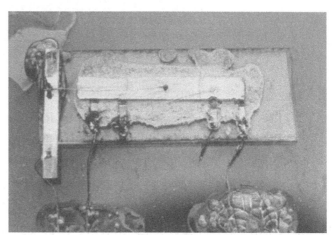

（a）第一个点接触型晶体管　　　　　　　　　　（b）第一个集成电路原型

图 1-8　第一个点接触型晶体管和第一个集成电路原型

John Bardeen、Walter Brattain 和他们的导师 William Shockley 因为晶体管的发明，获得了 1956 年的诺贝尔物理学奖。Jack Kilby 因其对集成电路的贡献，在 2000 年获得了诺贝尔物理学奖。

晶体管可以看作一个电控开关，分为控制端子和两个根据施加到控制装置的电压或电流而选择连接或断开的端子。在点接触型晶体管发明不久，贝尔实验室发明了双极型晶体管。双极型晶体管的可靠性更高，并且具有低噪声、高功率、高利用率的特点。早期的集成电路主要使用双极型晶体管。双极型晶体管仅需很小的电流进入控制端子（基极），就可以在其他两个端子（发射极和集电极）之间将其转换为更大的电流。由这些基极电流耗散的静态功率即使在电路不进行切换时也会被损耗，从而限制了可以集成到单个芯片上晶体管的最大数量。

20 世纪 60 年代，人们开始生产 MOSFET。MOSFET 有一个引人注目的优势，即在空闲时几乎是零控制电流。其中，NMOS 晶体管和 PMOS 晶体管是两种主要类型，分别使用 N 型半导体和 P 型半导体制成。然而，随着数十万个晶体管被集成到一个芯片上，功耗过大的问题逐渐凸显。于是 CMOS 工艺应运而生，几乎取代了 NMOS 晶体管和双极型晶体管，成为数字电路应用的主流。

在 1965 年，戈登·摩尔观察到，在芯片上集成具有最低制造成本的晶体管时，晶体管数量呈现出半对数曲线，晶体管数量每隔 18 个月就会翻一番，这一观察结果被称为"摩尔定律"。它的一个重要推论是"德纳德标度定律"，随着晶体管体积的缩小，其性能变得更快、更省力，制造成本更低。如图 1-9 所示，随着时间的推移，英特尔微处理器的时钟频率每隔约 34 个月翻一番。时钟频率变化在 2004 年左右达到了顶峰，时钟频率在 3GHz 左右趋于平稳。虽然计算机性能的提升并不完全依赖于时钟频率，但是它在运行应用程序时确实取得了巨大的进步。如今，计算机性能受芯片上晶体管数量的影响，而不是由时钟决定。尽管单个 CMOS 晶体管每次切换所需的能量微不足道，但每秒切换数百万个或数十亿个晶体管会导致巨大的功耗。此外，晶体管体积变得如此小，以致它们无法完全关闭，这意味着即使在不使用时，它们仍将泄漏电流。由于晶体管数量巨大，泄漏电流的累积效应会导致较大的功耗。

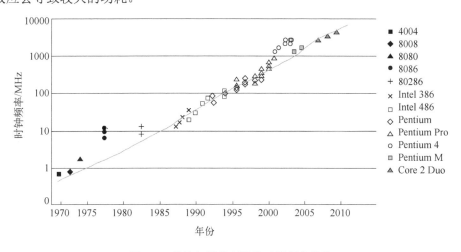

图 1-9 英特尔微处理器的时钟频率趋势

随着芯片上晶体管数量的指数级增长，设计师们越来越依赖自动化水平的提高来提高生产力。许多设计师将大量的精力用于硬件描述语言来指定功能，而很少关注实际晶体管。尽管如此，芯片设计仍需要基本的电路设计知识，因为解决更困难的问题需要这些知识作为基础。因此，本书重点在于从下到上逐步建立对集成电路的理解。

本章将简化 CMOS 晶体管作为开关的模型，并通过该模型开发 CMOS 逻辑门电路和 CMOS 锁存器。CMOS 晶体管与印刷工艺非常相似，可以在硅片上使用光刻工艺进行大规模生产。本章将探讨如何使用指定的矩形来布置晶体管，这些矩形指示掺杂剂的扩散、多晶硅的生长、金属线的沉积及触点的蚀刻，以连接所有的层。

MOS 晶体管是一种电子元件，其栅极可以控制源极和漏极之间的电流流动。将其简化之后，MOS 晶体管可以被视为简单的 ON/OFF 开关。当 NMOS 晶体管的栅极为高电平时，晶体管导通，从源极到漏极存在电流；当栅极为低电平时，NMOS 晶体管截止，电流几乎为零。而 PMOS 晶体管恰恰相反，当栅极为低电平时导通，当栅极为高电平时截止。我们可以使用如图 1-10 所示的开关模型来描述 MOS 晶体管，其中 g、s 和 d 分别代表栅极、源极和漏极。这个模型是我们讨论电路行为时常用的模型。

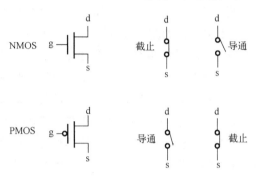

图 1-10 晶体管符号和开关模型

1.3 工艺技术与设计规则

1.3.1 简介

本节总结了基本的 CMOS 工艺流程并加以扩展。通常情况下，工艺处理细节与 CMOS 电路的设计方式有关。当前的 CMOS 工艺较为复杂，本节不对每个细微差别进行说明，仅关注一些影响设计的基础概念。

工程师普遍关心的问题是为什么要考虑晶体管的制造工艺。在许多情况下，工程师只有了解半导体制造过程、掌握了基础设计规则，才能创造出更好的设计。掌握晶体管制造工艺对于芯片设计失败的调试及提升良品率也是十分重要的。

1.3.2 CMOS 工艺

CMOS 工艺步骤可以大致分为两部分。晶体管在前道工艺（FEOL）阶段形成，布线在后道工艺（BEOL）阶段完成。本小节介绍制造过程中的主要步骤。

1. 形成晶圆

CMOS 晶圆厂中使用的基本原材料是硅晶圆，直径为 75～300mm，厚度小于 1mm。硅晶圆是从熔化的硅纯中拉出单晶硅圆柱再经切割得到的，是目前生产单晶材料最常见的方法，被称为直拉法，又叫作丘克拉斯基法（Czochralski Method）。

2. 光刻

光刻就是将光掩模（Mask）上的图形转移到覆盖在硅晶圆表面对光敏感的材料上去的工艺。掺杂区域、多晶硅、金属和接触孔（Contact）等决定了使用的是什么样的掩模。在掩模覆盖的区域，不会进行离子注入，介电层或金属层是完好无损的。在掩模没有覆盖的区域，将会发生离子注入，介电层或金属层将被刻蚀。这种模式是通过光刻工艺来实现的，即用光在石头上雕刻图片。硅晶圆涂有抗光图层，并通过掩模进行选择性光刻。在光刻图形完成后，其他屏障层，如多晶硅，二氧化硅或氮化硅可以用作芯片上的物理掩模。

光刻掩模由石英玻璃（透光的衬底材料）上覆盖不透光的金属（主要为金属铬）组成。使用紫外光（UV）光源进行曝光，图 1-11 所示为光刻工艺，紫外光从掩模背面照射到硅晶圆暴露出来的区域，硅晶圆上受到光照的光刻胶，其光学特性发生变化。使用溶剂溶解非曝光区的可溶性光刻胶，留下曝光区的不可溶性光刻胶，该光刻胶称为负胶。正胶的非曝光区是不可溶的，当暴露于紫外光后会变为可溶性光刻胶。正胶提供了比负胶更高的分辨率，但对光的敏感度较低。随着特征尺寸变小，必须使掩模变得更薄，这也将导致掩模更易发生故障，可能会影响光刻工艺的整体产量及芯片生产的成本。

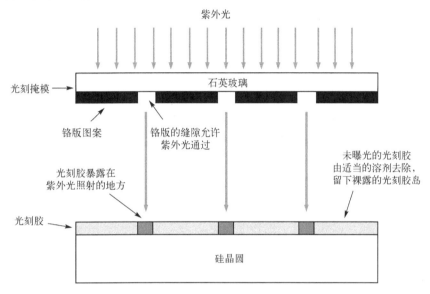

图 1-11　光刻工艺

3. 阱和沟道

主要的 CMOS 技术如下。

（1）N 阱工艺。

（2）P 阱工艺。

（3）双阱工艺。

（4）三阱工艺。

在 P 阱工艺中，NMOS 晶体管放置在 P 阱中，PMOS 晶体管放在 N 型衬底中。P 阱工艺用来优化 PMOS 晶体管的性能，改进后的技术能够在 N 阱中制造出性能优异的 PMOS 晶体管。N 阱工艺能够实现在 P 型衬底中制造出性能优异的 NMOS 晶体管的目标。在 N 阱工艺中，每一组 PMOS 晶体管共享相同的体接触，但与不同阱中的 PMOS 晶体管是隔离开的。但芯片上所有的 NMOS 晶体管共享同一个衬底。通过数字电路注入基板的噪声会干扰敏感的模拟电路或存储器电路，因此伴随着 N 阱工艺出现了双阱工艺。双阱工艺允许对每一种类型的晶体管进行优化。还可以通过增加第三个阱形成三阱工艺。三阱工艺的出现可以在混合信号芯片中为模拟电路和数字电路之间提供良好的隔离，也可以用来实现高密度动态数字信号与模拟信号隔离。大多数制造生产线提供双阱工艺的基线，可以通过增加一个额外的单个掩模升级为三阱工艺。三阱工艺的阱结构如图 1-12 所示。

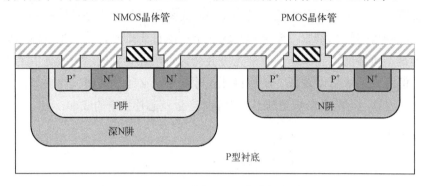

图 1-12　三阱工艺的阱结构

阱及其他特性需要通过硅掺杂区域来实现。可以使用外延、沉积或注入来实现各种比例的施主和受主掺杂。外延是通过将硅晶片表面进行升温或掺杂，从而在硅晶片表面上生长出单晶膜。

经过外延生长后硅晶片表面的缺陷远少于天然的硅晶圆，也可以有效避免闩锁效应。制造厂一般会有外延层晶圆或非外延层晶圆两种晶圆可供选择。通常，微处理器设计师更喜欢使用外延层晶圆，以获得统一的器件性能。

1.3.3　设计规则

设计规则也称为版图（Layout）规则，可以视为准备用来制造集成电路的掩模的"处方"。设计规则是根据特征尺寸（宽度）、间距（Separation）和重叠（Overlap）来定义的。设计规则的主要目的是在尽可能小的区域中可靠地构建功能性电路。通常，设计规则代表了性能和产量之间的折中。设计规则越保守，电路越有可能正常运行。但是，设计规则越严格，改善电路性能和尺寸的机会就越大。

设计规则为设计人员指定了版图上的某些几何约束，以便处理后的硅晶圆能够保留设计的拓扑结构和几何形状。要注意，设计规则并不代表制造正确和不正确之间的必要边界，它代表可确保正确制造和高可能性更改操作之间的公差。例如，违反设计规则的版图仍然可以正常运行，反之亦然。然而，从设计规则中进行任何重大改动或忽略设计规则都可能会影响设计的成功运行。

1. 阱规则

与晶体管的源极、漏极注入相比，N 阱通常采用更深的注入（尤其是深 N 阱）。因此，在 N 阱边缘与相邻的 N+扩散区之间应提供充足的间隙。使用 STI（浅槽隔离）的过程可能允许内部间隙为零。在较旧的 LOCOS（局部氧化）工艺中，如鸟喙效应之类的问题通常会大量清除。将 NMOS 晶体管和 PMOS 晶体管放置在距离较近的位置可以显著降低 SRAM（静态随机存储器）单元的尺寸。

由于 N 阱电阻可以是每平方几千欧,因此通过提供足够数量的阱来彻底地接地,对于防止由于阱电流而导致的电压下降是十分必要的。如果阱连接到不同的电压(如在模拟电路中)上,则间距规则可能与等电位阱的间距规则(所有阱均为同一电压是数字逻辑中的正常情况)不同。

掩模阱可能包括 N 阱、P 阱及深 N 阱,用于指定放置各种阱的位置。通常在双阱工艺中指定一个阱(N 阱),默认情况下,将 P 阱放置于没有 N 阱的位置(P 阱等于 N 阱的逻辑取反)。

2. 晶体管规则

CMOS 晶体管通常至少由四个掩模定义,即 Active(也称为扩散、diff、薄氧、OD、RX)、N-select(也称为 N 注入、nimp、nplus)、P-select(也称为 P 注入、pimp、pplus)及多晶硅(也称为 poly、polyg、PO)。扩散版层定义了 N 型、P 型扩散放置区域或晶体管栅极的放置区域,晶体管栅极由多晶硅掩模和扩散掩模进行"逻辑与"定义,即多晶硅交叉扩散。选择层定义了需要哪种类型的扩散。N 注入有源区需要采用 N 型扩散,P 注入有源区需采用 P 型扩散。P 阱中的 N 型扩散区域定义了 NMOS 晶体管(或 N 扩散线),N 阱区域中的 N 型扩散区域定义了 N 阱接触。

多晶硅横跨有源区是十分必要的,否则已经创建的晶体管将由源极和漏极的扩散路径导致短路。因此,需要将多晶硅扩展到有源区的边缘,这通常称为栅极延伸(Grid Extension)。有源区必须延伸到多晶硅栅极之外,以便扩散形成源漏区域,将电荷带入、带出沟道。多晶硅与有源区域必须分离,不应形成晶体管。这就是有源区到多晶硅之间的间隔规则。图 1-13 所示为 CMOS 晶体管 N 阱工艺和阱/衬底接触孔。

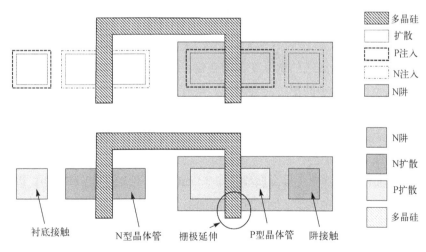

图 1-13　CMOS 晶体管 N 阱工艺和阱/衬底接触孔

3. 接触孔规则

常用的接触孔如下。

(1)金属到 P 扩散的接触孔。

（2）金属到 N 扩散的接触孔。

（3）金属到多晶硅的接触孔。

（4）金属到阱或衬底的接触孔。

由于部分衬底被划分为阱区域，因此每个独立的阱必须连接至适当的供电电源，即 N 阱必须与 V_{DD} 相连，衬底或 P 阱必须通过接触孔接地。金属与轻掺杂衬底或阱的连接并不紧密，因此，重掺杂有源区放置在接触孔下，NMOS 晶体管的衬底接触如图 1-14 所示。

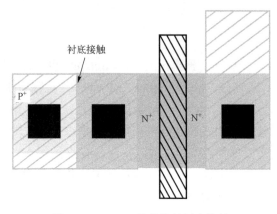

图 1-14 NMOS 晶体管的衬底接触

尽可能在每个连接处使用多个接触孔，保证即使有一个接触孔有问题，仍然能够保持连接，保证在多种工艺中不影响生产。

包括接触孔到有源区或多晶硅的唯一一张版层是接触掩模，通常被称为 CONT 或 CA。接触孔通常具有均匀的尺寸，允许刻蚀出非常小的一致的特征。

4．金属规则

金属间距可能随着金属线的宽度变化而变化。也就是说，大于某些金属线宽度，对照宽金属线的刻蚀特性，最小间距可能会增加。也有最大金属宽度规则，也就是说，单金属线不能大于某一宽度。如果需要更宽的金属线，可以通过添加棋盘链路（Checkerboard Link）将许多较小的、平行的金属线连在一起。此外，还有一些间距规则应用于长的、间隔小的平行金属线。

较旧的非平面化工艺需要上层金属线（如 Metal3）有更大的宽度和间距，以防止由基础层的垂直拓扑引起的相邻金属线之间的断裂或短路。随着工艺的进步，现代的平面工艺一般不再考虑该因素。然而，对于较厚的金属层，仍然有可能存在较大的线宽和较小的间距。

金属规则可能会因宽度变化而变得复杂：随着金属宽度的增加，金属与接触孔的距离不断缩小，两者接触后可能导致固定 0 或固定 1 故障。

5．通孔规则

各种工艺关于是否允许将堆叠的通孔放置在多晶硅和扩散区域上可能会略有不同。某些工艺可以将通孔放置在这些区域内，但不允许通孔跨越多晶硅或扩散的边界。这是由于在子层（Sublayer）边界处发生的突然垂直拓扑变化而产生的。现代平面化工艺允许堆叠通孔，从而减少了从底层金属传递到上层金属所需的面积。

通孔尺寸在同一层内通常是统一的。通孔的尺寸可能会增大，直到金属堆栈的顶部。例如，电源总线上所需的大尺寸通孔是由一系列均匀尺寸的通孔阵列构成的。

6. 其他规则

钝化或覆盖（Coverglass）层是覆盖在最终芯片上的玻璃（SiO_2）保护层。在键合区和任何内部测试点都需要有适当大小的开口。

某些过程中可能存在的一些其他规则如下。

（1）多晶硅或金属的扩展超出接触孔或通孔。

（2）不同的栅极扩展取决于器件的长度。

（3）最大特征宽度。

（4）最小特征面积（小块的光刻胶可以剥离）。

（5）最小缺口尺寸（小缺口几乎没有用处，并且会干扰分辨率增强技术）。

7. 小结

尽管较早的工艺往往是由技术驱动的，并且伴随着内容冗长的设计规则，但现在，工艺已经逐渐变得"设计者友好"，或者更具体地说，是"计算机友好"（大多数掩模的几何形状的设计都是算法产生的）。市面上有时会创建通用规则，这些规则涵盖了许多不同的CMOS 晶体管制造厂。一些工艺通过设计指南来避免某些特征结构，以确保获得较高的产量。从传统上来说，工程师遵循产量改善工艺周期，以确定芯片有缺陷的原因并修改版图，从而避免最常见的系统故障。但当前市场和产品寿命周期时间越来越短，以至于产量高的产品仅能靠提高产量来提高利润。通常最好在新的、工艺节点更小的技术中重新设计产品，而不是在较旧的、工艺节点更大的技术中提高产量。

习题

1. 简述 CMOS 工艺流程。

2. 简述 CMOS 集成电路设计规则。

3. 简述 N 阱、P 阱、双阱工艺。

思政之窗

党的二十大报告指出："坚持面向世界科技前沿、面向经济主战场、面向国家重大需求、面向人民生命健康，加快实现高水平科技自立自强。以国家战略需求为导向，集聚力量进行原创性引领性科技攻关，坚决打赢关键核心技术攻坚战。"芯片作为数字经济的支柱，芯片技术自主可控是我国实现科技自立自强的基础保障。芯片是信息技术产业的核心，是支撑国家经济社会发展，是保障国家安全的战略性、基础性和先导性产业，是实现科技强国、产业强国的关键标志。

第 2 章

数字集成电路设计

CMOS 电路（互补金属氧化物半导体电路）由绝缘栅场效应晶体管组成，由于只有一种载流子，因而是一种单极型晶体管集成电路，由一个 NMOS 场效晶体管和一个 PMOS 场效晶体管构成，其基本结构如图 2-1 所示。

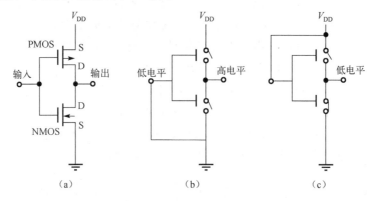

图 2-1　CMOS 电路基本结构示意图

CMOS 电路的特点如下。

（1）静态功耗低，每个逻辑门功耗为 nW 级。

（2）逻辑摆幅大，近似等于电源电压。

（3）抗干扰能力强，直流噪声容限达逻辑摆幅的 35%左右。

（4）可在较宽的电源电压范围内工作，便于与其他电路连接。

（5）速度快，逻辑门延迟时间为 ns 级。

（6）在模拟电路中应用，其性能比 NMOS 电路好。

2.1.1 CMOS 反相器设计

使用一个 NMOS 晶体管和一个 PMOS 晶体管构成 CMOS 反相器，其原理图和符号[①]

---

① 本书中逻辑门符号非现行国标符号，国标符号见附录 A。

如图 2-2 所示。顶部的横线表示 V_{DD}，底部接地。当输入 $A=0$ 时，NMOS 晶体管关断，PMOS 晶体管导通，由于输出端 Y 连接到 V_{DD}，而不是接地，因此输出 $Y=1$。相反，当输入 $A=1$ 时，NMOS 晶体管导通，PMOS 晶体管关断，输出 $Y=0$。

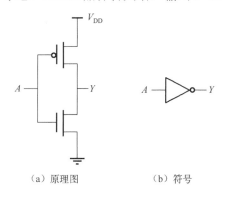

（a）原理图　　　　（b）符号

图 2-2　CMOS 反相器原理图和符号

表 2-1 对 CMOS 反相器的逻辑功能进行了总结。

表 2-1　CMOS 反相器的逻辑功能

A	Y
1	0
0	1

当输入低电平（$V_i=V_{SS}$）时，PMOS 晶体管导通，NMOS 晶体管截止，输出高电平。当输入高电平（$V_i=V_{DD}$）时，PMOS 晶体管截止，NMOS 晶体管导通，输出低电平。两个晶体管如同单刀双掷开关一样交替工作，构成反相器。

2.1.2　CMOS 组合逻辑电路设计

上面讲到的反相器属于静态 CMOS 门电路。通常，静态 CMOS 门电路具有 NMOS 下拉网络将输出端接地，具有 PMOS 上拉网络将输出端连接到 V_{DD}，如图 2-3 所示。对于任何输入模式，CMOS 组合逻辑电路都会保证其中一个晶体管打开，另一个晶体管关断。

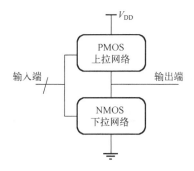

图 2-3　CMOS 门电路示意图

反相器中的 PMOS 上拉网络和 NMOS 下拉网络分别包含一个晶体管。与门采用串联下拉网络和并联上拉网络。更复杂的逻辑门则使用更复杂的网络。当且仅当所有串联的晶体管都导通时，串联电路中的两个或多个晶体管才导通。任意一个并联晶体管导通时，并联电路中的两个或多个晶体管均导通，如图 2-4 所示。

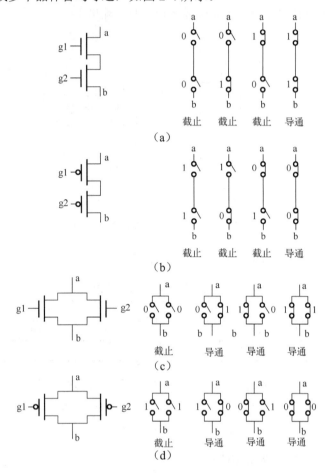

图 2-4　NMOS 和 PMOS 晶体管对示意图

如图 2-4 所示，通过使用 NMOS 和 PMOS 晶体管对的组合，可以构建 CMOS 组合逻辑电路。

一般来说，当我们在一个下拉网络中加入一个上拉网络组成一个逻辑电路时，组合逻辑电路输出端电平如表 2-2 所示，它们都将尝试在输出端施加逻辑电平。

表 2-2　组合逻辑电路输出端电平

	上拉网络关闭	上拉网络打开
下拉网络关闭	Z（高阻态）	1
下拉网络打开	0	阻塞 X 逻辑电平（不定态）

从表 2-2 中可以看出，CMOS 逻辑门的输出可以有四种状态。反相器和与门遇到了高、低电平，其中上拉网络或下拉网络为 OFF，另一个网络为 ON。当上拉网络和下拉网络均关闭时，会产生高阻抗或浮动 Z 输出状态。这个特性在多路复用器、存储器和三态总线驱动器中非常重要。

当上拉和下拉同时打开时，存在阻塞（或竞争）X 逻辑电平。两个网络之间的竞争会导致输出电平不确定并消耗静态功耗。这通常是电路设计中应避免的问题。

2.2 时序电路设计

2.2.1 概述

假设已经经过足够长的时间以使逻辑门稳定，前面介绍的组合逻辑电路具有一种特性，即逻辑电路的输出仅取决于当前的输入。然而，实际上所有系统都需要存储状态信息，这引出了另一类电路，即时序电路。在这些电路中，输出不仅取决于当前输入，还与之前的输入有关，即时序电路具有记忆功能。图 2-5 所示为使用正边沿触发寄存器的有限状态机（FSM）的框图，它由组合逻辑电路和寄存器组成，寄存器用于保存系统状态。该系统属于同步时序系统，其中所有寄存器都在单个全局时钟信号的控制下工作。有限状态机的输出是当前输入和当前状态的函数。下一个状态基于当前状态和当前输入来确定，并且被馈送到寄存器的输入端。在时钟信号的上升沿，下一个状态被复制到寄存器的输出端（经过一定的传播延迟），新的周期开始。寄存器忽略输入信号的变化，直到下一个时钟信号上升沿。通常，寄存器可以是正边沿触发的（其中输入数据在时钟信号正边沿上复制），也可以是负边沿触发的（其中输入数据在时钟信号负边沿上复制，由时钟信号输入端的小圆圈表示）。

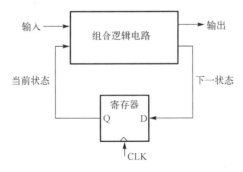

图 2-5　使用正边沿触发寄存器的有限状态机（FSM）的框图

本章讨论内容中最为重要的是时序电路的 CMOS 实现方法。在现代数字电路中，记忆元件和时钟触发方法有多种选择。正确的选择对时序电路性能、功耗和（或）设计复杂度均会产生巨大的影响，因此这一选择变得越来越重要。在开始详细讨论各种设计选项之前，有必要对设计指标进行介绍，并对记忆元件进行分类。

1. 时序电路的时序度量

寄存器具有三个重要的时序参数，如图 2-6 所示。建立时间（t_{su}）是指数据输入（D_{input}）必须在时钟转换（正边沿触发寄存器 0 到 1 的转换）之前变为有效状态的时间。保持时间（t_{hold}）是指数据输入在时钟信号上升沿之后必须保持有效状态的时间。

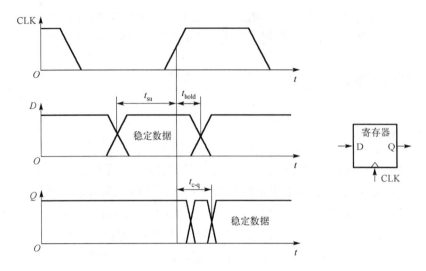

图 2-6　同步寄存器的建立时间、保持时间和传播延迟的定义

假设在满足建立时间和保持时间的前提下，输入端 D 的数据在最坏情况传播延迟 $t_{c\text{-}q}$（以时钟沿为参考）之后被复制到输出端 Q。通过给定寄存器和组合逻辑电路的时序信息，可以导出一些系统级时序约束。假设逻辑电路的最坏情况传播延迟为 t_{plogic}，而其最小传播延迟（也称为污染延迟）为 t_{cd}。时序电路正常工作所需的最小时钟周期 T 为

$$T \geqslant t_{c\text{-}q} + t_{plogic} + t_{su} \tag{2-1}$$

寄存器的保持时间对正确的操作施加了额外的约束，即

$$t_{cdlogic} + t_{cd} \geqslant t_{hold} \tag{2-2}$$

式中，$t_{cdlogic}$ 为逻辑延迟。

根据式（2-1），最小化定时参数与寄存器相关联的定时参数的值是非常重要的，因为这些参数直接影响时序电路的计时速率。实际上，现代高性能系统的特点是具有非常低的逻辑深度，而寄存器传播延迟和建立时间占据了时钟周期的很大一部分。例如，DEC Alpha EV6 微处理器的最大逻辑深度为 12 个逻辑门，寄存器开销约占时钟周期的 15%。一般来说，满足式（2-2）的要求并不困难，但当寄存器之间的逻辑关系很少或没有时，这就成了一个问题。

2. 记忆元件的分类

1）静态记忆元件与动态记忆元件

记忆元件分为静态记忆元件和动态记忆元件两种类型。静态记忆元件的状态在电源打开时保持不变，其通常采用正反馈或再生构建，在长时间不需要更新的电路中应用广泛，如配置数据电路。此外，大多数使用门控时钟的处理器不能保证寄存器被时钟控制的频率，因此需要静态记忆元件来保存状态信息。基于正反馈的记忆元件属于多谐振荡器电路的一类元件，其中双稳态元件是最流行的。此外，单稳态和非稳态元件也经常用于记忆电路的构建。

动态记忆元件是一种能够在短时间内存储状态的记忆元件，其存储时间通常为 ms 级。动态记忆元件基于在与 MOS 器件相关联的寄生电容上临时存储电荷的原理。动态逻辑电容器必须周期性地刷新，以消除电荷泄漏。动态记忆元件相对于静态记忆元件结构更为简单，因此它们显著提高了系统的性能并降低了功耗。动态记忆元件在需要高性能水平和周期性时钟信号的数字电路中应用广泛。

2）锁存器与寄存器

锁存器是边沿触发寄存器的重要组成部分。它是一种电平敏感的电路，当时钟信号为高电平时，它将输入信号 D 传递到输出端 Q。这种锁存器模式被称为透明模式。当时钟信号为低电平时，在时钟信号下降沿采样的输入数据在整个相位中都保持稳定，锁存器处于保持状态。输入信号必须在时钟信号下降沿附近的短时间内稳定，以满足建立时间和保持时间的要求。在上述条件下操作的锁存器是正锁存器。类似地，当时钟信号为低电平时，负锁存器将输入信号 D 传递到输出端 Q。正锁存器和负锁存器的时序图如图 2-7 所示。锁存器可以采用各种静态和动态实现方式。在这些实现方式中，包括基于 CMOS 的静态锁存器、基于传输门的动态锁存器和基于电容器的动态锁存器等。这些实现方式的性能和功耗各不相同，因此需要根据具体应用场景来选择。

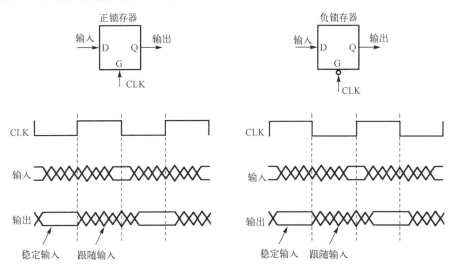

图 2-7 正锁存器和负锁存器的时序图

总之，锁存器是一种重要的边沿触发寄存器，透明模式和保持模式的切换由时钟信号的高、低电平控制。在实际应用中，需要根据具体的应用场景选择不同的实现方式。

与电平敏感锁存器不同，边沿触发寄存器只对正边沿触发寄存器的时钟信号 0 到 1 转变时的输入信号进行采样，负边沿触发寄存器则对时钟信号 1 到 0 转变时的输入信号进行采样。这种锁存器通常使用锁存器原语构建。最常见的配置是级联正锁存器和负锁存器的主从结构。除了主从结构，寄存器还可以使用时钟信号的单触发发生器（"毛刺"寄存器）或其他专用结构来构造。这些结构的示例将在本章后面进行介绍。

2.2.2 静态元件

1. 双稳态原理

静态存储器采用正反馈来构建双稳态电路，其中电路具有两个稳定状态，分别代表 0 和 1。该电路的基本思想如图 2-8（a）所示，图中展示了两个串联的反相器，根据该电路的典型电压传输特性，图 2-8（b）还描绘了第一个反相器的电压传输曲线，即第一个反相器的输出 V_{o1} 与第一个反相器的输入 V_{i1} 之间的关系。第二个反相器的输出 V_{o2} 与第一个反相器的输入 V_{i1} 之间通过虚线连接。此时，电路只有三个可能的工作点（A、B 和 C），如电压传输曲线所示。值得注意的是，在该电路中，输入电压的微小变化可能会导致电路从一个稳态跳转到另一个稳态，这就是正反馈的结果。此外，我们很容易得出一个重要的猜想：在瞬态区逆变器的增益大于 1 的条件下，只有工作点 A 和 B 是稳定的，而工作点 C 是一个亚稳态工点。

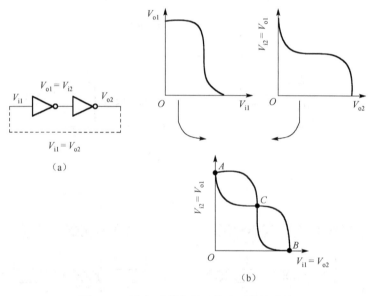

图 2-8　两个级联逆变器及其电压传输曲线

假设交叉耦合反相器对在点 C 处被偏置，由噪声引起的小偏差可能会在电路环路周围被放大和再生，导致环路周围的增益大于 1，这种效应如图 2-9（a）所示。小偏差适用于 V_{i1} 在点 C 处偏置并被反相器的增益放大，放大的效应被施加到第二个反相器上再次放大。偏置点将远离点 C 移动，直到到达操作点 A 或操作点 B。因此，点 C 是一个不稳定的工作点，每个偏差（即使是最小的偏差）都会导致工作点偏离其原始位置。尽管交叉耦合逆变器对在 C 处偏置并保持在那里的机会非常小，但具有此属性的工作点被称为亚稳态工作点，如图 2-9（a）所示。

另一方面，如图 2-9（b）所示，A 和 B 是稳定的工作点。在这两个点上，环路增益比 1 小得多，即使存在较大的偏差，也会逐渐减小并消失。因此，两个反相器的交叉耦合导致了双稳态电路，即具有两个稳定状态的电路，每个稳定状态对应一个逻辑状态。

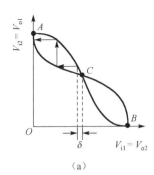
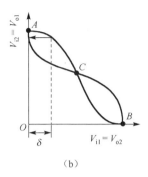

图 2-9　亚稳态工作点

为了改变存储值，需要将电路从状态 A 变为状态 B，反之亦然。然而，稳定性的前提条件是环路增益 $G<1$。因此，我们可以使 A（或 B）的状态通过将 G 增加到大于 1 的值而变得暂时不稳定，实现状态的改变。通常，这可以通过在 V_{i1} 或 V_{i2} 处施加触发脉冲来完成。例如，假设系统处于状态 A（$V_{i1}=0$，$V_{i2}=1$），将 V_{i1} 强制置为 1 会导致两个反相器在短时间内同时导通，从而使环路增益 G 大于 1。这样，正反馈机制会重新产生触发脉冲，并且电路会移动到另一个状态（在这种情况下为状态 B）。触发脉冲的宽度只需比电路环路周围的总传播延迟稍大一点即可，总传播延迟是反相器的平均传播延迟的两倍。

双稳态电路是一种具有两个稳定状态的电路。在没有任何触发信号的情况下，电路会保持在单一状态（假设电源仍然施加到电路上），并存储一个值。要改变电路的状态，必须施加触发脉冲。因此，双稳态电路通常被称为触发器，需要注意的是，边沿触发寄存器也被称为触发器。

2. SR 触发器

在前一节中，我们介绍了一种使用交叉耦合反相器对来稳定存储二进制变量的方法。然而，为了控制存储器状态，需要添加额外的电路。实现这一点的最简单方法是使用 SR 触发器（置位-复位触发器）。图 2-10 所示为基于或非门的 SR 触发器，该电路类似于交叉耦合反相器对，但使用或非门代替反相器。或非门的第二输入端连接到触发器输入端（S 端和 R 端），这使得可以强制输出 Q 和 $\overline{Q}$ 到给定状态（$SR=11$ 除外）。当 S 和 R 都为 0 时，触发器处于静态且两个输出保持原值（其中一个输入为 0 的或非门看起来像反相器，并且该结构看起来像交叉耦合的反相器）。当输入端 S 被施加了一个脉冲时，输出端 Q 被强制进入 1 状态，反之亦然。当输入端 R 被施加了一个脉冲时，触发器复位，并且输出 Q=0。

这些结果被列于 SR 触发器的特性表中，如图 2-10（c）所示。SR 触发器的特性表是逻辑门的真值表，它列出了所有可能输入条件下的输出状态函数。当 S 和 R 同时为高电平时，Q 和 $\overline{Q}$ 都被强制置零。这种情况不符合约束条件，即 Q 和 $\overline{Q}$ 必须是互补的。因此，这种输入模式是被禁止的。此外，当 SR 触发器的输入返回到零电平时，锁存器的最终状态是不可预测的，取决于最后变低的输入信号。最后，图 2-10 显示了 SR 触发器的原理图和逻辑符号，它是一种常见的逻辑电路元件。

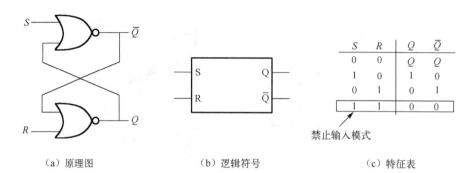

（a）原理图　　　　　　（b）逻辑符号　　　　　　（c）特征表

图 2-10　基于或非门的 SR 触发器

SR 触发器也可以用图 2-11 所示的交叉耦合与非门来实现。

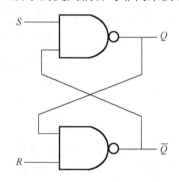

图 2-11　基于与非门的 SR 触发器

到目前为止，我们讨论的 SR 触发器是异步的，不需要时钟信号。然而，大多数系统采用同步方式操作，即以时钟信号作为状态转换的参考。时钟 SR 触发器可以通过电平敏感正锁存器实现，如图 2-12 所示。该电路由交叉耦合的反相器对组成，加上 4 个额外的晶体管，用于驱动触发器从一个状态到另一个状态，并提供时钟信号。虽然该电路中晶体管的数量与图 2-10 相同，但它具有时钟信号控制的附加特性。

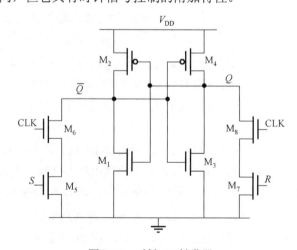

图 2-12　时钟 SR 触发器

时钟 SR 触发器不消耗任何静态功耗。在稳态时，一个反相器处于高电平，另一个反相器处于低电平，V_{DD} 和地之间不存在静态通路，开关期间除外。然而，由于正反馈效应，手动推导 SR 触发器的传播延迟非常困难。因此，需要进行一些简化。例如，可以考虑图 2-12 所示的时钟 SR 触发器，其中 Q 和 $\bar{Q}$ 分别设置为 0 和 1。在输入端 S 施加一个脉冲，导致触发器被触发。在瞬态的第一阶段，由于节点 Q 初始为低，PMOS 晶体管 M_2 导通，而晶体管 M_1 截止。一旦 Q 达到 CMOS 反相器 M_3-M_4 的开关阈值，该反相器就会做出反应，并且正反馈开始起作用，从而关断晶体管 M_2，接通晶体管 M_1。这加速了节点 Q 的下拉。可以得出节点 Q 的传播延迟近似等于由 M_5-M_6 和 M_2 形成的伪 NMOS 反相器的传播延迟。为了获得节点 Q 的传播延迟，只需添加互补 CMOS 反相器 M_3-M_4 的传播延迟即可。

3. 基于乘法器的锁存器

构造锁存器的方法有很多种，其中一种常见的技术是使用传输门多路复用器。基于多路复用器的锁存器可以提供与 SR 锁存器类似的功能，但具有重要的附加优势：器件的大小只影响性能，对功能并不重要。图 2-13 所示为基于多路复用器的静态正锁存器和负锁存器。对于负锁存器，当时钟信号为低电平时，选择多路复用器的输入 0，使输入 D 传递到输出；当时钟信号为高电平时，选择连接锁存器输出的多路复用器的输入 1，利用反馈在时钟信号为高电平时保持输出信号稳定。在正锁存器中，当时钟信号为高电平时，选择输入 D；当时钟信号为低电平时，利用反馈保持输出信号稳定。

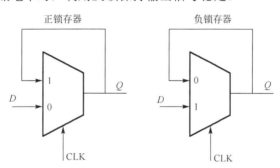

图 2-13　基于多路复用器的静态正锁存器和负锁存器

正极门闩的晶体管的实现基于多路复用器，如图 2-14 所示。当时钟信号为高电平时，传输门底部的门闩是透明的，也就是说，输入信号 D 被复制到输出信号 Q 上。在这个阶段，反馈回路是开放的，因为最高传输门是关闭的。与 SR 触发器不同，反馈回路不需要覆盖原存储值，因此晶体管的大小不是实现正确功能的关键。晶体管的数量对触发器的实现非常重要，因为它具有一个活动因素 1。然而，这个门闩的实现在这个指标上并不是特别有效，因为它需要加载 4 个晶体管的时钟信号。因此，需要更加高效的门闩以提高性能。

图 2-15 所示为一种仅使用 NMOS 传输晶体管的多路复用器来减小时钟负载的方法，此方法仅需要两个晶体管。这种方法的优点是减少了两个 NMOS 器件的时钟负载。当时钟信号为高电平时，锁存器对输入 D 进行采样，而低电平时钟信号使能反馈环路，并将锁

存器置于保持模式。虽然这种方法简单易行，但仅使用 NMOS 传输晶体管会导致 $V_{DD}-V_{Tn}$ 的高电压传输到第一反相器的输入端，从而影响噪声容限和电路切换性能，尤其是在 V_{DD} 的低电平和 V_{Tn} 的高电平的情况下。这还会导致第一反相器中的静态功率耗散，因为反相器的最大输入电压等于 $V_{DD}-V_{Tn}$，从而导致 PMOS 晶体管永远不会关断，静态电流流动。因此，需要采用更加高效的方法来解决这些问题。

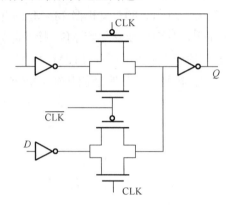

图 2-14　使用传输门建立的正锁存器

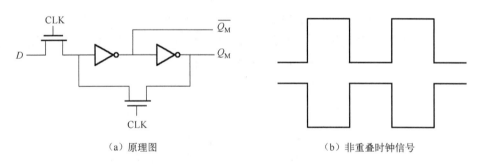

（a）原理图　　　　　　　　　　　（b）非重叠时钟信号

图 2-15　一种仅使用 NMOS 传输晶体管的多路复用器来减小时钟负载的方法

2.2.3　动态元件

在静态时序电路中，存储是依赖于交叉耦合反相器双稳态原件产生的概念。这种方法可用于存储二进制值，因为只要将电源电压施加到电路上，所存储的二进制值就保持有效状态，因此被称为静态。然而，静态时序电路的主要缺点在于当寄存器用于如流水线数据路径的恒定时钟信号控制的计算结构时，存储器应在延长的时间段内保持状态的要求可以放宽。这促使一类基于寄生电容上电荷的临时存储电路被开发出来。其原理与动态逻辑电路的原理完全相同，即存储在电容器上的电荷可用于表示逻辑信号。不同之处在于，不存在电荷表示 0，存在电荷表示 1。然而，由于实际上没有电容器是理想电容器，总是存在一些电荷泄漏。因此，所存储的值只能保持有限的时间，通常为毫秒级。要想保持信号的完整性，需要定期刷新其储存的值。因此，这种存储方式被称为动态存储。要从电容器中读取存储信号的值而不中断充电，需要使用具有高输入阻抗的设备。

1. 动态传输门边沿触发寄存器

图 2-16 所示为基于主从概念的全动态正边沿触发寄存器。当时钟信号 CLK=0 时,输入数据被采样到存储节点 1 上,该节点的等效电容为 C_1,由栅极电容、结电容和重叠栅极电容组成。此时,从级处于保持模式,且节点 2 处于高阻抗状态。当时钟信号上升沿到来时,传输门 T_2 导通,之前在节点 1 上的采样值被传播到输出 Q 上。值得注意的是,在时钟信号的高相位期间,节点 1 的状态是稳定的,因为第一传输门被关断,节点 2 此时存储的是节点 1 的反相值。这种边沿触发寄存器的实现非常高效,只需要 8 个晶体管。采样开关可以仅使用 NMOS 传输晶体管实现,从而实现更简单的 6 个晶体管电路。减少的晶体管数量对于高性能和低功耗系统具有非常大的优势。

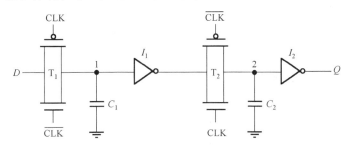

图 2-16　基于主从概念的全动态正边沿触发寄存器

该电路的建立时间等于传输门的延迟,即节点 1 对输入 D 进行采样所需的时间。保持时间近似为零,因为传输门在时钟沿关闭后,进一步的输入变化被忽略。传播延迟 t_{c-q} 等于两个反相器的延迟加上传输门 T_2 的延迟。

对于动态寄存器,一个重要的考虑因素是存储节点状态必须在周期性间隔内刷新,以防由于电荷泄漏、二极管泄漏和亚阈值电流引起的损失。这种刷新操作将重新激活电容器并重新写入存储值。这种周期性刷新可以通过定时器或其他计时电路来实现。如果刷新操作没有按时进行,存储值将逐渐减弱,最终导致数据丢失或错误。因此,动态寄存器的刷新频率是系统设计中需要考虑的重要参数。

该寄存器面临的一个重要问题是时钟重叠。图 2-17 所示为时钟重叠的影响,当时钟信号处于 0-0 重叠期间时,T_1 的 NMOS 晶体管和 T_2 的 PMOS 晶体管同时导通,从而为数据从寄存器的输入端流到输出端创建直接路径。这种情况被称为竞争条件。如果重叠时段较大,那么输出 Q 可能在时钟信号下降沿发生改变,这对于正边沿触发的寄存器是不利的。其中,输入-输出路径通过 T_1 的 PMOS 晶体管和 T_2 的 NMOS 晶体管实现。为了解决后一种情况,可以通过强制约束保持时间来实现。也就是说,在 1-1 重叠期间,数据必须保持稳定。前一种情况(0-0 重叠)可以通过确保在输入端 D 和节点 2 之间存在足够的延迟来解决,以确保由主级采样的新数据不会被传播。通过内置的单个反相器延迟,可以满足这一要求,并且重叠时段的约束为

$$t_{\text{overlap0-0}} < t_{T1} + t_{T2} + t_{I1} \qquad (2\text{-}3)$$

类似地,针对 1-1 重叠的约束为

$$t_{hold} > t_{overlap1\text{-}1}$$
(2-4)

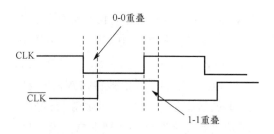

图 2-17 时钟重叠的影响

2. 单相时钟寄存器

在上述两种时钟方案中，需要谨慎地路由两个时钟信号，以确保最大限度地减少时钟重叠。虽然 CMOS 工艺提供了一种偏斜容限解决方案，但也可以仅使用真单相时钟寄存器（TSPCR）解决。Yuan 和 Svensson 提出了采用单时钟的方案。真单相锁存器如图 2-18 所示。对于正锁存器，当时钟信号为高电平时，锁存器处于透明模式，对应两个级联的反相器。当时钟信号为低电平时，锁存器处于保持模式，并且两个反相器都被禁用，只有上拉网络仍然有效，下拉网络被停用。作为双极方法的结果，在这种模式下，没有信号可以从锁存器的输入端传播到输出端。时钟负载类似于传统的传输门寄存器或 CMOS 寄存器。该方案的主要优点是使用单个时钟相位，缺点是晶体管的数量略有增加，需要 12 个晶体管。

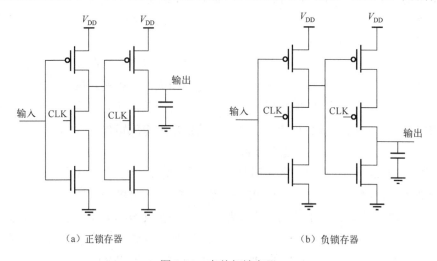

（a）正锁存器   （b）负锁存器

图 2-18 真单相锁存器

真单相时钟触发器（TSPC）提供了额外的优势，即在锁存器中嵌入逻辑功能块，从而减少与锁存器相关的延迟开销。嵌入逻辑功能块如图 2-19（a）所示，而图 2-19（b）则展示了一个与门锁存器，该锁存器不仅执行锁存功能，还实现了输入 1 和输入 2 的与逻辑运算。这种将逻辑门嵌入锁存器的方法已广泛用于 EV4 DEC Alpha 微处理器和许多其他高性能处理器的设计，从而提高了数字电路的整体性能（时序电路的时钟周期）。

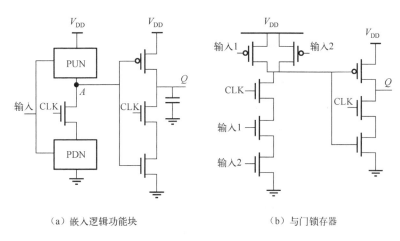

（a）嵌入逻辑功能块　　　　　　　（b）与门锁存器

图 2-19　向真单相时钟触发器中添加逻辑门

需要指出的是，锁存器中并非所有的节点电压都经历全逻辑摆幅。例如，对于 $V_{in} = 0\ V$，正锁存器的节点 A 的电压最大等于 $V_{DD}-V_{Tn}$，这会降低输出 NMOS 晶体管的驱动能力并导致其性能降低。此外，$|V_{Tp}|$ 也限制了锁存器的 V_{DD} 缩放量。

图 2-20 展示了一个专用的单相边沿触发寄存器的设计。当时钟信号为低电平时，输入反相器对节点 X 上的反相输入 D 进行采样。此时，第一（动态）反相器处于预充电模式，其中 M_6 将节点 Y 充电到 V_{DD}。第三反相器处于保持模式，因为 M_8 和 M_9 处于断开状态。在时钟信号的上升沿，动态反相器 M_4-M_6 对输入信号进行评估。如果节点 X 在时钟信号上升沿为高电平，则节点 Y 放电。在高电平期间，第三反相器 M_7-M_8 导通，节点 Y 上的值被传递到输出 Q。需要注意的是，在时钟信号的正相位上，如果输入 D 转变为高电平，则节点 X 将转变为低电平。因此，在时钟信号上升沿之前，输入信号必须保持稳定，以确保节点 X 上的值被正确传播到节点 Y。这意味着寄存器的保持时间小于 1 个反相器延迟，因为输入影响节点 X 需要 1 个延迟。寄存器的传播延迟实质上是三个反相器延迟，因为节点 X 上的值必须传播到输出 Q。最后，建立时间是节点 X 的有效时间，其等于一个反相器延迟。因此，该设计具有良好的时序性能。

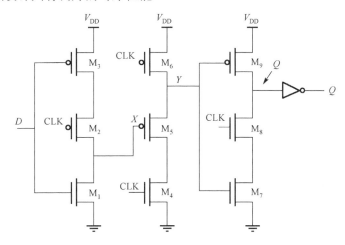

图 2-20　单相边沿触发寄存器

习题

1. 简述 CMOS 反相器的电路设计及工作原理。
2. 简述 SR 触发器的工作原理。
3. 简述真单相时钟寄存器的电路设计及工作原理。

思政之窗

党的二十大报告指出："实施产业基础再造工程和重大技术装备攻关工程，支持专精特新企业发展，推动制造业高端化、智能化、绿色化发展。巩固优势产业领先地位，在关系安全发展的领域加快补齐短板，提升战略性资源供应保障能力。"人工智能芯片作为智能化产业的核心部件，在推动智能化产业的升级和转型等方面有不可替代的优势。智能化产业的意义在于其能够提高生产效率、优化产品质量、改善用户体验，从而提升企业和国家的竞争力。人工智能芯片能够促进产业的数字化和智能化转型，降低制造成本、提升生产效率。人工智能芯片的应用还能够提升服务业的效率和质量，这将为消费者提供更好的生活体验。

第 3 章

数字集成电路系统设计

3.1 数字芯片设计策略

3.1.1 引言

数字芯片设计是现代电子技术中最核心的部分。数字芯片依靠其轻巧、高性能和低功耗等特点，在我们的现代生活中扮演着重要的角色。数字芯片的设计策略是影响其性能和可靠性的重要因素。数字芯片的设计策略是指在数字电路的设计、验证和实施过程中所采用的方法和技术。本章将介绍数字芯片设计的基本策略和流程，并探讨如何在数字芯片设计中实现高性能、低功耗和低成本的要求。

数字芯片设计的策略可以分为以下五个方面。

（1）系统级设计：在设计数字芯片之前，需要先确定系统的需求和目标，以便在系统级上对数字芯片做出规划。系统级设计包括功能分析、电路架构、性能评估等。

（2）高层次综合：高层次综合是数字芯片设计过程中的一个重要环节。它主要通过对所需功能和性能等方面的描述，设计电路结构，并自动完成电路设计中的优化和综合，以减少设计人员的工作量。

（3）低功耗设计：现今的数字芯片设计普遍注重低功耗。在低功耗设计中，需要采用低功耗技术、静态与动态功耗的控制、睡眠模式和节能策略等来提高功率效率。

（4）电路设计：电路设计是数字芯片设计的核心环节，它主要包括逻辑设计、时序控制、接口设计、模拟前端的基础组件设计和数字信号处理等方面。电路设计需要具备高精度和高可靠性，还需要考虑系统时钟、延迟、功耗等问题。

（5）验证和测试：我们设计的数字芯片需要通过测试来保障其正确工作。在数字芯片设计的验证和测试中，需要使用各种验证和测试技术，包括仿真测试、可靠性分析、装备测试等方面的技术。

总之，在数字芯片设计中，设计策略的选择影响数字芯片的性能、复杂度和可靠性。因此，要提高数字芯片设计的效率和质量，需要综合考虑硬件、软件、系统及市场需求等因素。本章简单介绍了数字芯片设计的策略，希望对读者有所帮助。

3.1.2 数字芯片设计的基本策略

数字芯片设计的基本策略为通过适当的设计方法、工具和技术来满足性能、功耗和成本指标的要求。数字芯片有以下三个方面的指标。

1. 性能指标

数字芯片的性能通常包括工作频率、时序、数据传输速率、噪声、精度等。为了获得高性能的数字芯片，设计者需要采用高性能的处理器、存储器、输入/输出接口、时钟和时序电路。此外，为了提高数字芯片的性能，设计师还需要采用一些优化技术，如流水线、乱序执行、指令预取等。

2. 功耗指标

数字芯片的功耗指的是数字芯片在工作状态和待机状态下的功耗。为了获得低功耗的数字芯片，设计者需要采用功耗优化技术，如低功耗芯片架构、功耗优化布局、时钟门控、全球电源管理等。此外，还可以采用一些特殊的功耗优化方法，如深度睡眠、动态电压调节等，来实现低功耗的设计目标。

3. 成本指标

数字芯片的成本包括设计成本、制造成本和测试成本。为了降低数字芯片的成本，设计者需要采用一些经济效益优化技术，如可重用的 IP 核、系统级集成设计和测试自动化等。此外，还可以通过采用标准化和高集成度的设计来降低成本。

3.1.3 数字芯片设计的流程

数字芯片设计的流程通常分为以下五个阶段：需求分析、体系结构设计、逻辑设计、物理设计和验证，如图 3-1 所示。

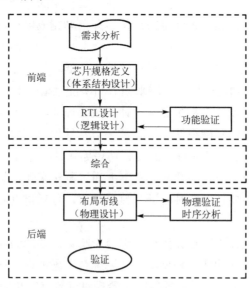

图 3-1　数字芯片设计流程

1. 需求分析

在数字芯片设计过程中，需求分析是非常重要的一步。在这个阶段，设计师需要与客户或项目组合作，分析出数字芯片的具体要求，包括性能、功耗、成本和其他功能要求。此外，设计师需要对目标市场和竞争环境进行分析，以确保设计方案具有市场竞争力。

2. 体系结构设计

在需求分析阶段完成后，设计师需要进行体系结构设计。在这个阶段，需要确定数字芯片的总体结构、内部数据通路、存储器接口、时钟和控制电路等。此外，还需要进行芯片功能划分和模块化设计，以便于后续的逻辑设计和物理设计。

3. 逻辑设计

在体系结构设计完成后，需要进行逻辑设计。在这个阶段，需要将体系结构设计转化为逻辑描述，包括设计逻辑电路、寄存器传输级别电路、控制逻辑电路等。此外，还需要对逻辑电路进行优化，以保证设计的正确性、高效性和容错性。

4. 物理设计

在逻辑设计完成后，需要进行物理设计。在这个阶段，需要完成芯片的物理细节设计，包括版图设计、逻辑布局、物理布局和布线等。此外，还需要进行时序优化和功耗优化，以满足设计的性能指标和功耗指标。同时，还需要进行设计规则检查和验收，以确保设计符合制造要求。

5. 验证

在物理设计完成后，需要进行验证。在这个阶段，需要对设计进行功能验证、时序验证和功耗验证。此外，还需要进行仿真验证和硬件验证，以确保设计符合规范要求。验证完成后，数字芯片就可以投入生产了。

3.1.4　数字芯片设计的优化技术

为了满足数字芯片设计的高性能、低功耗和低成本要求，设计师需要运用一些优化技术。

1. 流水线技术

流水线技术可以将数字系统分成多个阶段，每个阶段处理不同的指令或数据，从而提高系统的运行速度。流水线技术可以提高系统的并行度，缩短指令的执行时间，从而提高系统性能。

2. 指令预取技术

指令预取技术可以在执行指令之前预取指令，使得指令和数据的访问同时进行。指令预取可以利用局部性原理，预测下一条指令的地址，从而避免指令访问引起的等待。指令预取可以加速指令的访问，提高系统的性能。

3. 功耗优化技术

功耗优化技术可以降低系统的功耗。常见的功耗优化技术包括时钟门控、电压缩放、功率管理等。通过功耗优化技术，可以在保证系统性能的前提下降低总功耗，达到节能的目的。

4. 可重用 IP 核技术

可重用 IP 核技术可以使芯片设计更加高效。设计者可以使用可重用 IP 核来替换复杂的电路设计，缩短开发时间和降低成本。同时，使用可重用 IP 核也可以提高设计的质量和可靠性。

5. 系统级集成设计技术

系统级集成设计技术可以将芯片设计与系统设计进行集成。通过系统级集成设计技术，设计者可以将多个模块、子系统和处理器等集成到一个单一的芯片上，降低芯片的成本和功耗，提高系统的性能和可靠性。

3.1.5 数字芯片设计的发展趋势

数字芯片设计在不断发展和进步，未来数字芯片设计的发展趋势可以从以下四个方面进行预测。

1. 高度集成

未来数字芯片设计将会朝着更高度集成的方向发展。随着处理器核心数量的不断增加，数字信号处理器、模拟信号处理器等被更广泛地应用，设计师需要在有限的面积内集成更多的功能电路。

2. 异构集成

未来数字芯片的设计将离不开异构集成。处理器和 FPGA（Field Programmable Gate Array，现场可编程门阵列）将加速集成，以实现更高效的数字信号处理和系统控制。

3. 低功耗

随着人们对能源的关注和对绿色环保的呼声，低功耗设计成为未来数字芯片设计的一个主要趋势。采用低功耗设计、动态电压调整等技术，可以大大降低系统的功耗，从而提高芯片的可靠性，延长电池寿命。

4. 测试自动化

随着设计复杂度的不断提高，测试成为数字芯片设计的一个主要难点。测试自动化技术可以大大降低测试的成本，缩短测试的时间，提高测试的效率和可靠性。因此，测试自动化将成为未来数字芯片设计的一个重要趋势。

总之，数字芯片设计策略和技术的不断发展，将为电子技术的发展和应用提供更广阔的发展空间。设计者需要不断改进自己的设计思路和技术，以适应快速发展的数字芯片设计需求。

3.2　互连线设计

在早期数字集成电路的发展过程中，芯片上互连线并不是芯片设计的重点，只有在特殊情况下或执行高精度分析时才需要考虑芯片上互连线的影响。随着深亚微米半导体技术的引入，这种情况迅速发生变化。由互连线引入的寄生效应显示出与晶体管等有源器件不同的缩放行为，并且随着数字集成电路器件尺寸的减小和电路速度的提高，该效应产生的作用愈发重要，已成为影响数字集成电路内速度、能耗和可靠性等性能指标的主要因素。随着集成电路技术的改进，设计芯片的晶体管尺寸越来越大，导致芯片上互连线平均长度增加和相关寄生效应加重。因此，对数字集成电路系统中互连线的作用和行为进行仔细且深入的分析具有重大意义。

3.2.1　互连线设计概述

数字集成电路系统设计者在实现集成电路内各种器件之间的互连方面具有多种选择。现有技术工艺大多使用多层铝和至少一层多晶硅，或使用用于实现源极和漏极区的重掺杂 N＋或 P＋层实现布线。当今集成电路的布线形成了复杂的几何形状，引入了电容性、电阻性和电感性寄生效应。上述三类寄生效应都会对数字集成电路产生多重影响。这些影响主要包含以下三点。

（1）传播延迟的增加，或性能的等效下降。

（2）对能量耗散和功率分布的影响。

（3）引入额外的噪声源，影响集成电路的可靠性。

由于完整芯片模型的复杂性，设计人员很难在分析和设计优化过程中考虑到芯片内所有互连线产生的寄生效应。为了更好地模拟互连线寄生效应的影响，需要构筑一个互连线互联的基础电路模型，如图 3-2 所示。其中，图 3-2（a）的模型考虑了大部分互连线寄生效应（互连线的线间电阻和互感除外），图 3-2（b）的模型仅考虑电容。

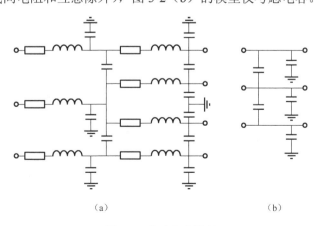

（a）　　　　　　　　　　　（b）

图 3-2　基础电路模型

一个完整的电路模型会同时考虑寄生电容、电阻和互连电感。这些额外的电容、电阻和电感并不位于模型内某一个物理点，而是分布在均匀长度的互连线上。除此之外，一些线间寄生效应是相互影响的，因此在原始原理图中无法体现不同总线信号之间产生的相互耦合效应。考虑到分析原理图的行为（仅对电路的一小部分进行建模）比较烦琐，本节列举出了以下三种简化方法。

（1）当互连线间的电阻很大（如具有小横截面的长铝线等情况）或者施加信号的上升和下降时间很长时，则可以忽略电感效应。

（2）当互连线较短、互连线的横截面较大或所用互连材料的电阻率较低时，则可以使用仅考虑电容的模型，如图 3-2（b）所示。

（3）当相邻互连线之间的间隔较大或者互连线仅在短距离内一起运行时，则可以忽略互连线间电容，并且可以将所有寄生电容建模为对地电容。

本节向读者介绍估计各种互连参数值的基本技术、评估其影响的简单模型及何时何地应考虑特定模型或效应的一组经验法则。

3.2.2　互连参数

1. 电容参数

数字集成电路系统中的互连线电容参数与其形状、环境、到衬底的距离及到周围互连线的距离有关。本小节通过不同类型互连线展示各相关项与电容参数的联系。

首先考虑放置在半导体衬底上的简单矩形互连线。如果互连线的宽度远大于绝缘材料的厚度，则可以假定电场线与电容器极板正交，其电容可以用平板电容器模型来模拟。在这些情况下，互连线的总电容可以近似为

$$C_{\text{int}} = \frac{\varepsilon_{\text{di}}}{t_{\text{di}}} WL \tag{3-1}$$

式中，W 和 L 分别为互连线的宽度和长度，t_{di} 和 ε_{di} 分别表示介电层的厚度及其介电常数。二氧化硅是集成电路中首选的介电材料，目前一些因介电常数较低导致电容较低的材料（如聚酰亚胺和气凝胶等）也在逐步投入使用。

为了使互连线的电阻最小化，最好保持互连线的横截面尽可能大。另外，更小的宽度（W）使布线更密集、面积开销更小。因此，多年来 W/H 比率不断下降，在某些高级工艺中已经下降到 1 以下。在这种情况下，上述假设的平板电容器模型变得不准确。互连线侧壁与衬底之间的电容（边缘电容）成为整体电容的组成部分，无法忽略。边缘场如图 3-3（a）所示。

电容分解为两部分：平板电容和边缘电容。考虑到由直径为互连线厚度的圆柱形互连线建模为复杂几何图形精确模型的难度较高，因此使用一个简化的模型，将电容近似为两个分量之和，如图 3-3（b）所示。平板电容由宽度为 W 的互连线和地平面之间的正交场确定，与边缘电容平行，由一个尺寸等于互连线厚度 H 的圆柱形互连线建模，由此得到的近似值可在实际应用中使用。其相关公式为

$$C_{\text{wire}} = C_{\text{pp}} + C_{\text{fringe}} = \frac{w\varepsilon_{\text{di}}}{t_{\text{di}}} + \frac{2\pi\varepsilon_{\text{di}}}{\log(t_{\text{di}} / H)} \qquad (3\text{-}2)$$

式中，$w = W - H/2$，是平板电容器的宽度的良好近似。

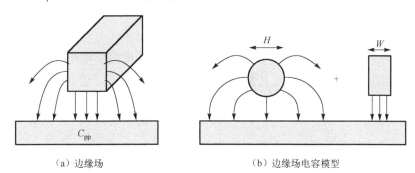

（a）边缘场　　　　　　　（b）边缘场电容模型

图 3-3　边缘场电容

到目前为止，我们的分析仅限于在接地层上放置单个矩形导体的情况。这种结构称为微带线，当互连层的数量限制为 1 或 2 时，是良好的半导体互连模型。而工艺的改进为芯片提供了更多的互连层，这些互连层被非常密集地封装。在这种情况下，互连线与其周围结构完全隔离，使仅有电容性耦合到地的假设就显得较为简单。图 3-4 中显示了嵌入在互连层级中互连线的电容分量。每条互连线不仅耦合到接地衬底，还连接至同一层和相邻层上的相邻互连线。当仅为一阶时，不会改变连接到给定互连线的总电容。主要区别在于，并非所有的电容分量都终止于接地基板，大量的电容分量连接到其他互连线上，这些浮置电容器不仅形成噪声源（串扰），而且还可能对电路的性能产生负面影响。

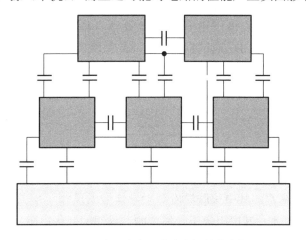

图 3-4　互连层次中互连线之间的电容耦合

总之，线间电容目前已成为多层互连结构中的主导因素。这种效应对于较高互连层中的互连线更为明显，因为这些互连线距离衬底更远。随着特征尺寸的减小，线间电容在总电容中的占比也在不断增加。

2. 电阻参数

互连线的电阻与其长度 L 成正比，与其横截面积 A 成反比。互连线的电阻为

$$R = \frac{\rho L}{A} = \frac{\rho L}{HW} \tag{3-3}$$

式中，常数 ρ 是材料的电阻率（单位为 $\Omega \cdot m$）。铝是集成电路中最常用的互连材料，因为其成本低且与标准集成电路制造工艺兼容。但与铜等材料相比，铝具有较高的电阻率。随着性能目标的不断提高，这成为一种不利因素，目前顶级工艺越来越多地使用铜作为首选导体。

由于 H 在某些情况下是一个常数，因此式（3-3）可以改写为

$$R = R_0 \frac{L}{W} \tag{3-4}$$

式中，R_0 为材料的薄层电阻，单位为 Ω/K（读作欧姆/平方），这表示方形导体的电阻与其绝对尺寸无关。要获得互连线的电阻，只需将薄层电阻乘以其比值（L/W）即可。

一般情况下，半导体互连线的电阻大多为常数或者呈线性变化。然而，在高频时，集肤效应开始对互连线电阻产生影响，使电阻变得与频率有关。高频电流主要流经导体表面，电流密度随导体深度呈指数式下降。趋肤深度 δ 定义为电流下降到其标称值 E-1 的深度，对应的计算公式为

$$\delta = \sqrt{\frac{\rho}{\pi f \mu}} \tag{3-5}$$

式中，f 为信号频率，μ 为周围电介质的磁导率（通常等于自由空间的磁导率，即 $\mu = 4\pi \times 10^{-7}$ H/m）。对于 1 GHz 时的铝制导线，趋肤深度等于 $2.6\mu m$。这种效应可以通过假设电流在厚度为 δ 的导体外壳内均匀流动来近似表示。对于矩形导线，假设导线的总横截面积约为 $2(W+H)\delta$，我们得到在高频下单位长度的互连电阻为

$$r(f) = \frac{\sqrt{\pi f \mu \rho}}{2(H + W)} \tag{3-6}$$

在更高频率上增加的电阻可能存在额外的衰减，从而导致信号失真。为了确定集肤效应，我们可以找到频率 f_s，其中集肤深度等于导体最大尺寸（W 或 H）的一半。在 f_s 以下，整条导线有导电电流，其电阻等于（恒定的）导线的低频电阻，对应的频率为

$$f_s = \frac{4\rho}{\pi \mu \max(W, H)^2} \tag{3-7}$$

总之，趋肤效应只是较宽互连线的问题。由于时钟信号倾向于在芯片上携带最高频率的信号，并且为限制电阻提升其宽度，趋肤效应可能会对这些线路产生轻微的影响。对于 GHz 级的设计来说影响则更为严重，因为时钟信号决定了芯片的整体性能（周期时间、每秒指令等）。采用更好的导体（如铜）可能会将集肤效应转移到更低的频率上。

3. 电感参数

随着低电阻互连材料的采用和开关频率提高到超 GHz 级，芯片上电感的影响包括振铃效应和过冲效应、由于阻抗失配引起的信号反射、线路之间的电感耦合及由于 $L\,\mathrm{d}i/\mathrm{d}t$ 压降引起的开关噪声等。

一段电路的电感可以通过它的定义来评估，该定义指出，通过电感器的电流变化产生的电压降 ΔV 为

$$\Delta V = L\frac{\mathrm{d}i}{\mathrm{d}t} \tag{3-8}$$

可以直接从互连线的几何形状及其所处的环境来计算互连线的电感。另外，还可以根据互连线电容 C 和单位长度内电感 L 之间的关系来计算互连线的电感，计算公式为

$$CL = \varepsilon\mu \tag{3-9}$$

式中，ε 和 μ 分别是周围电介质的介电常数和磁导率。式 3-9 在导体完全被均匀的电介质包围的情况下有效。但通常实际情况并非如此，即使互连线嵌入不同的电介质材料中，也可以通过采用"平均"介电常数计算，这样式（3-9）仍然可以用来得到电感的近似值。

从麦克斯韦定律中还可以指出其余关系，磁导率和介电常数的常数乘积也定义了电磁波在介质中传播的速度 v（c_0 为真空中的光速，即 30 cm/ns）为

$$v = \frac{1}{\sqrt{lc}} = \frac{1}{\sqrt{\varepsilon\mu}} = \frac{c_0}{\sqrt{\varepsilon_r\mu_r}} \tag{3-10}$$

表 3-1 列出了电磁波在用于制造电子电路的许多材料中的传播速度。根据表 3-1 可知，电磁波在二氧化硅内的传播速度是真空中的传播速度的二分之一。

表 3-1　电子电路中使用的各种材料的介电常数和电磁波传播速度

电介质	ε_r	传播速度/（cm/ns）
真空	1	30
二氧化硅	3.9	15
PC 板（环氧玻璃）	5.0	13
氧化铝（陶瓷封装）	9.5	10

3.2.3　互连线模型

在 3.2.1 节和 3.2.2 节中，我们已经介绍了互连线的电气特性——电容、电阻和电感，并提出了一些对应关系和相关计算公式，以便从互连线的几何形状和拓扑结构中推导出它们的值。这些寄生元件会对电路电气行为的延迟、功耗和可靠性等方面产生影响。为更好地研究这些影响因素，需要引入相关模型，通过模型估计和近似互连线的真实行为来推导参数关系。这些模型根据正在研究的效应和所需的精度从非常简单到非常复杂。在本节中，通过多种模型实现由易到难的参数推导。

1. 理想互连线模型

理想互连线模型是没有附加参数或寄生效应的简单线路。这些互连线对电路的电气行为没有影响。即使互连线两端相距一定距离，但在理想情况下，其一端的电压变化会立即传播到另一端。因此，可以假设在每个时间点，互连线的每一段都存在相同的电压，并且整个互连线是等电位区域。虽然这种理想互连线模型过于简单，但其同样存在的价值，特别是在设计的早期阶段，当设计者希望专注于所连接的晶体管的属性和行为时，所采取的仿真模型基本均为理想互连线模型。此外，当研究诸如逻辑门之类的小电路时，互连线往往很短，它们之间的寄生效应可以忽略不计。但在目前广泛应用的芯片中，互连线错综复杂，互连线间的寄生效应会产生相应作用。若使用理想互连线模型，则很难模拟出与芯片内部近似的结果，所以应考虑更复杂的互连线模型。

2. 集总模型

互连线的电路寄生效应沿着其长度分布，并不集中在单一位置。然而，当只有单一寄生元件占主导地位、元件之间的相互作用很小或者只看电路行为的一个方面时，通常可以将电路中的不同部分合并到单个电路元件中。这种方法的优点是，寄生效应可以用一个常微分方程来描述。

只要互连线的电阻分量很小，开关频率在低到中等范围内，就可以只考虑互连线的电容分量，并将分布电容集中到单个电容器中，如图 3-5 所示。

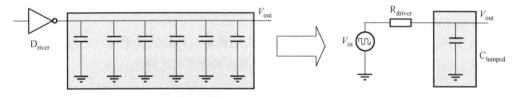

图 3-5　线材的分布与集总电容模型

线材的分布与集总电容为

$$C_{\text{lumped}} = L \times C_{\text{wire}} \tag{3-11}$$

式中，L 表示导线长度，C_{wire} 表示单位长度的电容。该驱动器被建模为一个电压源和一个源电阻 R_{driver}。可以观察到，在此模型中，互连线仍代表等电位区，并且互连线本身不引入任何延迟，对系统性能的唯一影响是由驱动栅极上的电容器的负载效应引入的。这种集总电容模型简单而有效，并且是用于分析数字集成电路中的大多数互连线的模型。

关于电阻和电感的互连线集总模型在目前的设计环境内有一定适用性，在研究供应分配网络时经常会使用。电源线的电阻和电感都可以被解释为寄生噪声源，它们在电源线上引入电压降和反弹。因此，使用集总模型可以更好地模拟和估算芯片上互连线的电阻及电感特性。

3. 集总 RC 模型

当芯片上的金属互连线超过几毫米时，会产生一个显著的电阻。在这种情况下，集总电阻模型、集总电容模型中提出的等电位假设已经不再适用，所以必须采用集总 RC 模型。具体方法如下。

第一种方法是将每个线段的总线电阻集中到单一电阻器中，并类似地将全局电容组合到单一电容器中。这种简单的模型，称为集总 RC 模型。当这种方式应用于长互连线时，估算结果会有相应的误差。在这种情况下，可以用分布式 RC 模型来更充分地模拟出互连线上的电阻、电容特性。但在分析分布式模型之前，必须花一些时间对集总 RC 模型进行分析和建模，原因有如下两点。

（1）分布式 RC 模型比较复杂，很难直接找出合适的模拟结果，但分布式 RC 模型可以用一个简单的 RC 网络来模拟。

（2）在研究复杂晶体管网络的瞬态特性时，通常的做法是将电路简化为 RC 网络，通过这种分析方法，工作人员可以有效地分析这样的网络并预测其一阶响应，提升仿真效率。

下面展示一个树状 RC 网络，该电路也称为 RC 树，如图 3-6 所示。

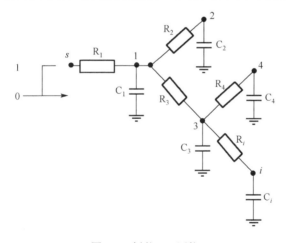

图 3-6　树状 RC 网络

树状 RC 网络具有以下三个特性。

（1）网络只有一个输入节点（图 3-6 中的源节点 s）。

（2）所有的电容器都在节点和地之间。

（3）网络不包含任何电阻回路（使其成为树）。

这种特殊电路拓扑结构有一个标志性的特性：在源节点 s 和网络的任意节点 i 之间存在唯一的电阻路径。沿着此路径的总电阻称为路径电阻 R_{ii}。例如，图 3-6 中源节点 s 和节点 4 之间的路径电阻为

$$R_{44} = R_1 + R_3 + R_4 \tag{3-12}$$

路径电阻的定义可以被扩展以解决共享路径电阻 R_{ik}，其表示在从根节点 s 到节点 k 和 i 的路径之间共享的电阻，即

$$R_{ik} = \sum R_J \Rightarrow (R_j \in [\text{path}(s \rightarrow i) \cap \text{path}(s \rightarrow k)]) \tag{3-13}$$

对于图 3-6 的电路，$R_{14} = R_1 + R_3$，而 $R_{i2} = R_1$。

现在假设网络的 N 个节点中的每个节点最初都放电到地，并且当 $t = 0$ 时在节点 s 处施加阶跃输入。节点 i 处的 Elmore 延迟计算公式为

$$\tau_{\text{D}i} = \sum_{K=1}^{N} C_k R_{ik} \tag{3-14}$$

Elmore 延迟等价于网络的一阶时间常数（或脉冲响应的一阶矩）。这个时间常数代表了源节点和节点 i 之间实际延迟的一个简单近似值。在大多数情况下，这个近似值与实际 RC 网络互连线的阻容值近似。它为设计者提供了快速估计复杂网络延迟的方法。

作为树状 RC 网络的一个特例，我们考虑如图 3-7 所示的简单的、无分支的 RC 链。

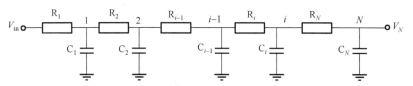

图 3-7 RC 链

上述 RC 链是数字电路中经常遇到的一种阻容导线的近似模型。该链式网络的 Elmore 延迟可以借助式（3-15）计算，即

$$\tau_{\text{D}i} = \sum_{i=1}^{N} C_i \sum_{j=1}^{N} R_j \tag{3-15}$$

可将共享路径电阻简单地替换为路径电阻。例如图 3-6 中树状 RC 网络的节点 2，它的时间常数由节点 1 和节点 2 贡献的两个分量组成。节点 1 的分量由 C_1 和 R_1 组成，R_1 为节点 1 和电源之间的总电阻，而节点 2 的分量则等于 $C_2(R_1 + R_2)$，节点 2 处的等效时间常数为 $C_1 R_1 + C_2(R_1 + R_2)$。节点 i 的 $\tau_{\text{D}i}$ 可以用类似的方法推导得出。

在集总 RC 模型中，给出两个结论。

（1）导线的 Elmore 延迟是其长度的二次函数。导线的长度增加一倍，延迟就会增加四倍。

（2）分布式 RC 模型的延迟是集总 RC 模型预测延迟的一半。后者将总电阻和总电容组合为一个单元，其时间常数等于 RC。这也验证了结论 1。

Elmore 延迟公式除了使分析互连线内的延迟成为可能外，该公式还可以用来近似复杂晶体管网络的传播延迟。在开关模型中，晶体管被其等效的线性导通电阻器所取代，对互连线内传播延迟的估算被简化为对 RC 网络的分析，进一步建立了树状 RC 网络中电压波

形的更精确的上、下限。这些界限构成了大多数计算机辅助定时分析仪在开关和功能级的基础。以 Elmore 延迟为时间常数的指数电压波形总是位于最小界和最大界之间，这证明了 Elmore 延迟近似的有效性。

4. 分布式 RC 模型

在前面的段落中，我们已经证明了集总 RC 模型是阻容互连线的严格模型，而分布式 RC 模型［见图 3-8（a）］应用更为广泛。如前所述，L 表示互连线的总长度，而 R 和 C 表示单位长度的电阻和电容。分布式 RC 模型示意图如图 3-8（b）所示。

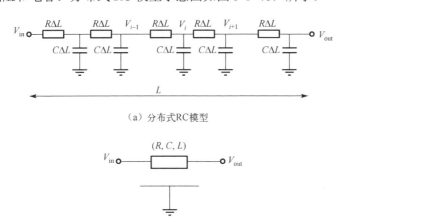

（a）分布式RC模型

（b）分布式RC模型示意图

图 3-8　分布式 RC 模型及其示意图

该网络的节点 i 处的电压可以通过求解以下偏微分方程来确定，即

$$C\Delta L \frac{\partial V}{\partial t} = \frac{(V_{i+1} - V_i) + (V_i - V_{i-1})}{R\Delta L} \tag{3-16}$$

然后，通过将 ΔL 渐近减小到 0，可以获得分布式 RC 模型内较准确的电压。对于 $\Delta L \to 0$，方程（3-16）变为众所周知的扩散方程，即

$$RC \frac{\partial V}{\partial t} = \frac{\partial^2 V}{\partial x^2} \tag{3-17}$$

式中，V 是导线中某一特定点的电压，x 是该点与信号源之间的距离。这个方程没有封闭形式的解，只有近似表达式，即

$$V_{\text{out}}(t) = \begin{cases} 2 \mathrm{e} R f C\left(\sqrt{\dfrac{RC}{4t}}\right), & t \ll RC \\[2ex] 1.0 - 1.366 \mathrm{e}^{-2.5359 \frac{t}{RC}} + 0.366 \mathrm{e}^{-9.4641 \frac{t}{RC}}, & t \gg RC \end{cases} \tag{3-18}$$

这些方程很难用于普通的电路分析。然而，已知分布式 RC 模型可以用梯形集总 RC 模型近似，这可以很容易地用于计算机辅助分析。

41

图 3-9 显示了互连线对阶跃输入的响应，绘制了互连线中不同点对时间的波形，可用于观察阶跃响应如何从互连线的起点"扩散"到终点，波形迅速退化导致长互连线的相当大的延迟。驱动这些阻容线并使延迟和信号衰减最小化是现代数字集成电路设计中最棘手的问题之一。

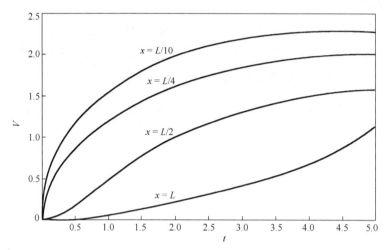

图 3-9　模拟互连线上不同点随时间变化的阶跃响应

表 3-2 所示为集总 RC 模型、分布式 RC 模型的阶跃响应。例如，集总 RC 模型的传播延迟（定义为最终值的 50%）为 $0.69RC$，分布式 RC 模型的延迟仅为 $0.38RC$，R、C 分别为导线的总电阻和总电容。

表 3-2　集总 RC 模型、分布式 RC 模型的阶跃响应

电压	集总 RC 模型	分布式 RC 模型
$0 \rightarrow 50\%(t_p)$	$0.69RC$	$0.38RC$
$0 \rightarrow 63\%(\tau)$	$1.0RC$	$0.5RC$
$10\% \rightarrow 90\%(t_r)$	$2.2RC$	$0.9RC$
$0 \rightarrow 90\%$	$2.3RC$	$1.0RC$

对于是否应该考虑 RC 延迟的影响及是否可以使用更简单的集总电容模型，下文将简述判别法则。

（1）只有当驱动门的 $t_{pRC} \gg t_{pgate}$ 时，才应考虑 RC 延迟。计算公式为

$$L_{crit} \gg \sqrt{\frac{t_{pgate}}{0.38RC}} \qquad (3\text{-}19)$$

式中，L_{crit} 的实际值取决于栅极的尺寸和所选的互连材料。它确定了在 RC 延迟中占主导地位的互连线的临界长度。

（2）只有当线路输入端的上升（下降）时间小于线路上升（下降）时间时，才应考虑 RC 延迟。计算公式为

$$t_{rise} < RC \qquad (3\text{-}20)$$

当不满足此条件时，信号的变化慢于导线的传播延迟，集总电容模型就足以正确模拟了。

5. 传输线

当电路的开关速度足够快，互连材料的质量足够高，从而使互连线的电阻保持在一定范围内时，导线的电感成为影响延迟的主要因素，此时必须考虑传输线的影响。目前传输线内信号的上升和下降速度与光速相近。随着铜互连技术的出现和深亚微米技术的发展，传输线效应很快将被考虑到最快的 CMOS 设计中。在这一节中，我们首先分析传输线模型。接下来，我们将它应用在当前的半导体技术中，并确定在设计过程中何时应该考虑这些影响。

1）传输线模型

与互连线的电阻和电容类似，电感分布在导线上。目前导线的分布式 RLC 模型为精确近似的传输线模型。传输线具有信号作为波在互连介质上传播的基本性质。这与分布式 RC 模型形成鲜明对比，在分布式 RC 模型中，信号由扩散方控制，从源扩散到终端。在波模式下，信号能量交替地从电场转移到磁场，或者等效地从电容模式转移到电感模式来传播。

考虑 t 时刻图 3-10 传输线上的点 x，有

$$\frac{\partial v}{\partial x} = -ri - l\frac{\partial i}{\partial t}$$
$$\frac{\partial i}{\partial x} = -gv - c\frac{\partial v}{\partial t}$$

（3-21）

对大多数绝缘材料来说，泄漏电导 $g = 0$，消掉电流 i 得到波传播方程为

$$\frac{\partial^2 v}{\partial x^2} = rc\frac{\partial v}{\partial t} + lc\frac{\partial^2 v}{\partial t^2}$$

（3-22）

式中，r、c 和 l 分别为单位长度的电阻、电容和电感。

为了理解传输线的行为，我们将首先假设线路的电阻很小，简化出一个无损传输线电容电感模型。该模型适用于印制电路板（PCB）级的导线。由于铜互连材料的高导电性，传输线的电阻可以忽略不计。

2）有耗传输线

虽然电路板和模块线足够粗和宽，可以被视为无耗传输线，但对于芯片上的互连线则不可以类比考虑，因为导线的电阻是一个重要因素，故应采用有耗传输线模型，如图 3-10 所示。本小节会定性地讨论电阻损耗对传输线行为的影响。

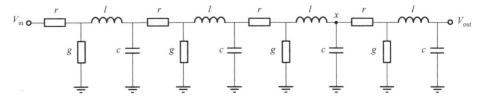

图 3-10　有耗传输线模型

图 3-11 所示为有耗 RLC 传输线的单位阶跃响应。由图 3-11 可知，有耗 RLC 传输线的阶跃响应结合了波传播和扩散分量。它描绘了 RLC 传输线的阶跃响应与源距离的函数关系。阶跃输入仍然以波的形式通过直线传播。但是，这个行波的振幅沿直线衰减，计算公式为

$$\frac{v_{\text{step}}(x)}{v_{\text{step}}(0)} = e^{-\frac{r}{2Z_0}x} \tag{3-23}$$

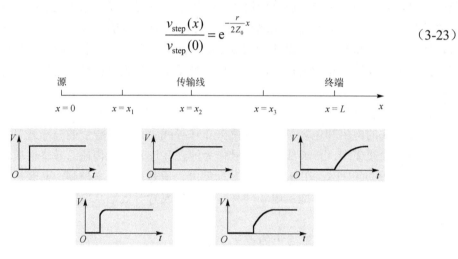

图 3-11　有耗 RLC 传输线的单位阶跃响应

信号波到达终端后，在 x 点处扩散到稳态值。离源越远，阶跃响应与分布 RC 线越接近。在这种情况下，电阻效应占主导地位，当 $R > 2Z_0$ 时，线路表现为分布 RC 线。当 $R = 5Z_0$ 时，只有 8% 的原始波形到达线的末端。在这一点上，这条线被更恰当地建模为分布 RC 线。

芯片、电路板或衬底上的实际互连线行为比上述分析预测的要复杂得多。例如，互连线上的分支会引起额外的反射，会影响信号的性能和延迟。由于这些影响的分析非常复杂，必须借助计算机分析和模拟技术才能实现。

关于什么时候考虑传输线效应是否合适的问题，有两个重要的约束条件。

（1）当输入信号的上升或下降时间（t_r，t_f）小于传输线的传输时间（t_{flight}）时，应考虑传输线效应，即

$$t_r(t_f) < 2.5 t_{\text{flight}} = 2.5 \frac{L}{v} \tag{3-24}$$

对于最大长度为 1cm 的芯片上导线，只有在 $t_r < 150\,\text{ps}$ 时才应该担心传输线的影响。对于电路板上长度为 50cm 的导线，当 $t_r < 8\,\text{ns}$ 时，我们应该考虑传输线的延迟。忽略传播延迟的感应分量很容易导致过于乐观的延迟预测。

（2）只有当导线的总电阻有限时，才应考虑传输线效应，即

$$R < 5Z_0 \tag{3-25}$$

如果不是这样，分布式 RC 模型更合适。

这两个约束都可以总结为以下一组关于导线长度的界限，即

$$\frac{t_r}{2.5}\frac{1}{\sqrt{lc}} < L < \frac{5}{r}\sqrt{\frac{l}{c}} \tag{3-26}$$

当总电阻实质上小于特性阻抗时，可认为传输线无损耗，即

$$R < \frac{Z_0}{2} \tag{3-27}$$

3.2.4 SPICE 模型

在前面的内容中，我们已经讨论了各种互连线寄生效应，并介绍了每种互连线寄生效应的简单模型。然而，这些效应的全面和精确影响只能通过详细的模拟来发现。在本节中，我们将介绍 SPICE 模拟器为电容、电阻和电感寄生提供的模型。

1. SPICE 模拟器中的分布式 RC 模型

分布式 RC 模型在当今芯片设计中的重要性决定了大多数电路模拟器都内置了高精度的分布式 RC 模型。例如，Berkeley SPICE3 模拟器支持均匀分布的线性 RC 模型（URC）。该模型将 RC 线近似为具有内部生成节点的集总 RC 模型，其参数包括导线长度 L（可选）和模型中使用的段数。

如果这些模型的计算复杂性大大减慢了模拟速度，那么可以通过用有限数量的元素的集总 RC 模型来逼近分布式 RC 模型，构造一个简单而准确的模型。图 3-12 展示了精度和复杂性递增的一些近似模型，模型的精度由级数决定。一般来说，$\pi 3$ 级模型的误差小于 3%。

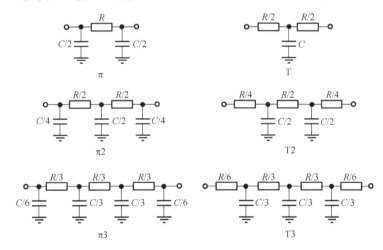

图 3-12 分布式 RC 仿真模型

2. SPICE 模拟器中的传输线模型

SPICE 模拟器支持无耗传输线模型。线路特性由特性阻抗 Z_0 定义，而线路长度可以用以下两种形式中的任一种定义。第一种方法是直接定义传输延迟 TD，它相当于信号的传输时间。频率 f 可以与 NL 一起给出，NL 是传输线的无量纲、归一化的电长度，它是相对于频率为 f 的线路中的波长测量的，对应关系为

$$NL = f \cdot TD \qquad\qquad (3\text{-}28)$$

若直接通过 SPICE 模拟器仿真较长的互连线，仿真时间将大大增加。为避免这种情况，给出第二种方法，将一条较长的互连线分成较短的几部分，并在每一截面上加入一个小阻值的串联电阻器来模拟线路的损耗。另外，由于 SPICE 模拟器选择的时间步长小于或等于 TD 的一半，仿真速度可能会受到严重影响。对于较短的互连线，这个时间步长可能比晶体管分析所需要的小得多。

3.2.5　小结

本节对互连线在现代半导体技术中的作用和行为进行了仔细而深入的分析，主要目的是确定决定互连线寄生效应（电容、电阻和电感）的主要参数，并提出适当的模型，以帮助我们进一步分析和优化复杂的数字电路，更精确地实现互连线设计。

3.3　系统中的时序问题

3.3.1　基本时序概念

1. 同步时序电路与异步时序电路

时序分析的基础是时序器件和时序路径，时序路径由时序器件和布线网络组成，时序电路包括同步时序电路和异步时序电路，数字集成电路设计多数采取同步设计的方式。同步时序电路大致应该包括以下四个要素。

（1）每个电路元件都是寄存器或组合逻辑电路。

（2）至少有一个电路元件是寄存器。

（3）所有寄存器都接收同一个时钟脉冲。

（4）若有环路，则环路至少包含一个寄存器。

同步时序电路是由时序电路（寄存器和各种触发器）、组合逻辑电路和布线网络构成的，如图 3-13 所示。同步时序电路的特点是各触发器的时钟端全部连接在一起，并接在系统时钟输出端。只有当时钟脉冲的有效沿到来时，电路的状态才能被触发而随之改变，改变后的状态将一直保持到下一个时钟脉冲到来时，此时无论外部输入信号有无变化，状态表中的每个状态都是稳定不变的。

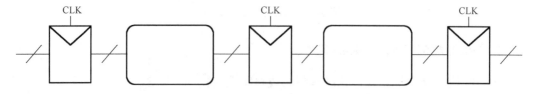

图 3-13　同步时序电路

2．时钟及时钟树

通常来说，时序电路中的时钟脉冲指的是全局时钟脉冲，全局时钟脉冲在芯片中以时钟树（或称为时钟网络）的形式存在。时钟树是由许多缓冲单元平衡搭建的时钟网状结构，它以全局时钟输入端为起点，按照尽量等延迟布线的原则到达每个时序电路（寄存器和各种触发器）的时钟脉冲输入端，如图 3-14 所示。

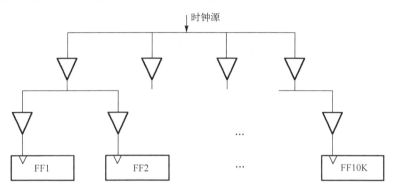

图 3-14　时钟树

在数字集成电路设计中，理想时钟脉冲被认为是跳变沿瞬间变化的时钟脉冲，但是实际的时钟脉冲除了周期、频率、相位、沿、电平属性，还有其他属性，不可能存在如图 3-15 所示的绝对方波的理想时钟脉冲。

图 3-15　理想时钟脉冲

实际电路中的时钟脉冲存在以下属性。

1）时钟偏差

时钟分支信号在到达寄存器的时钟端口过程中，都存在线网等延迟。由于延迟的存在，时钟脉冲跳变沿到达寄存器时钟端口时存在相位差，即不能保证每一个沿都对齐，这种差异称为时钟偏差，也叫作时钟偏斜。时钟偏差如图 3-16 所示。

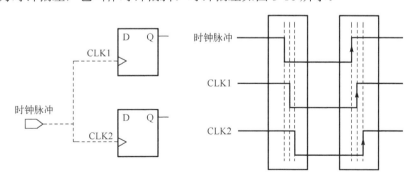

图 3-16　时钟偏差

时钟偏差与时钟脉冲的频率并没有直接关系，而与时钟线的长度及被时钟线驱动的时序单元的负载电容器及其个数有关。

2）时钟抖动

相对于理想时钟沿，实际时钟存在不随时间积累的、时而超前时而滞后的偏移，这称为时钟抖动，简称抖动，如图 3-17 所示。

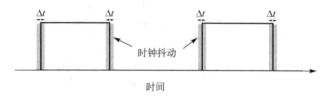

图 3-17　时钟抖动

时钟抖动可以分为随机抖动和固有抖动。随机抖动的来源为热噪声、散粒噪声和闪烁噪声，与电子器件和半导体器件的电子和空穴特性有关，如 ECL（Emitter Coupled Logic，射极耦合逻辑）工艺的 PLL 比 TTL 和 CMOS 工艺的 PLL 有更小的随机抖动。固定抖动的来源为开关电源噪声、串扰、电磁干扰等，与电路的设计有关，可通过优化电路设计来改善，如选择合适的滤波方案、合理的 PCB 布局和布线。

时钟偏差和时钟抖动都影响时钟树分枝的延迟差异（相位差异），在设计综合（Design Compiler，DC）里面，采用时钟的不确定性来表示这两种情况的影响。

3）时钟转换时间

时钟脉冲的上升沿跳变到下降沿或时钟脉冲的下降沿跳变到上升沿的时间称为时钟转换时间，这个时间并不是如图 3-18（a）所示那样完全没有跳变时间的，而是像图 3-18（b）那样，时钟沿的跳变时间就是时钟转换时间。时钟转换时间与单元延迟时间（器件特性）和电容负载有关。

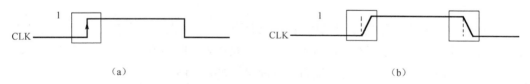

图 3-18　时钟转换时间

4）时钟延迟

时钟从时钟源（如晶振）出发到达触发器时钟端口的延迟，称为时钟延迟，其包含时钟源延迟和时钟树延迟，如图 3-19 所示。

时钟源延迟，也称为插入延迟，是时钟信号从实际时钟源（如晶振）到设计中的时钟定义点（时钟的输入端）的传输时间，图 3-19 中的 3ns 即时钟源延迟。时钟树延迟是时钟信号从其定义的点（端口或引脚）到寄存器时钟引脚的传输经过缓冲器和连线产生的延迟，图 3-19 中的 1ns 即时钟树延迟。

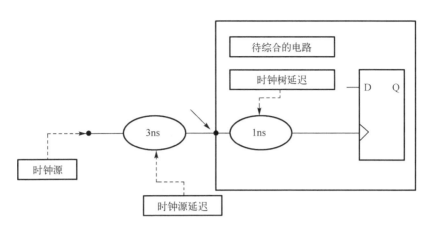

图 3-19 时钟延迟

3. 建立时间和保持时间

1) 触发器

建立时间、保持时间和传播延迟都和触发器的动态特性有关，因此须介绍触发器。一个简单的触发器除了有输入和输出信号，还必须有一个重要的触发信号，我们通常称这个信号为时钟信号。只有触发信号的有效边沿到来时，触发器的输出信号才会随之发生改变，触发器示意图如图 3-20 所示。

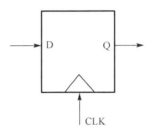

图 3-20 触发器示意图

2) 建立时间

时钟沿到来之前输入信号 D 必须保持稳定的最小时间称为建立时间，如果建立时间不够，数据将不能在这个时钟上升沿被稳定地输入触发器，t_{su} 就是指这个最小的稳定时间，如图 3-21 所示。

3) 保持时间

时钟沿到来之后输入信号 D 必须保持稳定的时间称为保持时间，如果保持时间不够，数据同样不能被稳定地输入触发器，t_{hold} 就是指这个最小的保持时间，如图 3-21 所示。

4) 传播延迟

输入信号 D 需要满足建立时间和保持时间的要求，传播延迟 t_{c-q} 为从时钟沿到来时刻到输出端 Q 变化至稳定的时间，如图 3-21 所示。

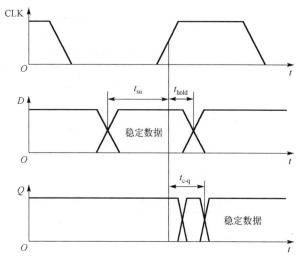

图 3-21 建立时间、保持时间及传播延迟

3.3.2 时序路径

时序路径是时序分析的基础，时序分析工具可以查找并分析设计中的所有时序路径，每条时序路径由一个起点和一个终点及其中间的各级器件和线网构成。

时序路径起点是电路设计中数据由时钟边沿触发的位置。数据通过时序路径中的组合逻辑电路传播，然后被另一个时钟边沿在终点捕获。

时序路径的起点可以为时序元件的时钟引脚或设计的输入端口，输入端口也能被视作起点，因为输入端口是由外部源触发的。

时钟边沿在终点捕获数据。输出端口也能被视作终点，因为输出端口是在外部捕获的。

时序路径可以分为以下四类，如图 3-22 所示。

（1）输入端到寄存器：从输入端口开始，到时序元件的数据输入端。

（2）寄存器到寄存器：从时序元件的时钟引脚开始，到时序元件的数据输入端。

（3）寄存器到输出端：从时序元件的时钟引脚开始，到输出端口结束。

（4）输入端到输出端：从输入端口开始，到输出端口结束。

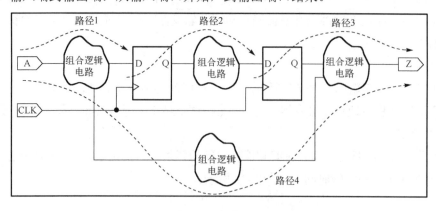

图 3-22 时序路径

设计中的每条路径都有一个相应的时序裕量。裕量是一个时间值，可以是正数、零或负数。具有最差裕量的单一路径称为关键路径。如果裕量为负值则表明当前时序路径不满足设计要求，需要通过添加时序约束或者修改设计的方式对时序路径进行改进。

3.3.3　时序约束

1. 寄存器到寄存器的时序约束

对实际的时钟进行建模或约束，实际上就是对这几个属性进行设置，下面讲解在 DC 中怎么进行时钟约束。

在默认情况下，进行逻辑综合时，即使一个时钟要驱动很多寄存器，DC 也不会在时钟的连线上加时钟缓冲器以加强驱动能力，时钟输入端直接连接所有寄存器的时钟引脚，即对于高扇出的时钟连线，DC 不会对它做设计规则的检查和优化，如图 3-23（a）所示。在时钟连线上加上时钟缓冲器或做时钟树的综合一般由后端工具完成，后端工具根据整个设计的物理布局进行时钟树的综合。加入时钟缓冲器后，整个时钟树满足时钟偏差及转换时间的要求。时钟树综合电路如图 3-23（b）所示。

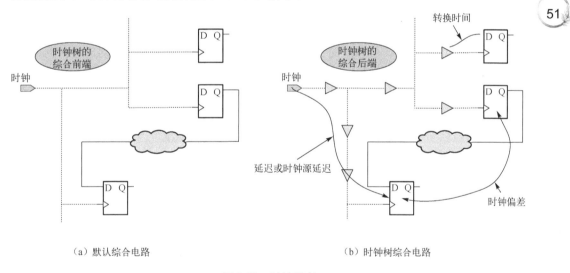

（a）默认综合电路　　　　　　　　　　　　（b）时钟树综合电路

图 3-23　时钟约束

图 3-23 的时钟树是理想的，其延迟和时钟偏差及转换时间的默认值为零。显然，理想时钟树与实际的情况不同，使用理想时钟树将产生过于乐观的时间结果。为了能在进行时钟树的综合时比较准确地描述时钟树，我们需要为实际的时钟树建模，使逻辑综合的结果与版图的结果相匹配。

我们用下面的命令建立时钟属性模型。

create_clock、set_clock_uncertainty、set_clock_latency、set_clock_transition 分别进行时钟的周期、偏差、延迟、转换时间约束。

时钟约束建模如图 3-24 所示。

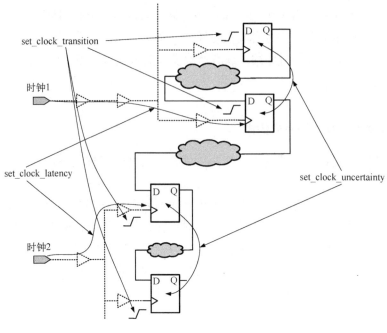

图 3-24　时钟约束建模

set_clock_uncertainty 可以对时钟偏差和时钟抖动进行建模，也就是对时钟信号的偏差进行建模，具体使用方法：假设时钟周期为 10ns，时钟的建立偏差为 0.5ns，用下面命令来进行约束。

```
create_clock-period 10 [get_ports CLK]
set_clock_uncertainty -setup 0.5 [get_clocks CLK]
```

理想时钟建模如图 3-25 所示。

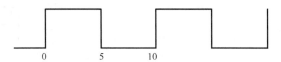

图 3-25　理想时钟建模（图中单位为 ns）

建立时间偏差建模如图 3-26 所示。

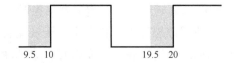

图 3-26　建立时间偏差建模（图中单位为 ns）

建立时间和保持时间偏差建模如图 3-27 所示。

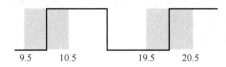

图 3-27　建立时间和保持时间偏差建模（图中单位为 ns）

在默认的情况下，如果不加开关选项 "-setup" 或 "-hold"，那么 "set-clock_uncertainty" 命令给时钟赋予相同的建立时间和保持时间偏差值。

这是一种对偏差建模的方式，也就是对建立时间和保持时间偏差建模的方式。除此之外，还可以对时钟的上升沿和下降沿进行偏差建模，如上升沿的偏差是 0.2ns，下降沿的偏差是 0.5ns，建模如图 3-28 所示。

图 3-28　时钟上升/下降沿偏差建模（图中单位为 ns）

命令如下。

```
set_clock_uncertainty -rise 0.2 -fall 0.5 [get_clocks CLK]
```

一般情况下，我们只约束建立时间，也就是只用第一种方式进行时钟偏差建模。

当对建立时间偏差建模后，这时，时钟周期、时钟偏差和建立时间的关系如图 3-29 所示。

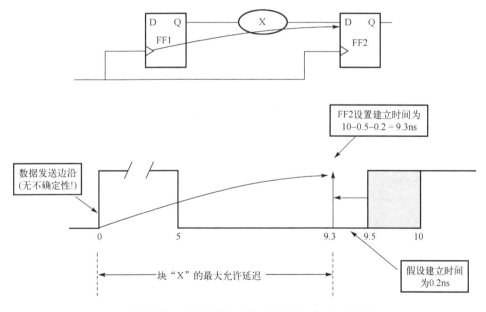

图 3-29　时钟周期、时钟偏差和建立时间的关系（图中单位为 ns）

假设时钟周期是 10ns，建立时间偏差是 0.5ns，触发器的建立时间是 0.2ns，这时从图 3-29 中就可以看出，留给寄存器间时钟路径的裕量就减少了，也就是说，对寄存器间的约束就变得更加严格了，寄存器的翻转延迟、组合逻辑电路延迟与线网延迟等这些延迟的和必须小于 9.3ns，否则就违反了 FF2 的建立时间约束。这一点是必须注意的。

对于保持时间，在未考虑时钟偏差之前，组合逻辑电路延迟要大于触发器的保持时间（具体原因参考前面的描述），当对时钟偏差建模之后，时钟周期、时钟偏差和保持时间的时序关系如图 3-30 所示。

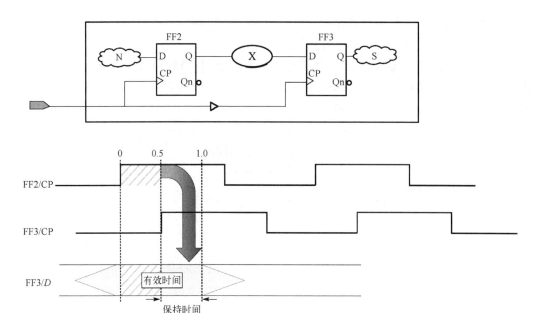

图 3-30 时钟周期、时钟偏差和保持时间的时序关系（图中单位为 ns）

时钟转换时间的建模：由于时钟脉冲并不是理想的方波，因此用"set_clock_transition"命令来模拟时钟转换时间。默认的上升转换时间为从电压的20%上升至80%的时间，下降转换时间为从电压的80%下降至20%的时间。如果不加开关选项"-setup"或"-hold"，那么"set_clock_transition"命令给时钟赋予相同的上升转换时间和下降转换时间。一般情况下，我们只约束最大的转换时间，如最大转换时间是 0.2ns，那么就加上"-max"选项，即

```
set_clock_transition -max 0.2 [get_clocks CLK]
```

时钟延迟的建模：我们使用"set_clock_latency"命令进行时钟延迟的建模。一般情况下，我们把时钟源延迟和时钟树延迟分开建模，因为时钟源延迟需要建模，但不知道 DC 时钟源延迟是多少。对于时钟树延迟，在 DC 布局布线前不知道，在布局布线后就可以计算出来，因此在布局布线之后进行综合时，就没有必要对时钟树延迟进行建模。所以要把这两个延迟分开来进行约束。

在布局布线前：时钟周期为 10ns，时钟源到芯片时钟端口的时间是 3ns，时钟端口到内部触发器的时间是 1ns，如图 3-31 所示。

用下面的命令进行建模。

```
create_clock-period 10 [get-ports CLK]
set_clock_latency -source 3 [get_clocks CLK]
set_clock_latency 1 [get_clocks CLK]
```

通常情况下，我们约束最大的延迟，也就是加上"-max"选项表示最大延迟是多少（如"set_clock_latency-source-max 3 [get_clocks CLK]"命令就表示时钟源到芯片时钟端口最大的时间是3ns）。

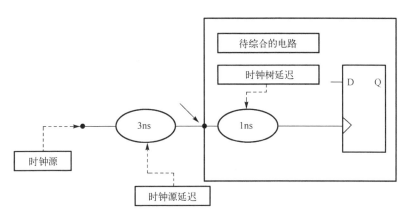

图 3-31　时序布线示例图

布局布线后就可以计算实际的时钟树延迟，使用"set_propagated_clock [get_clocks CLK]"命令代替上面的"set_clock_latency 1 [get_clocks CLK]"命令，基本的时钟建模就完成了，下面给出例子中使用的理想时钟和实际时钟的对比，如图 3-32 所示。

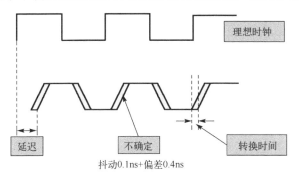

图 3-32　理想时钟与实际时钟的对比

实际时钟建模约束如图 3-33 所示。

版图前时钟模型： create_clock-period 10[get_ports CLK] set_clock_uncertainty　0.5　CLK set_clock_transition　0.2　CLK set_clock_latency　-source4　CLK set_clock_latency　2　CLK	版图后时钟模型： create_clock-period 10[get_ports CLK] set_clock_uncertainty　0.5　CLK set_clock_transition　0.2　CLK set_clock_latency　-source4　CLK set_propagated_clock　2　CLK

图 3-33　实际时钟建模约束

2. 输入端到寄存器的时序约束

本小节以模块前后使用的是同一个时钟信号为例进行讲述，时钟电路如图 3-34 所示。

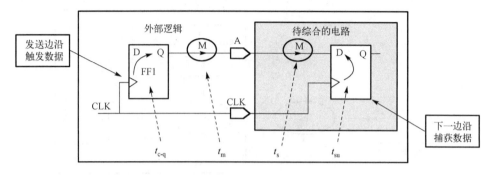

图 3-34　时钟电路

图 3-34 中，时钟信号的上升沿通过外部电路的寄存器 FF1 发送，经过输入端口 A 传输到要综合的电路，在下一个时钟信号的上升沿被锁存至内部寄存器 FF2。它们之间的时序关系如图 3-35 所示。

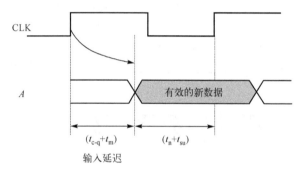

图 3-35　时序关系

对于要综合的模块，DC 输入的组合逻辑，也就是电路 N，得到它的延迟是 t_n ，但是这个 t_n 是否满足 FF2 触发器的建立时间、保持时间要求，在添加时序约束前 DC 是不知道的。因此我们通过约束这路径，告诉 DC 外部的延迟（包括寄存器翻转延迟和组合逻辑电路、线网的传播延迟）是多少。例如，在约束了时钟之后，DC 就会计算这条路径留给电路 N 的延迟 $t_{c-q} + t_m$。DC 随后会按照约束将 $t_{clk} - (t_{c-q} + t_m)$ 和 $t_n + t_{su}$ 相比较，查看 $t_{clk} - (t_{c-q} + t_m)$ 是否大于 $t_n + t_{su}$，也就是看综合得到的电路 N 的延迟 t_n 是不是过大，如果 t_n 太大，即大于 $t_{clk} - (t_{c-q} + t_m)$，那么 DC 就会进行优化，以减少延迟。如果优化后延迟还是太大，DC 就会报错。综上所述，我们在设计电路时要进行输入端口的约束，告诉外部电路延迟是多少，以便 DC 约束输入的组合逻辑电路和布线延迟，确保外部输入数据能够成功被第一级寄存器 FF2 采样。

如果我们已知输入端口的外部电路的延迟（假设为 4ns，包括外部寄存器翻转延迟和外部逻辑延迟），就可以很容易地计算出留给综合电路输入端到寄存器 N 的最大允许延迟，如图 3-36 所示。

DC 中，用"get_input_delay"命令约束输入路径的延迟。

```
set_input_delay -max 4 -clock CLK [get_ports A]
```

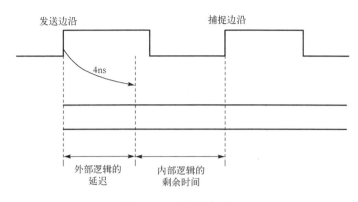

图 3-36　最大允许延迟

在约束中指定了外部逻辑用了多少时间，DC 会自动计算留给内部逻辑的剩余时间。在上述这条命令中，外部逻辑用了 4ns，对于时钟周期为 10ns 的电路，内部逻辑的最大延迟为 $10-4-t_{su}=6ns$，将 t_{su} 与器件本身特性相比，则可以得出当前时序约束是否满足要求。

时序电路实例如图 3-37 所示。

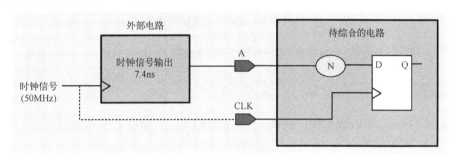

图 3-37　时序电路实例

输入端口的延迟约束如下。

```
create_clock-period 20 [get-ports CLK]
set_input_delay -max 7.4 -clock CLK [get-ports A]
```

其对应的时序关系如图 3-38 所示。

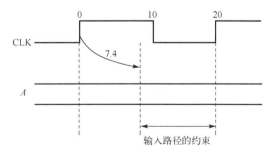

图 3-38　时序电路实例对应的时序关系（图中单位为 ns）

如果触发器 U1 的建立时间为 1ns，则电路 N 允许的最大延迟为 $20-7.4-1=11.6\,ns$。

换言之，如果电路 N 允许的最大延迟为 11.6ns，那么可以得到外部输入最大的延迟就是 $20-11.6-1=7.4$ ns。

以上讨论未考虑时钟抖动、时钟偏差等不确定因素，当考虑不确定因素时，则有如下结论。

当有时钟抖动和时钟偏差的时候（假设不确定时间为 U），如果触发器 U1 的建立时间为 1ns，外部输入延迟为 D（包括前级寄存器翻转延迟和组合逻辑电路的延迟），则电路 N 允许的最大延迟 $S=20-D-U-1$，同样可以得到外部输入的延迟 $D=20-S-U-1$。

当输入的组合逻辑电路有多个输入端口时，电路如图 3-39 所示。

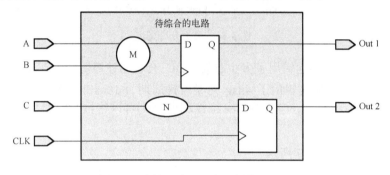

图 3-39 多输入端口组合逻辑电路示例

可以用下面命令对除时钟端外的所有输入端口设置约束。

```
set_input_delay 3.5 -clock CLK -max [remove_from_collection[all_inputs]
[get_ports CLK] ]
```

"remove_from_collection [all_inputs] [get_ports CLK]" 命令表示从所有的输入端口中去掉时钟。

如果要移掉多个时钟，命令如下。

```
Remove_from_collection [all_inputs] [get_ports "CLK1 CLK2" ]
```

3. 寄存器到输出端的时序约束

本小节讨论的寄存器到输出端约束模型如图 3-40 所示。

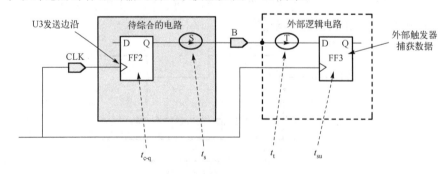

图 3-40　寄存器到输出端约束模型

时钟信号上升沿通过内部电路的寄存器 FF2 发送数据经待综合的电路 S，到达输出端口 B，在下一个时钟的上升沿到达外部寄存器 FF2 被接收。它们之间的时序关系如图 3-41

所示，需要约束的组合路径电路 S 的延迟，用 DC 计算它的延迟是否能够满足时序关系，就要知道 DC 外部输出延迟的大概数值。

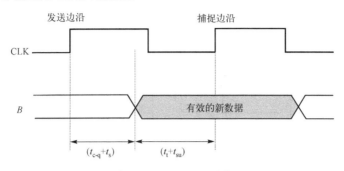

图 3-41　寄存器到输出端时序波形图

当已知外部电路的延迟（假设为 5.4ns）时，就可以很容易地计算出留给综合电路输出端口的最大延迟，如图 3-42 所示。

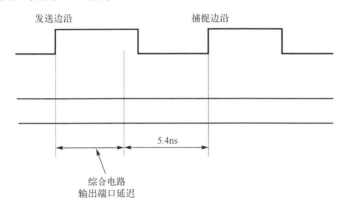

图 3-42　综合电路输出端口最大延迟

DC 中，用"set_output_delay"命令约束输出路径的延迟，对于上面的电路图，命令如下。

```
set_output_delay -max 5.4 -clock CLK [get_ports B]
```

设计约束中指定外部逻辑用了多少时间，DC 将会计算还有多少时间留给内部逻辑。时序电路实例 2 如图 3-43 所示。

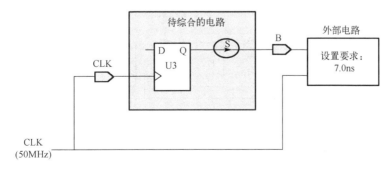

图 3-43　时序电路实例 2

寄存器到输出端口的时序路径约束的命令如下。

```
create_clock-period 20 [get_ports CLK]
set_output_delay -max 7.0 -clock CLK [get_ports B]
```

其对应的时序关系如图3-44所示。

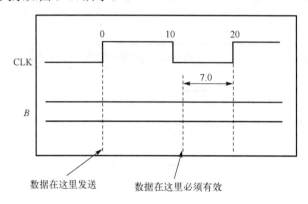

图3-44 时序电路实例3对应的时序关系（图中单位为ns）

如果U3的$t_{c-q}=1.0$ ns，则S逻辑允许的最大延迟为$20-7.0-1=12$ ns，也就是说如果S逻辑到最终的延迟大于12ns，那么这条时序路径就会违规，DC就会报错。

上面是没有考虑时钟抖动和时钟偏差的，内部延迟为S（包括传播延迟和组合逻辑电路延迟），外部输出延迟为X（包括外部组合逻辑电路和后级寄存器的建立时间），时钟周期为T，那么就有$T-S=X$。如果知道了内部延迟S的最大值，就可以算出输出外部允许的最大延迟X。

当考虑时钟抖动、时钟偏差等不确定因素时，假设不确定时间为Y，则$T-Y-S=X$。因此，可以直接得到外部输出延迟X，也可以通过内部延迟S（和不确定时间Y）计算得出X。

此处需要说明关于输入路径延迟和输出路径延迟的一些实际情况。进行SoC（System on Chip，片上系统）设计时，由于电路规模比较大，需要对设计进行划分，在一个设计团队中，每个设计师负责一个或几个模块。设计师往往并不知道每个模块的外部输入延迟和外部输出的建立时间要求（这些要求或许在设计规格说明书中有，或许没有，当没有时，设计师无从得知）。多模块时序电路示例如图3-45所示。

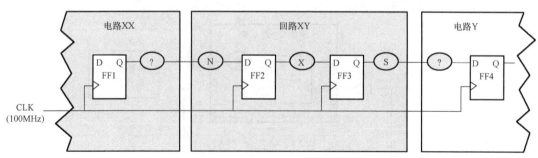

图3-45 多模块时序电路示例

此时，可以通过建立时间预算，为输入/输出端口设置时序约束，即预置这些延迟，需要相互具有接口关系的设计中预先商量好外部输入延迟和外部输出要求（或者在设计规格书中预先声明）。但是预置多少合适，可以遵从下列基本原则。

DC 要求设计师对所有的时间路径做约束，不应该在综合时还留有未加约束的时间路径。设计师可以假设输入和输出的内部电路仅仅用了时钟周期的 40%。如果设计中所有的模块都按这种假定设置对输入/输出进行约束，将还有 20%时钟周期的时间作为裕量，裕量中包括寄存器 FF1 的延迟和 FF2 的建立时间，即裕量=20%时针周期 $-t_{c-q} - t_{su}$，如图 3-46 所示。

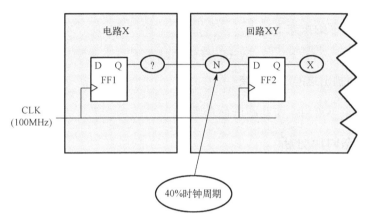

图 3-46　时序电路裕量说明

举例说明，对于前面的电路，就要按照图 3-47 所示的比例进行设置。

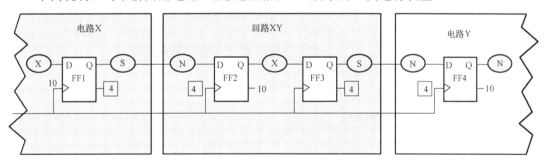

图 3-47　多模块时序电路裕量设置

对应的时序约束如下。

```
create_clock-period 10 [get-ports CLK]
set_input_delay -max 6 -clock CLK [all_inputs]
remove_input_delay [get ports CLK] ; #时钟不需要输入延迟的约束
set_output_delay -max 6 -clock CLK [all-outputs]
```

如果设计中的模块以寄存器的输出进行划分，时间预算将变得较简单，如图 3-48 所示。

61

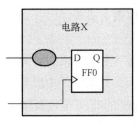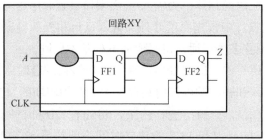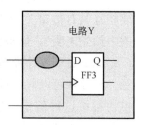

图 3-48 以寄存器的输出划分时间预算

时间预算的时序约束如下。

```
create_clock -period 10 [get-ports CLK]
```

4. 输入端到输出端的时序约束

此类时序约束不常用，在此不进行介绍。

3.3.4 静态时序分析

1. 静态时序分析简介

静态时序分析（STA）是通过工具对同步时序电路中所有存在的时序路径进行分析，检查是否存在时序违例。静态时序分析的基础是同步设计，其作用包括以下三个方面。

（1）通过静态时序分析可以获取当前电路所允许的最高时钟频率。

（2）静态时序分析会依据时序约束对设计进行检查，并报告时序电路中存在不收敛情况的逻辑电路。

（3）自动分析时钟偏差、时钟抖动等各种因素对电路时序的影响。

常用的静态时序分析工具如下。

（1）Synopsys 公司的 Prime Time。

（2）Cadence 公司的 Tempus。

2. Prime Time 简介

1）Prime Time 的输入、输出文件

输入文件如下。

（1）综合后的网表文件和 SPEF 文件（互连线的寄生电容、电阻）。

（2）标准单元的库文件。

（3）其他库文件，如 IP 库、I/O 库等。

（4）时序约束文件。

输出文件如下。

（1）带延迟信息的 SDF 文件。

（2）时序分析报告及保留相关结果的 session 文件。

（3）Timing eco 文件（存在时序违例时需重复迭代此步，促使后端设计进一步优化版图，修正后会重新生成一个 SDF 文件和 session 文件，直到消除时序违例）。

2）Prime Time 使用流程

（1）设计 STA 环境。

① 设置环境变量，如顶层的名字。

② 创建目录结构，如 RPT、OUT 等文件夹。

③ 指定临时文件存放目录等。

④ 设置一些自定义命令等。

（2）指定 STA 库文件。

① 设置 search_path，link_library。

② search_path 设定好后，综合工具只会从指定的路径去寻找各种库文件。

③ 在 link_library（包含 target_library）的基础上添加 I/O 库文件，IP 库文件等。

（3）读取网表文件。

① 读入所有网表文件后，指定顶层模块并链接。

② 一般只有一个网表文件。

③ 使用 read_verilog netlist.v 读入网表文件。

（4）读取 SPEF 文件。

① SPEF 文件是由专门的 Start RC 工具从后端版图中提取的参数文件（标准工具计算的寄生电容、寄生电阻更精确）。

② SPEF 文件主要包括互连线的寄生电容和寄生电阻。

（5）设置约束文件。

① set_propagated_clock [all_clocks]设计成 propagate 后是一个实际的线网延迟，该步操作是必需的。

② 创建时钟，需要预先设计创建时钟的端口，以及时钟的频率、相位等，还要知道时钟之间的相互关系。

③ 设置内部 transition（寄存器数据转换时间）约束，输入、输出的延迟控制，输入、输出的驱动能力（负载）。

④ 设置时钟的不确定性。设置的值可以比 DC 时略小，因为时钟抖动和延迟已经确定，主要是预留一部分裕量。

（6）输出报告并保存数据文件。

① 用命令"check_timing"检查设计中是否有路径没有被约束。

② 用命令"report_clock"检查时钟设置得是否正确。

③ 用命令"report_qor"查看综合后的整体结果。

④ 用命令"report_timing"查看具体的建立、保持时序信息。

⑤ 用命令"write_sdf"写出综合后的 SDF 文件。

⑥ 用命令"save_session"保存当前数据文件。

Prime Time 是时序分析的常见工具，此处不对功能进行展开说明，若需要进一步的学习，可以通过以下方式获取信息：man pt_command、pt_command -help、help * command *。

3. 静态时序分析常见问题

1）建立时间、保持时间不满足要求

建立时间、保持时间不满足要求，即通过时序分析得知关键路径的裕量为负，不能确保每级寄存器的数据都可以在时钟跳变沿到来时进行正确的转换操作，其修正的方法包括以下四种。

（1）降低设计频率（如果允许的话）。

（2）改进设计，提升各种单元器件的性能，从而降低关键路径中的器件延迟。

（3）优化前端设计，可以采取插入寄存器增加流水，用超前进位加法器代替行波逐位进位加法器降低延迟，选择卡诺图化简法降低门级（同时会对速度有所优化）等方式对前端设计进行时序优化。

（4）优化后端设计，调整关键路径的时钟偏差来解决时序违例，采用多阈值单元、面积更小的门级单元等方式对后端设计进行时序优化。

2）输入偏置约束不满足要求

输入偏置约束不满足要求，指的是输入端口的数据在当前时序约束的情况下，可能无法被第一级寄存器成功捕获，其优化方法如下。

（1）调整采样的时钟频率。

（2）通过后端设计减少布线延迟，修正时序违例。

3）输出偏置约束不满足要求

输出偏置约束不满足要求指的是输出端口的数据无法被后级设备成功采样，其优化的方式与输入偏置约束相同，此处不再赘述。

3.4 运算功能块设计

3.4.1 数据通路

芯片功能块一般分为以下四种。

（1）数据通路操作数。

（2）存储元素。

（3）控制结构。

（4）特殊用途单元：I/O、功耗分配、时钟产生和分配、模拟和射频。

CMOS 系统设计包含以上子系统。需要在速度、密度、可编程性、设计用途和其他变量之间进行权衡。数据通路操作数得益于层次、规则、模块化和逻辑化的电路设计，可能使用 N 个相同的电路处理 N 位数据。相关的数据操作的物理布局在邻近位置，以缩短线长并降低延迟。一般来说，数据从一个方向传输，而控制信号以与数据流正交的方向引入。

在数字信号处理（Digital Signal Processing，DSP）模块中，数据通路均具有多级可选流水线设计，为了满足应用对性能时序的不同需求，在数字信号处理模块的数据通路中插入可选的寄存器，实现可编程的流水线功能。在操作数 A、B 之间插入 2 级可选寄存器，在乘法器输出、数字信号处理结果输出等位置各插入 1 级可选寄存器。通过码流静态配置选择不同寄存器，可实现 0~4 级等多级流水线，在使用所有流水线寄存器的情况下，减少关键路径延迟，以提高模块的最高频率。

1. 数据输入通路

数据输入通路具有可选流水线设计，以数字信号处理模块为例，数据输入端口 A、B 可选 0~2 个寄存器，分别为 AREG 和 BREG，级联通路将数据传输到下一个相邻的数字信号处理模块中，即 ACASREG 和 BCASREG。数字信号处理模块数据端口属性表如表 3-3 所示。

表 3-3　数字信号处理模块数据端口属性表

流水线寄存器		说明
AREG、BREG	ACASREG、BCASREG	
当前数字信号处理模块	级联数字信号处理模块	
0	0	直接通路和级联通路没有寄存器
1	1	直接通路和级联通路有一个寄存器
2	1、2	如果直接通路有两个寄存器，那么级联通路可以有一个或者两个寄存器

注：若 AREG=1，则 CEA2 是允许使用的唯一时钟使能引脚；若 AREG=0，则 CEA1 和 CEA2 引脚均不能使用；若 AREG=2，则可以使用 CEA1、CEA2 引脚，其中 CEA2 是第二个寄存器的时钟使能引脚。这对于 BREG 和 CEB1/CEB2 使能引脚同样适用。

A、B 端口逻辑图如图 3-49 所示。

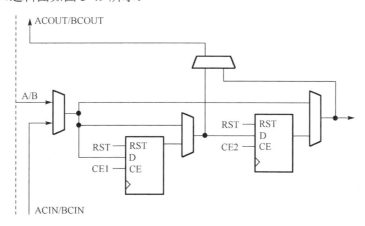

图 3-49　A、B 端口逻辑图

2. 控制输入通路

在数字信号处理模块中，控制输入通路包含加法器模式选择 ALUMODE、进位信号选择 CARRYINSEL 和加法器输入选择 OPMODE。

ALUMODE 控制信号具有专用流水线设计，可选寄存器数量为 0、1，ALUMODE 原理图如图 3-50 所示。

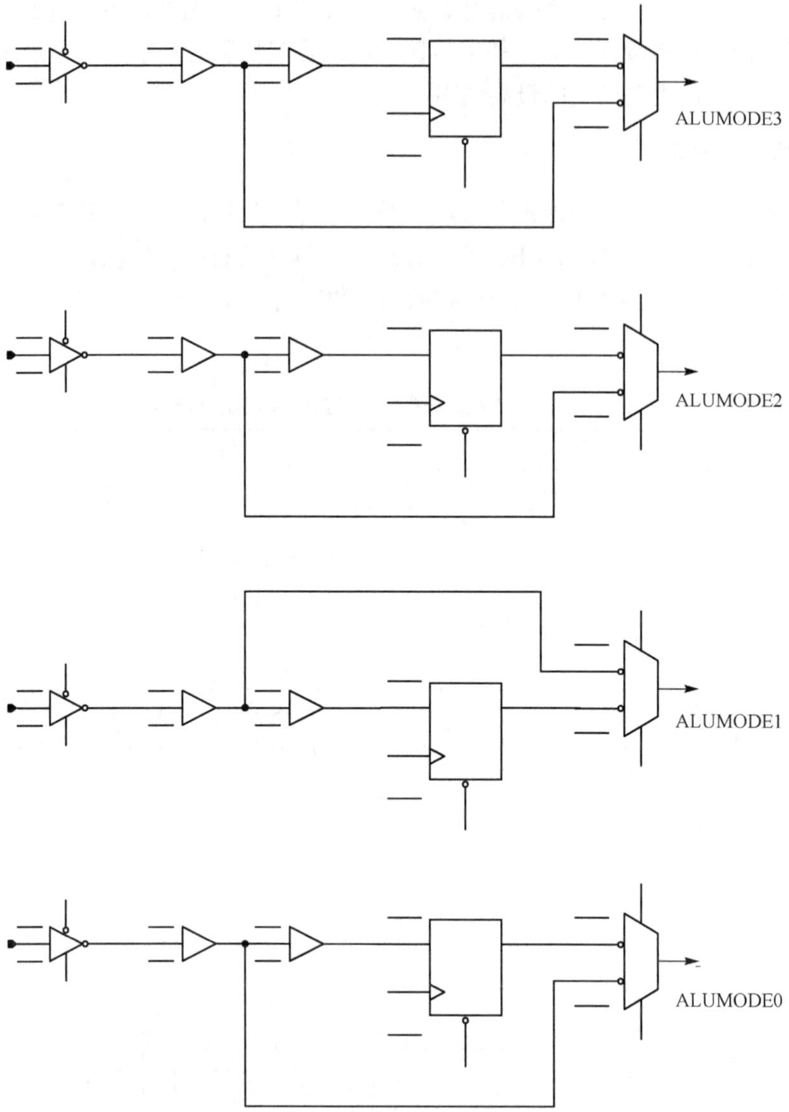

图 3-50 ALUMODE 原理图

ALUMODE 控制模式如表 3-4 所示。

表 3-4 ALUMODE 控制模式

数字信号处理操作	OPMODE[6:0]	ALUMODE[3:0]			
		3	2	1	0
$Z+X+Y+CIN$	任何合法 OPMODE	0	0	0	0
$Z-(X+Y+CIN)$	任何合法 OPMODE	0	0	1	1
$-Z+(X+Y+CIN)-1=$ $not(Z)+X+Y+CIN$	任何合法 OPMODE	0	0	0	1
$not(Z+X+Y+CIN)=$ $-Z-X-Y-CIN-1$	任何合法 OPMODE	0	0	1	0

66

CARRYINSEL 进位信号控制模块选择输入到加法器的进位，可选流水线为 0、1，CARRYINSEL 控制进位源如表 3-5 所示。

表 3-5　CARRYINSEL 控制进位源

CARRYINSEL			选择	说明
2	1	0		
0	0	0	CARRYIN	通用互连
0	0	1	~PCIN[47]	对 PCIN 进行舍入运算（向无穷舍入）
0	1	0	CARRYCASCIN	较大的加、减、累加运算（并行运算）
0	1	1	PCIN[47]	对 PCIN 进行舍入运算（向零舍入）
1	0	0	CARRYCASOUT	用于较大的加、减、累加运算（通过内部回馈进行的顺序运算）
1	0	1	~P[47]	对 P 进行舍入运算（向无穷舍入）
1	1	0	A[47] XNOR B[47]	对 A、B 进行舍入运算
1	1	1	P[47]	对 P 进行舍入运算（向零舍入）

CARRYINSEL 逻辑图如图 3-51 所示。

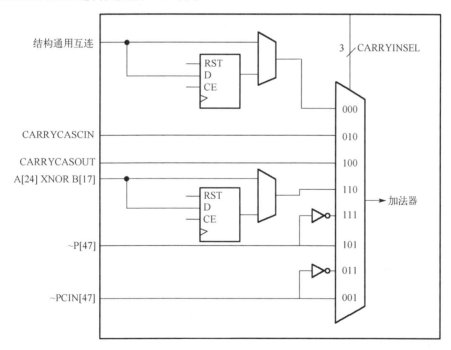

图 3-51　CARRYINSEL 逻辑图

OPMODE 加法器输入选择控制可选流水线为 0、1，OPMODE 加法器输入选择原理图如图 3-52 所示。

OPMODE 控制位选 X 多路复用输出如表 3-6 所示。

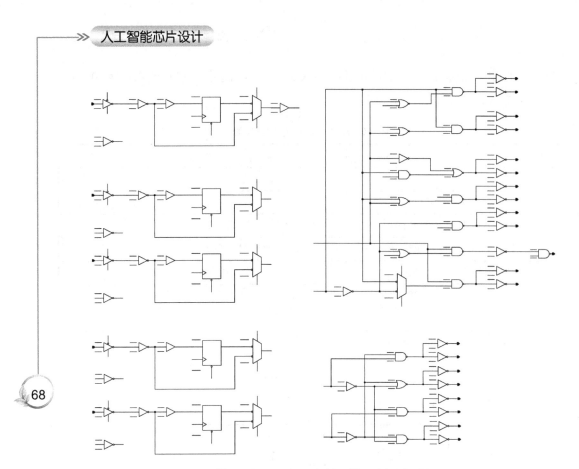

图 3-52　OPMODE 加法器输入选择原理图

表 3-6　OPMODE 控制位选 X 多路复用输出

Z OPMODE[6:4]	Y OPMODE[3:2]	X OPMODE[1:0]	X 多路复用输出	说明
xxx	xx	00	0	默认
xxx	01	01	M	必须选择 OPMODE [3:2]=01
xxx	xx	10	P	必须选择 PREG=1
xxx	xx	11	A:B	48 位宽

OPMODE 控制位选 Y 多路复用输出如表 3-7 所示。

表 3-7　OPMODE 控制位选 Y 多路复用输出

Z OPMODE[6:4]	Y OPMODE[3:2]	X OPMODE[1:0]	Y 多路复用输出	说明
xxx	00	xx	0	默认
xxx	01	01	M	必须选择 OPMODE[1:0]=01
xxx	10	xx	48`FFFFFFFFFFFF	主要用于 X 和 Z 多路复用逻辑 单元按位操作
xxx	11	xx	C	

OPMODE 控制位选 Z 多路复用输出如表 3-8 所示。

表 3-8　OPMODE 控制位选 Z 多路复用输出

Z OPMODE[6:4]	Y OPMODE[3:2]	X OPMODE[1:0]	Z 多路复用输出	说明
000	xx	xx	0	默认
001	xx	xx	PCIN	
010	xx	xx	P	必须选择 PREG=1
011	xx	xx	C	
100	10	00	P	仅用于 MACC 扩展。必须选择 PREG=1
101	xx	xx	17 位转变（PCIN）	
110	xx	xx	17 位转变（P）	必须选择 PREG=1
111	xx	xx	xx	非法选择

3. 数据输出通路

数据输出通路也可以使用流水线设计来优化时序，可选流水线为 0、1，如图 3-53 所示。

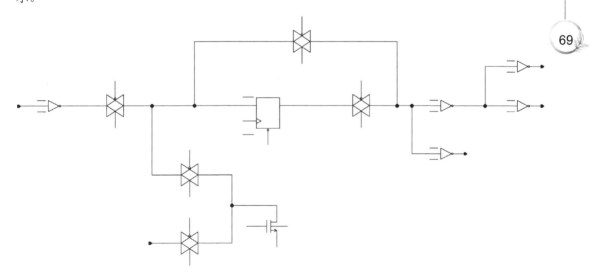

图 3-53　数据输出通路

3.4.2　运算单元

1. 加法器

加法器是许多处理操作模块的基础，可以实现从算术逻辑单元（ALU）到地址生成单元再到乘法器最后到滤波器的复杂设计。因此，将两个二进制数相加的加法器电路引起了数字系统设计人员的极大兴趣。多种多样的加法器架构需要满足不同电路的速度、功耗、面积需求。

1）1 位加法器

图 3-54（a）是两个具有 1 位宽度输入 A、B 的半加器，产生的输出为 0、1 或 2，因此需要 2 位数据来表示输出结果，分别称为和 S 与进位输出 C_{out}。进位输出是下一个相

连的加法器的进位输入，如果将多个加法器级联起来，那么每一个加法器都会有进位输入，将形成如图 3-54（b）所示的全加器，它具有第三个进位输入，称为 C 或 C_{in}。

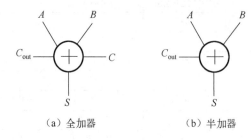

（a）全加器　　　　　　（b）半加器

图 3-54　半加器和全加器

半加器和全加器的真值表如表 3-9 和表 3-10 所示。对全加器而言，可以定义进位产生信号 G、进位传播信号 P 和进位消灭信号 K。

当 C_{out} 为 1 且不同于 C_{in} 时，加法器产生进位信号，因此 $G = A * B$。

当 C_{out} 为 0 且不同于 C_{in} 时，加法器消灭进位信号，因此 $K = \overline{A} \cdot \overline{B} = \overline{A + B}$。

当 C_{out} 为 1 且 C_{in} 也为 1 时，加法器传播进位信号，因此 $P = A \oplus B$。

表 3-9　半加器的真值表

A	B	C_{out}	S
0	0	0	0
0	1	0	1
1	0	0	1
1	1	1	0

表 3-10　全加器的真值表

A	B	C	G	P	K	C_{out}	S
0	0	0	0	0	1	0	0
		1				0	1
0	1	0	0	1	0	0	1
		1				0	1
1	0	0	0	1	0	0	1
		1				1	0
1	1	0	1	0	0	1	0
		1				1	1

由两个真值表可知，半加器的逻辑函数式为

$$S = A \oplus B$$
$$C_{out} = A \cdot B$$

（3-29）

全加器的逻辑函数式为

$$S = A\overline{BC} + \overline{A}B\overline{C} + \overline{AB}C + ABC$$
$$= (A \oplus B) \oplus C$$
$$= P \oplus C$$
$$C_{out} = AB + AC + BC \qquad\qquad (3\text{-}30)$$
$$= AB + C(A + B)$$
$$= \overline{\overline{AB} + \overline{C}(\overline{A} + \overline{B})}$$

设计加法器最直接的方式是使用逻辑门。图 3-55 所示为半加器设计，图 3-56 所示为全加器设计，其中图 3-56（a）使用逻辑门，图 3-56（b）使用晶体管。进位产生门也称为多数门，因为当三个输入中至少有两个为 1 时，C_{out} 将输出为 1，这种设计在全加器中使用得最为普遍。

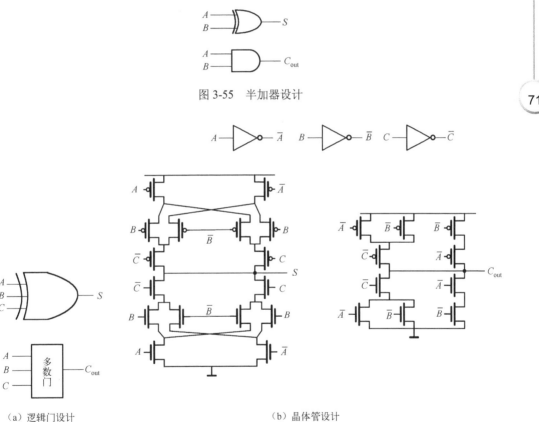

图 3-55　半加器设计

（a）逻辑门设计　　　　　　　　　　　　　（b）晶体管设计

图 3-56　全加器设计

图 3-56（b）中的全加器使用了 32 个晶体管，其中 6 个用于反相器，10 个用于多数门，16 个用于 3 输入异或门。更紧凑的设计基于以下结果，通过对 S 进行分解来重复使用 C_{out} 项，即

$$S = ABC + (A + B + C)\overline{C}_{out} \qquad\qquad (3\text{-}31)$$

这种设计的逻辑门层次和晶体管层次如图 3-57 所示，仅使用了 28 个晶体管。其中

PMOS 网络与 NMOS 网络相同而不是互补，因此这种结构也被称为镜像加法器。这种结构减少了串联晶体管的数量，并使电路布局更加均匀。

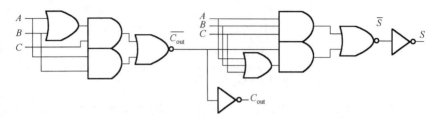

（a）镜像加法器

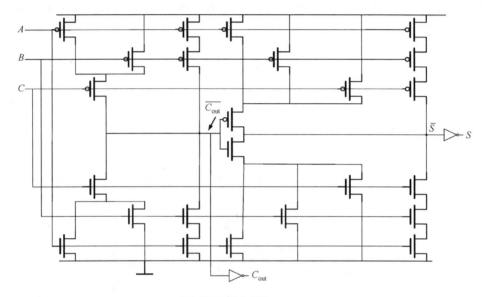

（b）进位波纹加法器

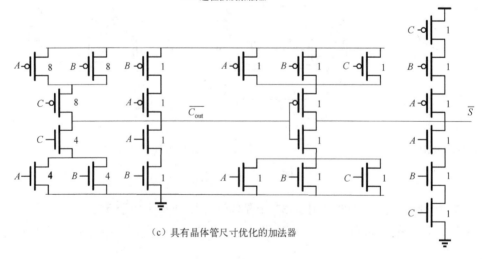

（c）具有晶体管尺寸优化的加法器

图 3-57　全加器设计的逻辑门层次和晶体管层次

镜像加法器计算 S 比计算 C_{out} 具有更大的延迟。在进位波纹加法器中，关键路径从 C 到 C_{out} 通过了全加器，因此计算 S 的额外延迟并不重要。图 3-57（c）展示了具有晶体管尺寸优化的加法器，采用以下五个技术来优化关键路径。

（1）将进位输入信号 C 馈送到内部输入，使内部电容器可以被充电。

（2）在求和逻辑中，栅极连接到进位输入和进位逻辑的所有晶体管采用最小尺寸（1 单位，即 4λ），这个信号上面的布线应尽可能短，降低互连电容，使得上述分支路径上的延迟降低。

（3）通过逻辑分析和仿真确定串联晶体管的宽度，以增加到 S 的延迟为代价构建一个不对称的门来降低 C 到 C_{out} 的延迟。

（4）在关键路径上使用较大的晶体管，使杂散布线电容仅占总电容的一小部分。

（5）减少不必要的仅相逻辑，将晶体管数减少为 24。

图 3-58 展示了全加器的两种布局，它们适用于不同的应用场景。在标准单元场景中，图 3-58（a）所示的布局更合适，它使用了单行 NMOS 晶体管和 PMOS 晶体管，输入端 A、B、C 的布线在单元内部。图 3-58（b）所示的布局适用于密集的数据通路，旋转晶体管使所有的连线在多晶硅和金属层 1 上实现，金属层 2 上的总线可以水平穿过单元。此外，晶体管的宽度可以在不影响数据精度的情况下适当增加，以降低关键路径上 C_{in} 端到 C_{out} 端的延迟。

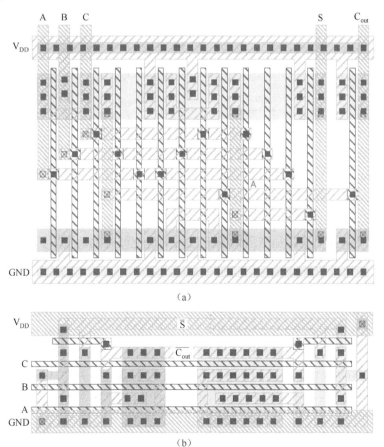

（a）

（b）

图 3-58　全加器布局

2）进位加法器

N 位加法器的输入为 $\{A_N,\cdots,A_1\}$、$\{B_N,\cdots,B_1\}$ 和进位输入 C_{in}，用来计算和 $\{S_N,\cdots,S_1\}$ 与最重要的进位输出 C_{out}，如图 3-59 所示。这种结构被称为进位传播加法器（CPA），因为每一位的进位都会影响所有后续位的进位。例如，图 3-60 展示的加法 $1111_{(2)}+0000_{(2)}+0/1$，其中每一个 S 信号和 C_{out} 信号都会受到 C_{in} 信号的影响。最简单的设计是进位波纹加法器，将进位输出端简单地连接到下一位的进位输入端。更快速的加法器可以提前预测多位数据产生的进位输出，通常使用 P、G 信号来预测多比特组会传播进位输入还是产生进位输出。长加法器会通过使用多级提前预测结构来达到更快的速度。

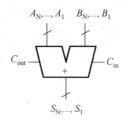

图 3-59　进位传播加法器

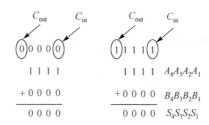

图 3-60　进位传播加法器实例

3）进位波纹加法器

一个 N 位加法器由 N 个全加器级联而成，如图 3-61（a）所示，其中 $N=4$，这样的结构被称为进位波纹加法器。其中第 i 位的进位输出 C_i 是第 $i+1$ 位的进位输入，进位相对于和 S_i 具有两倍的权重。加法器的延迟取决于进位波纹的时间，因此 $t_c \to C_{out}$ 应该最小化。

降低延迟可以通过删掉输出端的反相器实现。因为加法是自对偶函数（具有互补输入的函数是原函数的补函数），反相全加器接收互补的输入可以产生正确的输出。图 3-61（b）展示了由反相全加器构建的进位波纹加法器。

4）进位产生和传播加法器

这一节介绍更快速的加法器。在前面已经定义了传播信号 P 和产生信号 G，我们可以推广这些信号来描述一个由第 i 位到第 j 位组成的比特组是否产生进位或传播进位。当进位输出为 1 且不同于进位输入时，一个比特组产生进位；当进位输出为 1 且与进位输入相同时，一个比特组传播进位。

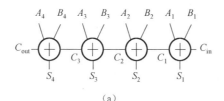

（a）

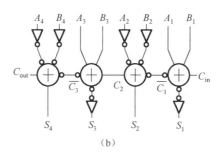

（b）

图 3-61　4 位进位波纹加法器

当 $i \geqslant k > j$ 时，可以递归定义这些信号

$$
\begin{aligned}
G_{i:j} &= G_{i:k} + P_{i:k} \cdot G_{k1:j} \\
P_{i:j} &= P_{i:k} \cdot P_{k1:j}
\end{aligned}
\tag{3-32}
$$

基于

$$
\begin{aligned}
G_{i:i} &= G_i = A_i \cdot B_i \\
P_{i:i} &= P_i = A_i \oplus B_i
\end{aligned}
\tag{3-33}
$$

根据上式，当更高或更低的递归产生进位或者更高的递归传播进位时，比特组产生进位；当更高和更低的递归传播进位时，比特组传播进位。

必须特别关注第一个进位输入。定义 $C_0 = C_{\mathrm{in}}$，$C_N = C_{\mathrm{out}}$，产生和传播信号从第 0 位开始，即

$$
\begin{aligned}
G_{0:0} &= C_{\mathrm{in}} \\
P_{0:0} &= 0
\end{aligned}
\tag{3-34}
$$

第 i 位的进位输入是第 $i-1$ 位的进位输出，因此 $C_{i-1} = C_{i-1:0}$。基于此关系，可以代入式（3-34）来计算第 i 位的和，即

$$
S_i = P_i \oplus G_{i1:0}
\tag{3-35}
$$

因此，通过以下三步可以加速加法器运算。

（1）使用式（3-32）和式（3-33）按位计算产生信号 G 和传播信号 P。

（2）针对所有的 $N \geqslant i \geqslant 1$，使用式（3-31）结合 P、G 信号来计算 $C_{i-1:0}$。

（3）使用式（3-34）计算和。

上述步骤如图 3-62 所示。第一步和第三步是常规的，因此需要主要研究专门用于 PG 组的计算方案，在速度、面积、计算复杂性之间进行平衡。一些硬件可以在按位 PG 逻辑中共享，如图 3-63 所示。

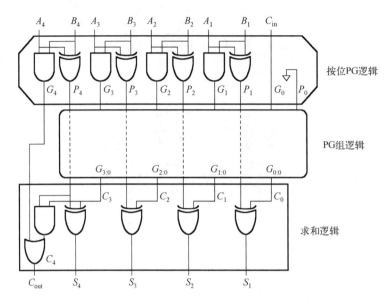

图 3-62　具备生成和传播逻辑的加法

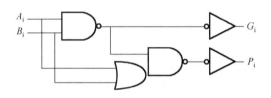

图 3-63　按位 PG 共享逻辑

5）PG 进位波纹加法器

进位波纹加法器的关键路径是沿着进位链的多个逻辑门，从进位输入到进位输出。由于 P、G 信号在进位信号到达时已经稳定下来，因此可以使用它们来简化进入与或门的多数函数，即

$$
\begin{aligned}
C_i &= A_i B_i + (A_i + B_i)C_{i1} \\
&= A_i B_i + (A_i \oplus B_i)C_{i1} \\
&= G_i + P_i C_{i1}
\end{aligned}
\tag{3-36}
$$

由于 $C_i = C_{i:0}$，进位波纹加法可以看作 PG 逻辑组的极限情况，其中 1 比特组与 i 比特组可以组成一个 $(i+1)$ 比特组。在这种极限情况下，比特组的传播信号不会被使用也不需要计算，即

$$
G_{i:0} = G_i + P_i \cdot G_{i1:0}
\tag{3-37}
$$

图 3-64 所示为带 PG 逻辑的 4 位进位波纹加法器，其中关键进位路径通过与或门链而不是多数门链。图 3-65 所示为带 PG 组逻辑的 16 位进位波纹加法器，其中 PG 组网络上的与或门用灰色单元表示。

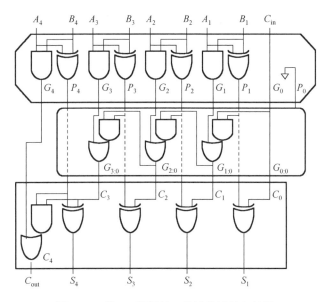

图 3-64　带 PG 逻辑的 4 位进位波纹加法器

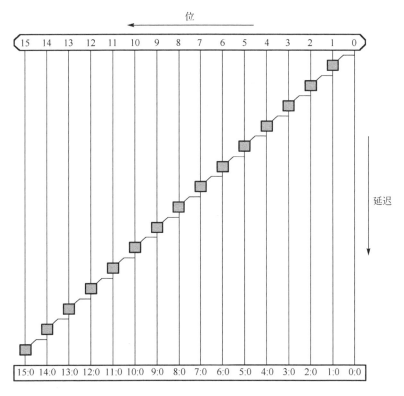

图 3-65　带 PG 组逻辑的 16 位进位波纹加法器

使用图 3-66 定义的黑色单元、灰色单元和白色缓冲器表示二阶单元，黑色单元包含由式（3-33）定义的比特组产生和传播逻辑（一个与或门和一个与门），灰色单元仅包含用于每一列中最后一个单元的组产生逻辑，白色缓冲器用来最小化关键路径上的负载。每一行代表一批比特组产生信号和传播信号。按位 PG 与求和异或门在顶部和底部块被抽象出来，并使用与或门并行操作来计算进位输出，即

$$C_{\text{out}} = G_{N:0} = G_N + P_N G_{N1:0} \tag{3-38}$$

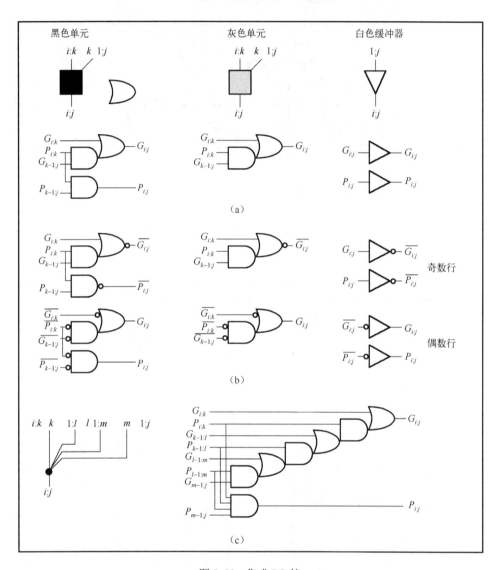

图 3-66　集成 PG 核

6）进位旁路加法器

到目前为止考虑的进位传播加法器关键路径包含每一个加法器的逻辑门和晶体管，这在大型加法中计算速度仍然非常慢。进位旁路算法被用于大规模机械计算，它通过计算每一个进位链的组传播信号并使用它旁路的进位波纹来缩短关键路径。图 3-67 所示为 4 位进位旁路加法器，其中矩形计算按位传播信号和产生信号，包含一个 4 输入与门来传播4 位信号。

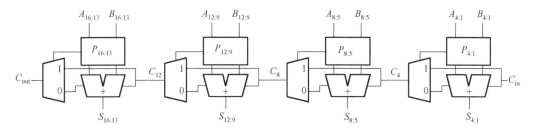

图 3-67　4 位进位旁路加法器

图 3-67 的关键路径是从第一位进位逻辑开始的，进行结果依次向下一级传播。进位必须通过其后的 3 个 1 位加法器，通过多路器跳过其后两组 4 位加法器。进位逻辑行波通过最后 4 位加法器来产生最终和，这个过程如图 3-68 所示。图 3-68 中顶部的 4 个 1 位加法器决定每一组是否产生进位，中间的多路器用于跳过 4 位加法器。具有浅色阴影的方框代表相同的加法器。

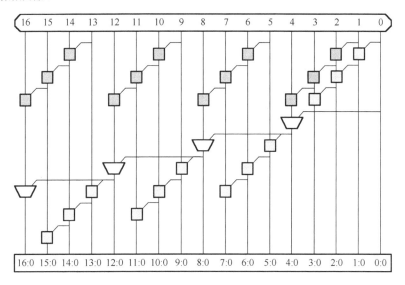

图 3-68　进位旁路加法器的 PG 网络

图 3-67 和图 3-68 中加法器关键路径包含最初产生 1 位进位输出的 PG 逻辑，三个与或门波纹进位到 4 位，三个多选器旁路进位到 C_{12}，三个与或门波纹进位通过 15 位，最后异或门产生 S_{16}。一般来说，N 位进位旁路加法器使用 k 个 n 比特组（$N = n \times k$），其延迟为

$$t_{\mathrm{skip}} = t_{\mathrm{PG}} + 2(n-1)t_{\mathrm{AO}} + (k-1)t_{\mathrm{MUX}} + t_{\mathrm{XOR}} \tag{3-39}$$

7）超前进位加法器

超前进位加法器（CLA）类似于进位旁路加法器，但通过计算组乘积和组进位信号，避免第一组信号的进位混乱。这样的加法器如图 3-69 所示，其 PG 网络如图 3-70 所示，使用 4 阶黑色单元来计算 4 比特组 PG 信号。

一般来说，一个超前进位加法器使用 k 组具有延迟的 n 比特组，超前进位加法器的延迟为

$$t_{\mathrm{CLA}} = t_{\mathrm{PG}} + t_{\mathrm{PG}(n)} + [(n-1) + (k-1)]t_{\mathrm{AO}} + t_{\mathrm{XOR}} \tag{3-40}$$

式中，$t_{\mathrm{PG}(n)}$ 是与或门-与或门-……-与或门计算的 n 阶产生信号的延迟。

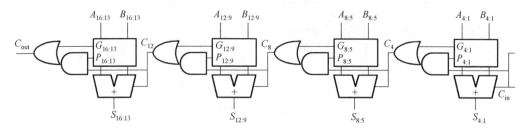

图 3-69　超前进位加法器

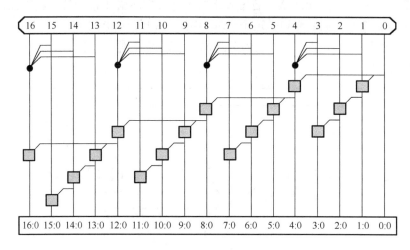

图 3-70　超前进位加法器的 PG 网络

2. 乘法器

乘法器虽然没有加法器使用普遍，但是在微处理器、数字计算处理和图计算中是必需的。最基本的乘法器可以计算两个无符号二进制数的乘积，通过最传统的方法实现，图 3-71 所示为乘法运算示例，即两个 6 位正整数 $25_{(10)}$ 和 $39_{(10)}$ 的乘法运算。

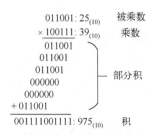

图 3-71　乘法运算示例

$M \times N$ 位乘法器 $P = Y \times X$ 可以看作由 M 位的 N 个部分积组成，然后对部分积进行适当的移位来计算 $M + N$ 位的结果。二进制乘法是逻辑与运算，因此产生部分积的过程由逻辑与组成，然后将每一列的部分积相加，并将进位传到下一列，过程如图 3-72 所示。

p_{11}	p_{10}	p_9	p_8	p_7	p_6	p_5	p_4	p_3	p_2	p_1	p_0	
						y_5	y_4	y_3	y_2	y_1	y_0	被乘数
						x_5	x_4	x_3	x_2	x_1	x_0	乘数
						x_0y_5	x_0y_4	x_0y_3	x_0y_2	x_0y_1	x_0y_0	
					x_0y_5	x_0y_4	x_0y_3	x_0y_2	x_0y_1	x_0y_0		
				x_0y_5	x_0y_4	x_0y_3	x_0y_2	x_0y_1	x_0y_0			部分积
			x_0y_5	x_0y_4	x_0y_3	x_0y_2	x_0y_1	x_0y_0				
		x_0y_5	x_0y_4	x_0y_3	x_0y_2	x_0y_1	x_0y_0					
	x_0y_5	x_0y_4	x_0y_3	x_0y_2	x_0y_1	x_0y_0						
p_{11}	p_{10}	p_9	p_8	p_7	p_6	p_5	p_4	p_3	p_2	p_1	p_0	积

图 3-72　部分积

对于复杂的乘法运算，高速乘法器的设计主要采用类似手工计算的全并行结构，即同时产生所有的部分积，将部分积压缩并求和，得到积。基于此，乘法器输入被乘数 A，乘数 B，实现补码乘法运算，主要包括 Booth 编码、部分积阵列、部分积压缩三部分，最终求和由加法器实现，通过对以上电路结构的设计与优化，完成高速补码乘法器的设计。以带符号的 25 位输入 A、18 位输入 B 相乘的乘法器为例，其过程示意图和部分电路图如图 3-73 和图 3-74 所示。

1）Booth 编码

在部分积产生电路设计中，为了提高运算速度、节约芯片面积，需要采用合适的编码方式，减少产生部分积的数量。Booth 算法（Booth's Algorithm）是目前采用的主要编码方式，具备了适合乘法器设计的诸多优点。首先，它不管乘数和被乘数的符号如何，都可以采用统一的步骤来完成乘法运算，且无须对乘积做任何修正。这样就可以仅用一种类型的全加器形成全部乘法阵列，使整个结构更为规整，连线简单，利于版图实现。其次，通过对乘数重新编码，使得部分积数目大大减少，既缩短了进位链的长度，为随后减少求和级数、提高运算速度创造条件，又减少了加法器的个数，节省了芯片面积。最后，通过对传统 Booth 算法的改进，使部分积由串行产生转为并行产生，缩短数据路径。

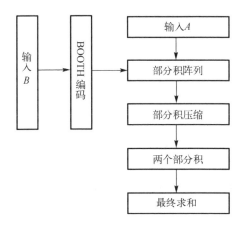

图 3-73　乘法器部分过程示意图

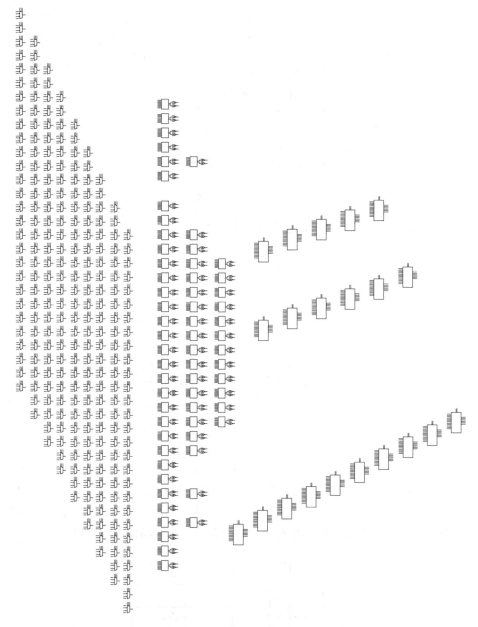

图 3-74　乘法器部分电路图

　　Booth 算法包括一阶 Booth 编码、二阶 Booth 编码、三阶 Booth 编码及更高阶 Booth 编码等多种编码方式。一般情况下，Booth 编码的阶数越高，产生部分积的数量越少，但其实现电路也越复杂。在部分积产生电路的设计过程中，要平衡运算速度、芯片面积等指标之间的关系，确定合理的 Booth 编码阶数和部分积产生方式。本乘法器可采用 Booth2 算法（改进后的 Booth 算法），将每次交叠检验乘数的位数从两位推广到三位，相邻两个三位数之间有一位重叠，所以实际上每次处理两位乘数，这样可以使部分积的数目减少至乘数位数的一半。

为了实现低功耗设计，设置了相关控制信号，可将 Booth 编码结构的输出信号设置为低电平，使乘法器部分积阵列的输出保持固定值，避免信号翻转，降低动态功耗。

图 3-75 所示为 Booth 编码的符号图。

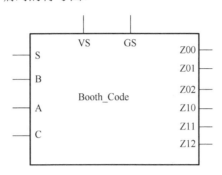

图 3-75　Booth 编码的符号图

S、B、A 依次为最高位输入、次高位输入、最低位输入，C 为置零位。$Z00$ 与 $Z10$ 相同，依此类推。$C = 1$ 时输出为 0，$C = 0$ 时的真值表如表 3-11 所示。

表 3-11　Booth 编码部分真值表（$C = 0$）

B	$Z0Z1Z2$	实际值
000	000	0
001	101	+1
010	101	+1
011	001	+2
100	010	−2
101	110	−1
110	110	−1
111	000	0
B	$Z0Z1Z2$	实际
00	101	0
01	001	+1
10	110	−2
11	000	−1

不足 3 位的在最低位补 0（因为输入端口 B 的值是相反的，所以要在最低位补 0）。Booth 算法的原理图如图 3-76 所示。

2）部分积阵列

经过 Booth 算法模块产生的 9 位宽乘数与 A 端口输出的 25 位被乘数，通过部分积产生模块，生成部分积阵列。图 3-77 所示为部分积阵列，其中 p 代表部分积，s 代表符号，由 BOOTH 算法模块直接产生，共有 9 行部分积。

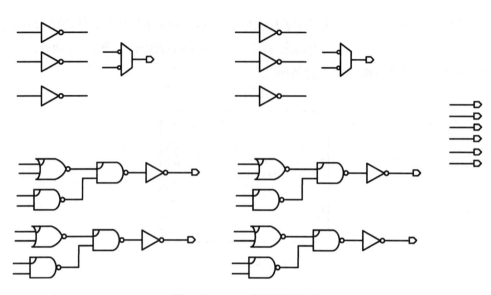

图 3-76　Booth 算法的原理图

2930

	0	1	2	3	4	5	6	7	8	9	10	11	12	13	14	15	16	17	18	19	20	21	22	23	24	25	26	27	28	29	30	31	32	33	34	35
0	p_0	p_0	p_0	p_0	p_0	p_0	p_0	p_0	p_0	p_0	p_0	p_0	p_0	p_0	p_0	p_0	p_0	p_0	p_0																	
1	s_0		p_1	p_1	p_1	p_1	p_1	p_1	p_1	p_1	p_1	p_1	p_1	p_1	p_1	p_1	p_1	p_1	p_1	p_1	p_1															
2			s_1		p_2	p_2	p_2	p_2	p_2	p_2	p_2	p_2	p_2	p_2	p_2	p_2	p_2	p_2	p_2	p_2	p_2	p_2	p_2													
3					s_2		p_3	p_3	p_3	p_3	p_3	p_3	p_3	p_3	p_3	p_3	p_3	p_3	p_3	p_3	p_3	p_3	p_3	p_3	p_3											
4							s_3		p_4	p_4	p_4	p_4	p_4	p_4	p_4	p_4	p_4	p_4	p_4	p_4	p_4	p_4	p_4	p_4	p_4	p_4	p_4									
5									s_4		p_5	p_5	p_5	p_5	p_5	p_5	p_5	p_5	p_5	p_5	p_5	p_5	p_5	p_5	p_5	p_5	p_5	p_5	p_5							
6											s_5		p_6	p_6	p_6	p_6	p_6	p_6	p_6	p_6	p_6	p_6	p_6	p_6	p_6	p_6	p_6	p_6	p_6	p_6	p_6					
7													s_6		p_7	p_7	p_7	p_7	p_7	p_7	p_7	p_7	p_7	p_7	p_7	p_7	p_7	p_7	p_7	p_7	p_7	p_7	p_7			
8															s_7		p_8	p_8	p_8	p_8	p_8	p_8	p_8	p_8	p_8	p_8	p_8	p_8	p_8	p_8	p_8	p_8	p_8	p_8	p_8	
9																	s_8																			

2920

图 3-77　部分积阵列

图 3-78 和图 3-79 所示为部分积产生模块的符号图与原理图。

图 3-78 中，A_1、A_0 为输入 A 的相邻两位，其他为 Booth 编码结果输入。通过输入 B 的选择，输出可以是 A_1、A_0 及其取反或取 0。这样就实现了对 A 的取+1、+2、−1、−2、0 等操作。

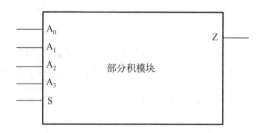

图 3-78　部分积产生模块的符号图

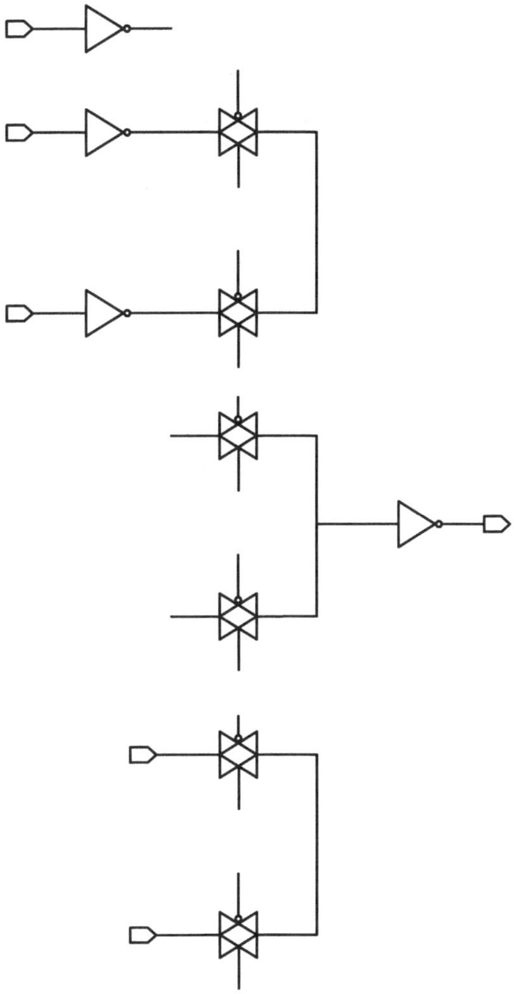

图 3-79　部分积产生模块的原理图

3）部分积压缩

产生的部分积需要经过部分积压缩。部分积压缩电路是乘法器的重要组成部分,其延迟最长,关系到乘法器的整体性能,需要重点研究与设计。部分积压缩电路可采用阵列结构、二进制树结构及华莱士(Wallace)树结构等多种结构。Wallace 树结构的基本原理是利用全加器来实现比例为 3∶2 的部分积压缩,该结构可以显著减少压缩部分的延迟,特别是采用 3∶2 压缩器、4∶2 压缩器、5∶2 压缩器等多种压缩器组合的结构,但是这种结构的连线较为复杂。在部分积压缩电路的设计过程中,研究各种压缩结构的特点,综合考虑电路延迟和芯片面积等因素,确定合适的部分积压缩电路结构。图 3-80 为 Wallace 树结构的示意图,经过 Wallace 树压缩后产生两个和,经过加法器相加得到最终的结果。

乘法器采用 Wallace 树结构是一种较为理想的设计,可对 Wallace 树结构做进一步的改进。采用的压缩器不仅包括利用全加器实现的 3∶2 压缩器,还包括由半加器实现的 2∶1 压缩器、专门设计的 6∶3 压缩器与 7∶3 压缩器等多种压缩器。它们可以实现部分积更快速的压缩。

图 3-81 所示为 6:3 压缩器的原理图。

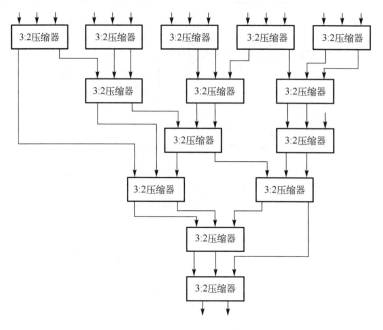

图 3-80　Wallace 树结构的示意图

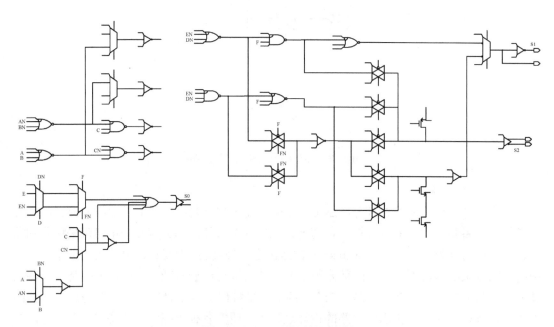

图 3-81　6:3 压缩器的原理图

图 3-82 所示为 7:3 压缩器的原理图。第三级加法器的 SUM/CA 分别输出到两列寄存器 M 中，再进行加法器的相加运算。

4）模式检测器

模式检测器用于检测输入数据 P 是否与指定模式匹配，或者是否与该模式的互补模式匹配。如果加法器输出信号与设定模式匹配，则 PATTERNDETECT(PD) 输出转为高电平。如果加法器输出信号与设定模式的互补模式匹配，则 PATTERNBDETECT(PBD)输出转为高电平。

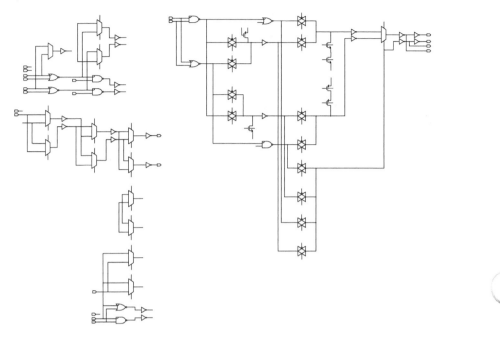

图 3-82　7:3 压缩器原理图

此外，也可以使用一个掩码字段来隐藏模式检测器中的某些位元位置。模式检测器使得数字信号处理模块能够支持收敛舍入、计数器在达到某计数值时自动复位，以及累加器中的上溢、下溢和饱和。模式检测器各属性说明如表 3-12 所示。

表 3-12　模式检测器各属性说明

属性名称	设置（默认）	属性说明
PATTERN	48 位字段（"00...00"）	模式检测器中使用的是 48 位字段
MASK	48 位字段（"0011...11"）	48 位字段用于在模式检测过程中屏蔽某些位
SEL_PATTERN	PATTERN、C(PATTERN)	选择模式字段的输入源，该输入源可以是一个 48 位动态"C"输入或者一个 48 位静态属性字段
SEL_MASK	MASK、C(MASK)	选择掩码字段的输入源，该输入源可以是一个 48 位动态"C"输入或者一个 48 位静态属性字段
SEL_ROUNDING_MASK	SEL_MASK、MODE1、MODE2(SEL_MASK)	选择用于模式检测器的对称或者收敛舍入的特殊掩码，此属性优先于 SEL_MASK 属性
AUTORESET_PATTERN_DETECT_OPTINV	MATCH、NOT_MATCH (MATCH)	将模式检测器的真实极性设置为复位的条件（MATCH）；将模式检测器的互补极性设置为复位的条件（NOT_MATCH）。
AUTORESET_PATTERN_DETECT	TRUE、FALSE(FALSE)	如果检测到模式，则在下一个周期复位寄存器 P（TRUE）；如果检测到模式，则在下一个周期不复位寄存器 P（FALSE）
USE_PATTERN_DETECT	NO_PATDET、PATDET (NO_PATDET)	使用（PATDET）或不使用（NO_PATDET）模式检测器及相关功能。此属性仅适用于速度指标和仿真模拟目的

模式检测器的逻辑图如图 3-83 所示。上溢与下溢结构图如图 3-84 所示。

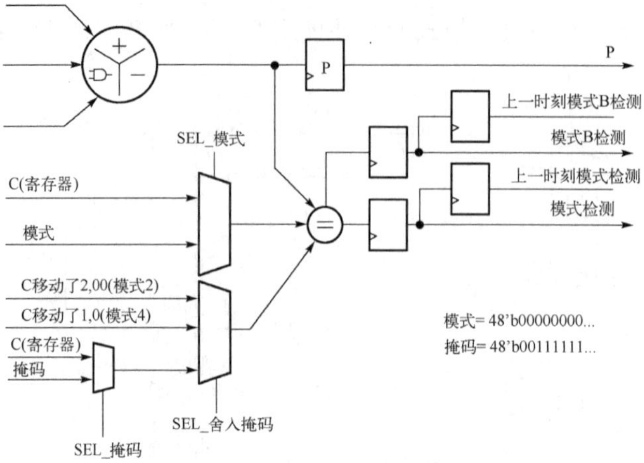

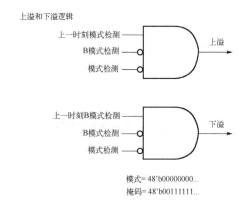

图 3-83　模式检测器的逻辑图

图 3-84　上溢与下溢结构图

模式检测器的结构图如图 3-85 所示。

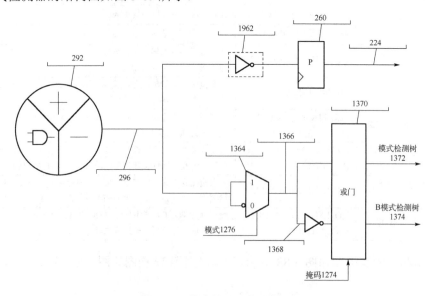

图 3-85　模式检测器的结构图

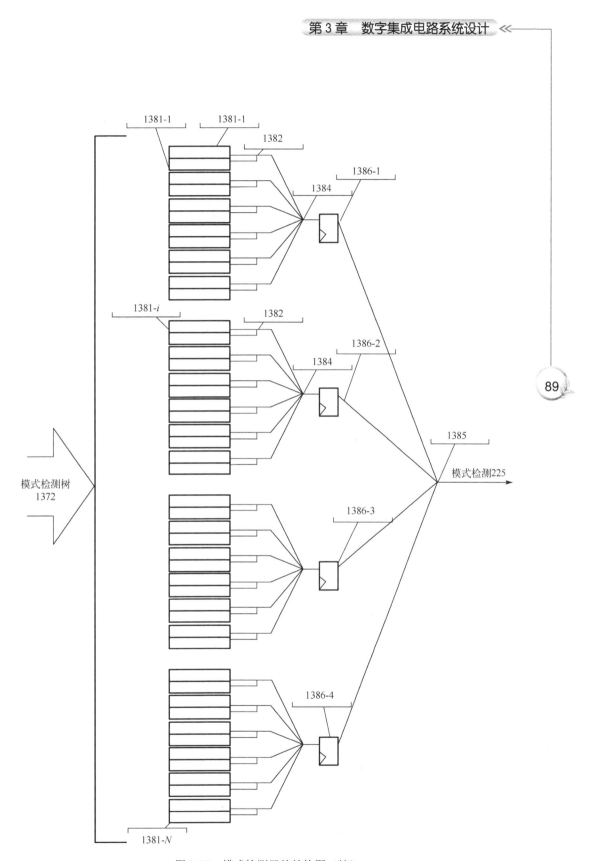

图 3-85 模式检测器的结构图（续）

3.5 存储器和阵列结构

3.5.1 存储器简介

存储器通常被分为只读存储器（ROM）和随机存储器（RAM），其具体分类如图 3-86 所示。即使是 ROM 这个术语也有误导性，因为许多 ROM 也可以被写入数据。更准确的分类是易失存储器与非易失存储器。只有通电易失存储器才能保留其中的数据，而非易失存储器断电也可保存数据。RAM 一般为易失存储器，而 ROM 一般为非易失存储器。

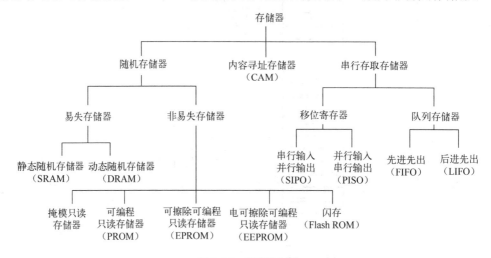

图 3-86　存储器分类

与时序单元一样，易失存储器中使用的存储单元可以进一步分为静态单元和动态单元。静态单元使用反馈结构来维持其状态，而动态单元使用晶体管存取储存浮动电容器中的电荷。即使存取晶体管关闭，电荷也会通过存取晶体管泄漏，因此必须定期读取和重写动态单元以刷新其状态。静态随机存储器（SRAM）的速度更快，更方便使用，但每位数据需要比动态随机存储器（DRAM）消耗更多芯片面积。

有些非易失存储器是只读的。掩模只读存储器的内容在制造过程中通过硬连线实现，不能改变。大部分非易失存储器可以被写入数据，但写入速度比易失存储器慢。可编程只读存储器（PROM）可以在制造后通过用特殊的高编程电压熔断芯片上保险丝实现一次编程。可擦除可编程只读存储器（EPROM）是通过在浮栅上存储电荷来编程的，它可以通过暴露在紫外光下几分钟，将电荷从栅极上移除，实现擦除数据。然后可以对 EPROM 进行重新编程。电可擦除可编程只读存储器（EEPROM）与 EPROM 类似，但芯片上的电路可以在几微秒内被擦除。闪存（Flash ROM）是 EEPROM 的一种变种，只能块擦除，不能位擦除。在较大的块之间共享擦除电路减少了每位数据的面积。由于其良好的密度和易于在系统内重新编程，闪存已经取代了现代 CMOS 系统中大多数的其他非易失存储器。

存储单元可以有一个或多个用于访问的端口。在 RAM 中，每个端口可以是只读的、只写的，也可以是同时读写的。一个存储器阵列包含 $2n$ 个字，每个字有 $2m$ 位，每位都存储在一个存储单元中。图 3-87 所示为包含 4 位 16 个字（$n=4$，$m=2$）的小型存储器阵列的组织结构。图 3-87（a）显示了最简单的设计，每个字对应一行，每个位对应一列。行译码器使用该地址通过字线来激活其中一行。在读取操作期间，此字线上的单元驱动位线，位线可能在存储器存取之前已被调节到已知值。列电路可以包含用于读出数据的放大器或缓冲器。典型的存储阵列可能有数百万个字，每个字只有 8～64 位，这将导致细长的布局，很难适应芯片整体布局。而且由于位线很长，导致速度很慢，因此，阵列通常被折叠成更少的行和更多的列。折叠后，存储器的每行包含 $2k$ 个字，因此阵列在物理上被组织为 $2n-k$ 行，由 $2m+k$ 列或位组成。图 3-87（b）显示了具有 8 行 8 列的双向折叠（$k=1$）。列译码器控制列电路中的多路复用器从行中选择 $2m$ 位作为要访问的数据。较大的存储器通常由多个较小的子阵列构建，使得字线和位线保持合理的长度，可实现快速访问和低功耗。

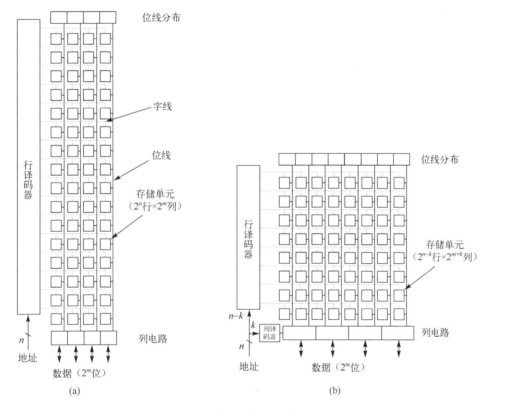

图 3-87　阵列架构

SRAM 是采用反馈结构的存储器，只要施加电源，该存储器就保持其中的值。它具有以下四点优势。

（1）比触发器密度更大。

（2）与标准 CMOS 工艺兼容。

（3）比 DRAM 速度更快。

（4）比 DRAM 更便于使用。

由于这些原因，SRAM 被广泛用于从高速缓存到寄存器文件、从表到暂存缓冲区的应用程序。SRAM 由存储器单元阵列及行电路和列电路组成。本节首先检查每个组件的设计和操作，然后考虑 SRAM 的重要特殊情况，包括多端口寄存器堆、大型 SRAM 和亚阈值 SRAM。

3.5.2　SRAM

SRAM 需要能够读取和写入数据，并且只要施加电源就能够保持数据。一个普通的触发器就可以满足这一要求，但其尺寸会相当大。图 3-88 所示为标准的 6 晶体管（6T）SRAM 单元，其尺寸远小于触发器。6T SRAM 单元通过相对复杂的用于读取和写入的外围电路来实现其紧凑性。在大型 RAM 阵列中，这是一个很好的折中方案，小单元尺寸可使用更短的互连线，从而降低动态功耗。反馈结构可耐受由泄漏或噪声引起的干扰。通过将需存储的值及其互补的值驱动到位线 bit 和 bit_b 上，然后升高字线电压打开门管来写入数据。位线上的电压打破了反馈结构的平衡，又建立了新的平衡，实现写入和存储数据。读取数据时，先将两条位线预充电到高电平，然后允许它们浮动来读取数据。当字线的电压被提升时，单元中存储的电平将位线 bit 或 bit_b 下拉，由此读出数据。SRAM 设计中的核心挑战是最大限度地减小尺寸，同时确保反馈结构的强度足够弱，确保在写入过程正确写入，并且可以在读取过程中驱动位线且不受干扰。

设计师独立开发的 SRAM 单元已不再常见。通常，由工厂提供经过仔细调整以适应特定制造工艺的 SRAM 单元。一些工厂还会提供具有不同速度、密度的两种 SRAM 或多种单元。

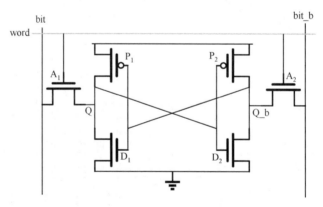

图 3-88　标准的 6 晶体管（6T）SRAM 单元

接下来讨论了 SRAM 的读写操作和物理设计。

1. 读取操作

图 3-89（a）所示为正在读取的 SRAM 单元。两条位线最初预充到高电平，假设 Q 最初为 0，因此 Q_b 最初为 1。当字线电压上升时，位线 bit 被驱动管 D_1 和门电路 A_1 下拉。在位线 bit 被下拉的同时，节点 Q 趋于上升。Q 被 D_1 保持为低电平，但被从 A_1 流入的电流影响升高电压。因此，驱动管 D_1 必须比门电路 A_1 更强。驱动管 D_1 和门电路 A_1 的比率必须合适，使得节点 Q 保持低于反相器 $P_2 - D_2$ 的开关阈值。这称为读取稳定性。当 0 被读到位线 bit 时，读取操作的波形如图 3-89（b）所示。观察到 Q 会瞬间上升，但不会出现足以翻转 SRAM 单元的严重故障。

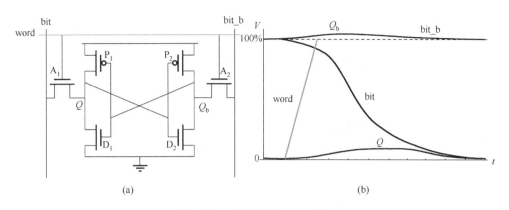

图 3-89 正在读取 SRAM 单元

图 3-90 所示为 SRAM 读取单元与波形。在读取前，位线被预充电为高电平。整个位线上的电容器必须通过存储单元的门电路放电。通过灵敏放大器读取位线电压变化，通过提高灵敏放大器的开关阈值，可以以提高噪声容限为代价来减少延迟。输出双轨单调上升信号，就像多米诺门一样。

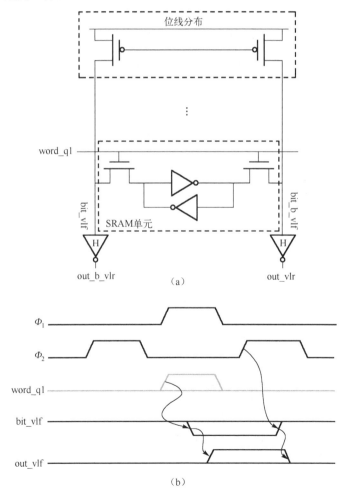

图 3-90 SRAM 读取单元与波形

2. 写入操作

图 3-91 所示为 SRAM 单元写入时的波形，假设 Q 最初为 0，则希望在单元中写入 1。位线预充为高电平，之后位线 bit_b 被拉低。由于读取稳定性的约束，该位线将无法通过门电路 A_1 强制置 Q 为高电平。因此，必须通过强制置 Q_b 低到门电路 A_2 的电平来实现写入单元。晶体管 P_2 反对这种操作，因此，P_2 必须比 A_2 弱，这样 Q_b 才能被拉得足够低。这种约束称为可写性。一旦 Q_b 下降到低电平，晶体管 D_1 断开，晶体管 P_1 导通，从而根据需要将 Q 拉高。

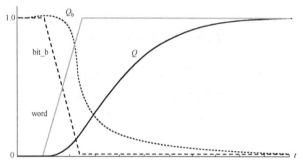

图 3-91 SRAM 单元写入时的波形

图 3-92（a）所示为 SRAM 列单元。在写入前位线被预充电为高电平。写入驱动器将位线 bit 或 bit_b 拉低以写入单元。写入驱动器可以由每条位线上用于数据写入使能的一对晶体管组成，或者由适当的信号组合驱动的单个晶体管组成，如图 3-92（b）所示。在任何一种情况下，写入驱动器、位线和存取晶体管电压必须足够低以压倒 SRAM 单元中的 PMOS 晶体管。一些阵列使用三态写入驱动器，通过主动驱动一条位线为高电平，而另一条则被拉低电平来提高可写入性。

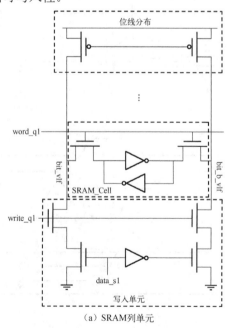

（a）SRAM列单元

图 3-92 SRAM 列写入

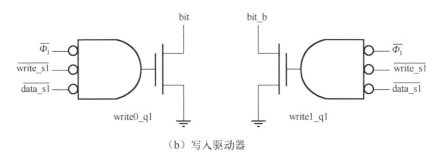

（b）写入驱动器

图 3-92　SRAM 列写入（续）

3. 单元稳定性

为了确保读取稳定性和写入稳定性，SRAM 晶体管的宽长比必须满足比率约束。交叉耦合反相器中的 NMOS 下拉晶体管必须是最强的。存取晶体管是中等强度的，而 PMOS 上拉晶体管必须是最弱的。为了实现高布局密度，所有晶体管的尺寸必须相对较小。例如，下拉晶体管可以是 8/2，存取晶体管可以是 4/2，上拉晶体管可以是 3/3。无论工艺如何变化，SRAM 单元都必须在所有电压和温度下正确工作。

单元稳定性、读取稳定性和写入稳定性由保持容限、读取容限和写入容限来量化，这些容限由 SRAM 单元在各种操作模式下的静态噪声容限（SNM）来确定。SRAM 单元在保持和读取操作期间有两个稳定状态，在写入期间只有一个稳定状态。静态噪声容限可在稳定状态丢失（在保持或读取期间）或在第二稳定状态创建（在写入期间）之前测量，可以向两个交叉耦合反相器的输入施加噪声。

图 3-93 所示为确定保持容限的测试电路，当 SRAM 单元保持其状态，既不读取也不写入时的静态噪声容限与触发器的保持时间无关。噪声 V_n 施加至每个交叉耦合反相器。访问晶体管是关断的，并且不影响电路行为。静态噪声容限可以通过图 3-94 所示的蝶形图来确定。通过设置 V_n 生成该图，以及绘制 V_2 相对于 V_1 的曲线（曲线 I）和 V_1 相对于 V_2 的曲线（曲线 II）。如果反相器相同，则直流传输曲线在 V_1 线上镜像 V_2。蝶形图显示了两个稳定状态（一个输出低，另一个输出高）和一个亚稳态（V_1、V_2）。噪声的正值使曲线 I 向左移动，使曲线 II 向上移动。过大的噪声消除了 V_1、V_2 的稳定状态，迫使电路进入相反的状态。静态噪声容限由曲线内接的最大正方形的边长确定。若反相器相同，则蝶形图是对称的，因此高噪声容限和低噪声容限相等。如果反相器不相同，若静态噪声容限是这两种情况中较小的一种。噪声容限随着 V_{DD} 和 V_t 的增加而增加。

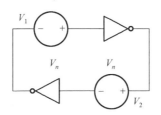

图 3-93　确定保持容限的测试电路

95

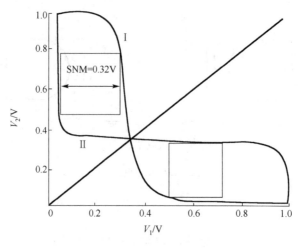

图 3-94　保持容限曲线

当 SRAM 单元被读取时，位线最初被预充电，并且存取晶体管倾向于向上拉低节点。这会使电压传输特性失真。在这些情况下的静态噪声容限称为读取容限，且小于保持容限。它可以通过对图 3-95 中的电路进行相同的仿真来获得，其中位线连接到 V_{DD}，仿真结果如图 3-96 所示。读取边距取决于相对下拉晶体管 D 与存取晶体管 A 的强度。这两个晶体管的宽度之比称为 β 比或单元比。较高的 β 比增加了读取容限，但需要更多的面积来构建宽下拉晶体管。读取容限还通过增加 V_{DD}、V_t 或者相对于 V_{DD} 降低字线电压来改善。

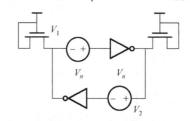

图 3-95　读取容限电路

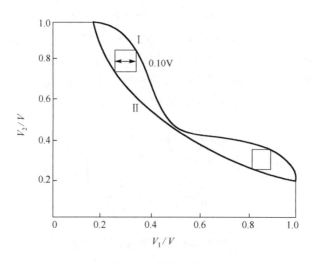

图 3-96　读取容限

当 SRAM 单元被写入时，存取晶体管 A 必须超过上拉晶体管 P 以建立单个稳定状态。写入容限是通过与读取容限类似的仿真来确定的，其中一个存取晶体管拉到 0，另一个拉到 1。如果 $|V_t|$ 太大，将存在第二个稳定状态，从而阻止写入操作。图 3-97 显示了 SRAM 单元保持在 0 时的特性。写入容限是两条曲线之间的最小正方形的边长。写入容限随着存取晶体管变强、上拉晶体管变弱或字线电压升高而提高，这与提高读取容限相冲突。

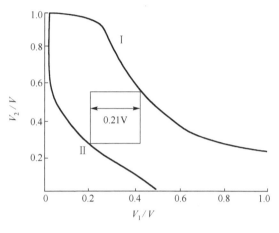

图 3-97 写入容限

随机掺杂剂波动引起的阈值电压失配是纳米工艺中的一个特殊问题，因为芯片上有大量的单元和不断增加的可变性。这种变化形成了读取、写入和保持的分布。如果任何一个单元出现负容限，它就无法工作。

通过直接的蒙特卡罗模拟来验证这种故障率需要数十亿次的模拟，这不切实际。然而，根据经验发现静态噪声容限遵循正态分布，因此，可以使用较少的蒙特卡罗参数来拟合模型，该模型又用于预测长尾的行为。这应该谨慎进行，因为如果尾部分布与模型不匹配，结果可能会严重不准确。或者，采用重要性采样技术，即使用故障点附近的随机值进行模拟，然后对样本进行加权，以产生校正后的失效概率。

因为静态噪声容限取决于 V_{DD}，所以 SRAM 单元具有可以可靠操作的最小电压，这个电压被称为 V_{min}，当使用 6T 单元时，通常为 0.7～1.0V。V_{min} 是维持电压缩放的障碍。

静态噪声容限是保守的，假设它们直流操作，噪声源是恒定的，存取晶体管无限期导通，位线保持在其完全预充电时的电平。这些假设可以放宽，以定义更大的动态噪声容限。

4. 物理设计

SRAM 单元需要巧妙的布局以实现良好的布局密度。传统设计一直使用到 90nm 那代，此后一直使用光刻友好的设计。

图 3-98 所示为传统 6T 单元的条形图。如图 3-98（b）所示，该单元被设计为镜像和重叠结构，以在沿单元边界的相邻单元之间共享 V_{DD} 和接地线。注意单个扩散区如何与位

线接触线在一对单元之间共享。这使得扩散电容减半，从而减少了在读取访问期间对位线放电的延迟。字线在金属层 M_1 和多晶硅层中，这两层必须打包入单元（如每 4 个或 8 个单元打包一次）。图 3-99 所示为一个传统的 26mm×45mm 遵守 MOSIS 亚微米设计规则的 6T 单元版图。在该布局中，金属层 M1 和多晶硅层中的字线与每个单元接触，衬底和阱也在每个单元中接触。

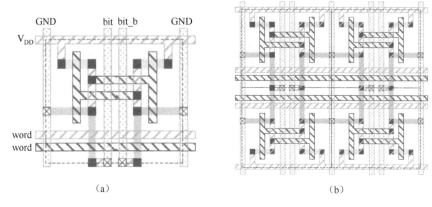

（a）　　　　　　　　　　　　　　　（b）

图 3-98　传统 6T 单元的条形图

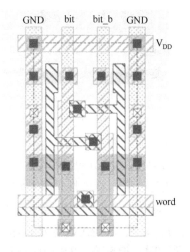

图 3-99　一个传统的 26mm×45mm 遵守 MOSIS 亚微米设计规则的 6T 单元版图

当特征尺寸小于光的波长时，多晶硅和扩散区很难精确制造。此外，传统单元中的掩模错位进一步增加了芯片的变异性。因此，纳米工艺现在使用光刻友好的 6T 单元，如图 3-100 所示。扩散区严格在垂直方向上进行，多晶硅严格在水平方向上进行。6T 单元又长又细，以牺牲更长的字线为代价降低了位线电容。因此，它有时被称为薄单元。该布局占用两个水平金属通道和 6 个垂直金属通道。它使用局部互连或沟槽接触来桥接 PMOS 漏极和 NMOS 晶体管及多晶硅布线。同样，衬底和阱接触在多个单元之间共享。

NMOS 扩散区具有不相等的宽度以实现大于 1 的 β 比。由于光刻的限制，缺口往往会变圆。因此，多晶硅与扩散区的错位可以改变存取晶体管的有效宽度。

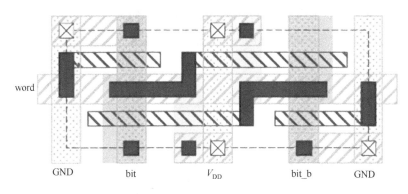

图 3-100   光刻友好的 6T 单元版图

图 3-101 所示为 SRAM 单元在五代工艺中的缩放。显微图显示了扩散区和多晶硅区，观察其从传统单元到薄单元的转变。图 3-102 所示为单元大小与特征大小的关系图。尽管光刻技术和变形性带来了越来越大的挑战，但单元尺寸仍能很好地缩小。SRAM 是如此重要，因此在可能的情况下要细致检查设计规则，以最大限度地减少单元尺寸。

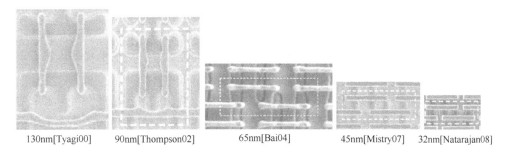

| 130nm[Tyagi00] | 90nm[Thompson02] | 65nm[Bai04] | 45nm[Mistry07] | 32nm[Natarajan08] |

图 3-101   SRAM 在五代工艺中的缩放

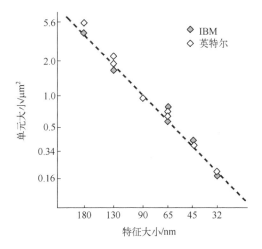

图 3-102   单元大小与特征大小的关系图

5. 其他类型 SRAM 单元

图 3-103 所示为 8T 双端口 SRAM 单元，该单元使用 8 个晶体管来提供独立的读写端

口。写入时将数据及其补码应用于位线 wbl 和 wbl_b，并拉高字线 wwl。读取时，位线 rbl 被预充，字线 rwl 被拉高。读取操作不会通过访问晶体管反向驱动状态节点，因此读取容限与保持容限相同。

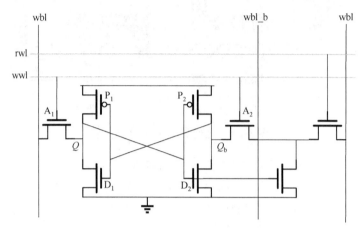

图 3-103　8T 双端口 SRAM 单元

读取容限、写入容限、操作电压之间的相互制约限制紧凑 6T 单元的最小操作电压。使用 8T 双端口单元进行单端口操作可以避免这些制约，并允许更低的操作电压。英特尔将其 45 nm 系列核心处理器的核心中的 6T 单元转换为 8T 单元。

SRAM 单元需要仔细设计，以确保满足比率约束，并保护动态位线免受泄漏和噪声的影响。对于小型存储器，静态设计可能是优选的。图 3-104（a）所示为一个由简单的静态锁存器和三态反相器构建的 12T SRAM 单元，该单元只有一条位线，使用互补的读取和写入信号来代替单个字线。图 3-104（b）中的代表性布局面积为 46mm×75mm，电源线和接地线可以在镜像的相邻单元之间共享，但区域仍然受到互连线的限制。此单元非常适合低电压操作和小型寄存器文件（32 个条目），以及设计时间比密度更重要的项目。

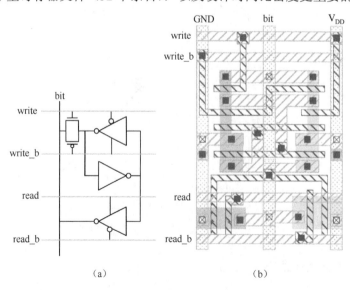

（a）　　　　　　　　　（b）

图 3-104　12T SRAM 单元

3.5.3　行电路

行电路由译码器和字线驱动器组成。最简单的译码器是使用地址位互补信号的与门组合。图 3-105 所示为译码器的两个简单实现。图 3-105（a）由一个静态与非门接一个反相器构成。这种结构适用于 5～6 个输入信号，如果速度不是最关键的可以有更多的输入信号。与非门晶体管通常被制成最小尺寸，以减少缓冲地址线上的负载，因为在行译码器中的每个地址线上都有 2^{n-k} 个晶体管。图 3-105（b）使用了带有两个反相器的准 NMOS 或非门缓冲。或非门晶体管可以被制成最小尺寸，并且反相器可以被适当地缩放以驱动字线。这种设计很容易构建，但需要验证比率约束，并且消耗太多功率，无法在大型阵列中使用。

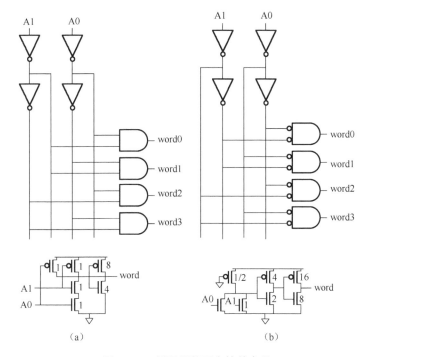

图 3-105　译码器的两个简单实现

字线通常必须与用于适当位线时序的时钟一起限定。这通常用译码器之后的另一个与门或用解码的最后阶段的额外时钟输入来执行。因此地址必须在时钟沿之前有足够长的建立时间。图 3-106 显示了如何利用译码器输出结果，在多个 2 输入与门之间共享时钟脉冲，从而降低字线时钟功率。图 3-106 还显示了一个细粒度睡眠晶体管，当存储阵列不工作时，该晶体管在 0 状态下切断驱动器的泄漏。睡眠晶体管只要足够宽就可以为单个反相器提供电流。

译码器的布局必须与存储器阵列的间距相匹配，即每个译码器门的高度必须与其驱动行的高度相匹配。这对于 SRAM 来说可能很难达到，对于 ROM 和其他具有小存储单元的阵列来说更难达到。图 3-107（a）所示为传统标准单元式布局，与非门中最小尺寸的晶体管驱动更大的缓冲反相器。译码器的高度随着输入数量的增加而增加。通过将多晶硅输入端连接到适当的地址输入端，可以很容易地对与门进行编程。图 3-107（b）所示为间距更紧且与输入数量无关的布局。译码器是通过放置晶体管和金属带来编程的，这最好使用生成布局的脚本软件来完成。多晶硅地址线应该用金属 2 捆扎以降低它们的电阻，但为了本书的可读性更好，图中省略了金属 2。译码器间距为 5 个布线通道或 40 个布线通道。如果每隔一行镜像以共享 V_{DD} 引脚和接地线，则间距可以减少到 4 个布线通道或 32 个布线通道。

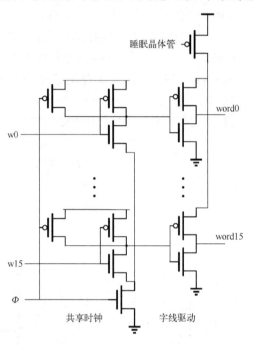

图 3-106　共享时钟和晶体管的字线驱动

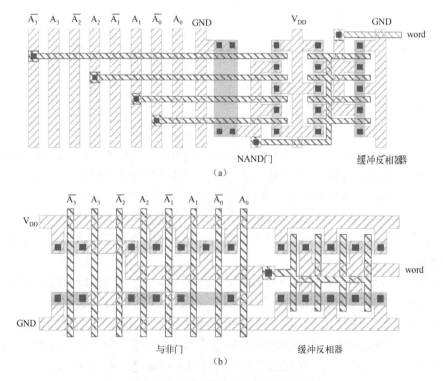

图 3-107　两种译码器布局的条形图

1. 预编码

译码器通常具有高的电学性能和较多的电路分支，这使它有许多工作阶段，因此工作速度最快的设计就是将逻辑工作量降至最低。2 输入与非门、3 输入与非门和反相器的树结构为在静态 CMOS 中构建高扇入门以提供最低的逻辑工作量。例如，图 3-108（a）所示为 16 字译码器，其中 4 输入与门是由一对 2 输入与非和 2 输入或非门组成的。

许多与非门共享完全相同的输入信号，因此它们是冗余的。译码器区域可以通过将这些常见的与非门分解来改善性能，如图 3-108（b）所示。这种技术被称为预编码技术。它不会改变译码器的布局布线结构，但确实增加了面积。一般来说，p 个地址位的块可以被预编码为两个 p 热预编码线中的 1 个，这些线用作末级译码器的输入端。例如，图 3-108（b）显示的译码器设计，将每对地址位解码为 4 位 1 码。

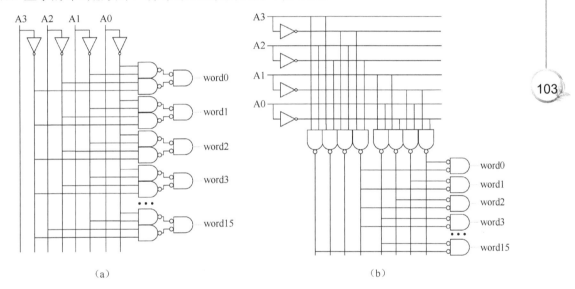

图 3-108　预编码电路

字线是一个大的电容性负载。当译码器被设计为具有最小延迟的电路时，与非门往往较大以驱动该负载。在译码器和字线之间放置缓冲器以小的延迟成本节省了大量的动态功率。

2. 分层字线

字线负载很大，它还具有较大的电阻，因为它是由较窄、较低级别的金属线构成的。这导致大型 RC 阵列的运行时间较长。另一种选择是将字线分为全局段和局部段，再进行一级分布式解码，如图 3-109 所示，这些字线也被称为分层字线或划分字线。局部字线（lwl）较短，每个字线驱动较小的单元组。全局字线（gwl）很长，但具有较轻的负载，并且可以用更宽、更厚的金属层来构造。该布局还节省了能量，因为只有被局部字线激活的那些位线才需要切换。

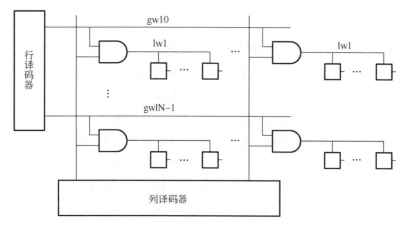

图 3-109　分层字线

3. 动态译码器

动态逻辑门对于快速译码器是有吸引力的，因为它们具有较低的逻辑工作量。传统多米诺译码器的一个主要问题是高功耗。即使 256 条字线中只有一条在每个时钟周期上升，256 个与门也都必须预充电，因此时钟负载非常大。一种低得多的功率方法是使用仅对评估的字线预充电的自复位多米诺门。

自复位多米诺门的性能与传统多米诺门基本相同，它们使用相同的基本逻辑门。如果设计不正确或变化过大，脉冲会产生定时座圈，从而导致芯片故障。

动态译码器的另一种方法是使用宽或非门结构，其中 N 个输出中的 $N-1$ 个输出在每个周期放电。由于大多数存储器需要单调上升的输出，但或非门是单调下降的，因此这种译码器需要采用基于竞争的结构。例如，图 3-110 所示为 4 输入与门，使用基于竞争的或非门结构，输出单调上升。这种技术比多米诺与门树结构更快，但消耗的功率更大，因为动态节点 X 必须在每个节点上预充电循环。它还要求在时钟之前设置地址输入。随着工艺变化的增加，确保竞争优势变得更加困难。

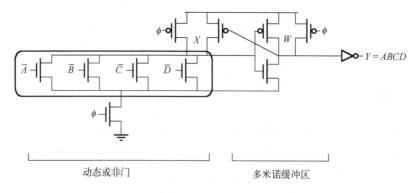

图 3-110　4 输入与门

4. 和寻址译码器

许多微处理器指令集包括寻址模式，其中有效地址是两个值的和，如基址和偏移。用于高速缓存的传统 SRAM 时，必须先将这两个值相加，再对结果进行解码以确定高速缓存字线。如果需要将访问延迟降至最低，则可以将这两个步骤合并为和寻址存储器中的一个步骤。

3.5.4　列电路

列电路由位线调节电路、写入驱动器、位线放大电路和列多路复用器组成。位线最初被预充电。在写入期间，写入驱动器下拉其中一条位线。在读取期间，使用高偏斜反相器来放大数据。动态位线与晶体管并联，因此泄漏可能是一个严重的问题。位线需要强大的保持器，尤其是在其老化期间。此外，位线的寄生延迟是读取时间的主要部分。

位线放大可以被分为大信号或小信号。在大信号或单端放大中，位线在 V_{DD} 和 GND 之间摆动，就像普通数字信号一样。高偏斜反相器是大信号放大的一个例子。为了减少寄生延迟，可以将位线分层划分为多个局部位线，然后组合以驱动全局字线。在小信号或差分放大中，两条位线中的一条发生微小变化，灵敏放大器就会检测到微小的差异并产生数字输出信号。这节省了等待完整位线摆动的延迟，并且如果位线摆动在放大之后终止，也减少了能量消耗。然而，该阵列需要定时电路来指示放大器应该何时启动，若时间太短，则可能放大为错误的答案。工艺变化导致放大放大器中的偏移，从而增加所需的位线摆幅。历史上，小型 SRAM 阵列使用大信号放大，而大型 SRAM 和 DRAM 阵列使用小信号放大，以提高速度和功率，现在的纳米工艺中使用大信号放大。

1. 位线调节

位线调节电路用于在操作之前将位线预充电到高电平。一个简单的调节器由一对 PMOS 晶体管组成，如图 3-111（a）所示。在没有时钟的情况下，也可以用弱上拉晶体管代替预充电晶体管[见图 3-111（b）]来构建伪 NMOS SRAM。

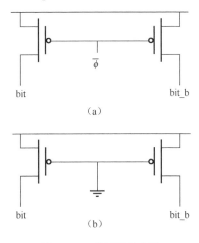

图 3-111　位线调节电路

2. 大信号灵敏放大器

位线延迟与连接到位线的位数成比例。通过简单的反相器放大位线，小存储器（最多

105

16～32 个字）速度足够快。较大的存储器可以读取分层位线或分割位线，如图 3-112 所示。小的单元组连接到局部位线（lbl）。局部位线对与 HI 偏斜与非门相结合，该 HI 偏斜与非门反过来可以下拉动态全局位线（gbl）。本地位线可以被视为由每个单元的存取晶体管和驱动晶体管组成的无脚多米诺复用器。回想一下，动态多路复用器具有恒定的逻辑工作量，但寄生延迟与输入的信号数量会带来信号延迟（本地位线上的字），因此对于超过 32 个字，本地位线变得相当慢。全局位线可以被视为一个没有脚的多米诺或门。全局位线驱动器散布在单元组之间。他们使用更大的晶体管来驱动长的全局位线。全局位线通常使用较高水平的金属（如金属 3 或金属 4）在单元的顶部上延伸，使得不需要增加阵列的面积。

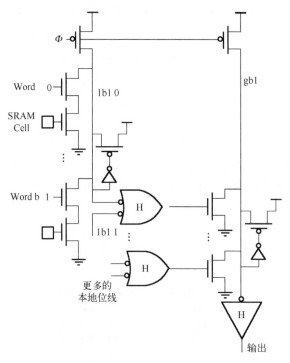

图 3-112　分层位线

连接到每个位线的晶体管的最大数量可能受到泄漏的限制。当被读取的单元格包含 0，而其他单元格都包含 1 时，会出现最坏的情况。局部位线应保持在 1，但来自所有未经处理的单元的亚阈值泄漏倾向于将位线拉低。在馈送静态逻辑之前，必须锁存读出的数据，以保证在预充电期间数据不会丢失。

3. 小信号灵敏放大器

在小信号灵敏放大方案中，访问晶体管被激活足够长的时间，以使位线少量摆动（如 100～300mV），然后感应差分位线电压。当放大时，字线被关断，以避免位线进一步摆动消耗更多的功率。已经发明的许多放大器，通过响应小的电压摆动来提供更快的放大。

图 3-113（a）中的差分读出放大器基于模拟差分对，不需要时钟电路。然而，该电路消耗大量的直流电。在低电压下偏置以使所有晶体管保持饱和也是困难的。

图 3-113（b）中的时钟感应放大器仅在激活时消耗功率，但需要定时链才能在适当的时间激活。当放大时钟为低电平时，放大器处于非激活状态。当读出放大器上升时，它有效地导通交叉耦合的反相器对，该反相器通过再生反馈将一个输出拉低，另一个输出拉高。隔离晶体管通过在放大期间断开高电容性位线的输出来加速响应。图 3-114 中的灵敏放大器触发器也很常用，因为它本身将放大节点与位线隔离。

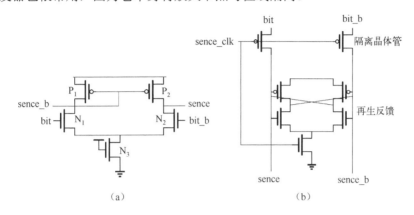

（a）　　　　　　　　　　（b）

图 3-113　灵敏放大器

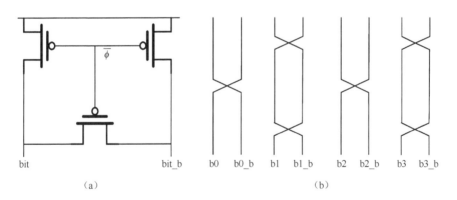

（a）　　　　　　　　　　（b）

图 3-114　通过均衡器和位线扭转降低位线噪声

一旦在位线上实现了足够的差分电压，就可以通过关断字线来降低读取操作的功耗。这一操作减少了位线摆动，从而减少了在放大之后将位线恢复到 V_{DD} 所需的电荷。

放大器非常容易受到位线上的差分噪声的影响，因为它们可以检测到小的电压差。如果位线没有被预充电足够长的时间，则来自先前读取的线上的残余电压可能导致相关模式故障。可以将均衡器晶体管[见图 3-114（a）]添加到位线调节电路中，以减少通过确保位线 bit 和 bit_b 接近所需的预充电时间。即使它们没有完全预充电到 V_{DD}，也具有相同的电压。来自相邻单元中的转换位线的耦合也可能引入噪声。如图 3-114（b）所示，位线可以被扭曲或换位，以致位线及其补码的相等耦合。例如，b1 在其长度的第一个四分之一处与 b0_b 耦合，在下一个四分之一处与 b2 耦合，在第三个四分之一处与 b2-b 耦合，在最后一个四分之一处与 b0 耦合。b1_b 也与这四条位线中的每一条耦合四分之一的长度，因此两条线上的耦合情况相同。

时钟感应放大器必须在正确的时间激活。如果它们过早地触发，那么位线可能没有产生足够的电压差来可靠地操作。如果它们启动得太晚，SRAM 的处理速度就慢了。读出放大器使能时钟由与译码器、字线和位线的延迟相匹配的电路生成。这导致了延迟匹配问题。许多阵列使用反相器链，但反相器链并不能很好地跟踪整个过程和环境角落的访问路径延迟。在典型的角落，通常需要超过 30% 的容限才能在所有角落可靠运行。

或者，阵列可以使用复制单元和位线来更紧密地跟踪访问路径，如图 3-115 所示。块译码器确定特定存储器块被选择（bs）。适当的局部字线（lwl）被激活，从而导通列中的 SRAM 单元并使位线 bit 或 bit_b 开始放电。同时，块选择信号还激活复制列中的一个单元。副本列连接的单元格数只有 1/r 的单元格到位线，所以它的放电速度提高 r 倍。当复制位线（rbl）下降到低电平时，产生复位信号以启动。

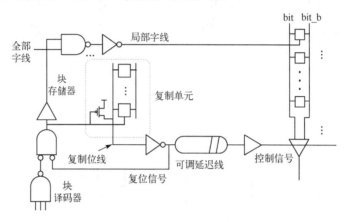

图 3-115　启用延迟复制的灵敏放大器

4. 列多路复用

图 3-116 所示为使用 NMOS 晶体管复用器的具有大信号放大作用的双向列复用。多路复用器的输出被预充电为高电平。写入驱动器和读取放大反相器都连接到多路复用器输出端。

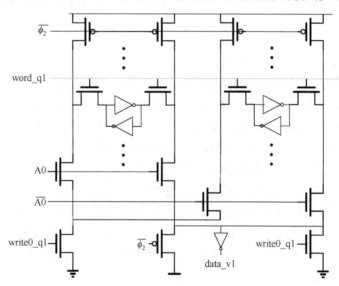

图 3-116　使用 NMOS 晶体管复用器的具有大信号放大作用的双向列复用

在小信号放大器中，位线电压接近 V_{DD}，因此需要 PMOS 晶体管。因此，阵列可以使用传输门，或者可以在写入路径中使用单独的 NMOS 晶体管，在读取路径中使用 PMOS 晶体管。

列多路复用也很有帮助，因为每列的位间距太窄，很难为每列布置放大器。多路复用后列可用于列电路的剩余部分。此外，在列多路复用器之后放置放大器减少了阵列中所需的耗电放大器的数量。

在使用列多路复用写入数组时，只需修改行中单元格的子集，这被称为部分写入操作。它仅需驱动适当列中的位线来执行，同时允许未写入列中的位线浮动。部分写入需要良好的读取稳定性，这样未写入的列就不会受到干扰。这在低电压下可能是一个挑战。

习题

1. 数字芯片设计的流程是什么？
2. 什么是同步时序电路与异步时序电路，并阐述其区别。
3. 什么是静态时序分析？常见问题有哪些？
4. 给出超前进位加法器的电路结构，并分析其工作原理。
5. 给出标准的 6 晶体管（6T）SRAM 单元结构，并分析其工作原理。

思政之窗

党的二十大报告指出："推动战略性新兴产业融合集群发展，构建新一代信息技术、人工智能、生物技术、新能源、新材料、高端装备、绿色环保等一批新的增长引擎。构建优质高效的服务业新体系，推动现代服务业同先进制造业、现代农业深度融合。"人工智能芯片作为新一代信息技术、人工智能等技术领域的核心部件，其作用至关重要。它可以通过智能感知、智能控制等技术，实现各种应用场景的智能化。在自动驾驶领域，人工智能芯片可以通过高精度地图、传感器等技术，实现车辆的自主驾驶和安全行驶；在智能制造领域，人工智能芯片可以通过智能感知、智能控制等技术，提高生产效率和产品质量；在智能家居领域，人工智能芯片可以让智能音箱、智能电视等设备实现语音识别、图像识别等功能，让人们享受更加智能化的生活体验；在智能安防领域，人工智能芯片则可以通过人脸识别、行为分析等功能，提高安全性和监控效率。人工智能芯片技术不仅为各行业提供技术支持和解决方案，还为创新、创业提供了强大的平台和服务。

第 4 章

人工智能与深度学习

4.1 人工智能

人工智能（Artificial Intelligence，AI）是一门研究如何使机器能够模拟和扩展人类的思维方式与智能行为的科学。它旨在开发计算机系统，使其具备感知、学习、推理、决策等能力，并能够以类似人类智能的方式执行各种任务。人工智能来源于对人类智能的模仿，它不单单指某个特定的技术或算法，而是涵盖了机器学习、深度学习、知识表示与推理、自然语言处理、计算机视觉、专家系统等众多领域的研究。

人工智能的发展历程如图 4-1 所示。20 世纪 50 年代，人工智能这一概念被最早提出。1956 年，达特茅斯会议的召开标志着人工智能成为一个独立研究领域。这一时期的研究主要集中在问题求解与逻辑推理等方面，并提出了一些关键理论和技术方法。20 世纪 70 年代，专家系统成为人工智能的主要研究方向。这一时期的研究集中在使用逻辑推理规则和知识表示方法来构建专家系统。这些系统试图模拟领域专家的知识和推理能力，用于解决特定领域的问题，如 MYCIN 系统用于医学诊断、DENDRAL 系统用于化学分析等。20 世纪 80 年代，研究人员针对知识表示与推理问题提出了一系列解决方法，如语义网络表示法、框架表示法、规则推理、逻辑推理等。然而，随着研究的不断深入，早期人工智能的问题逐渐暴露出来，如通用性差，缺乏常识性知识、知识获取困难、推理方法单一、无法应对复杂问题等，这也使得人工智能的研究陷入了低潮期。

图 4-1　人工智能的发展历程

到了 20 世纪 90 年代，随着硬件计算能力的提升及数据量的丰富，研究者开始重点转向让机器从数据中自己学习知识，使其能够从大规模的数据中提取有价值的信息，进而具备推理与决策能力，并提出了一系列重要的机器学习算法，如支持向量机、决策树、朴素贝叶斯算法等。机器学习也因此成为人工智能的核心技术之一。21 世纪初，Geoffrey Hinton 等人正式提出了深度学习这一概念。深度学习作为机器学习的一个分支，主要通过构建深层人工神经网络模型来学习和表示数据的复杂特征。在随后的时间里，得益于硬件技术与大数据的发展，深度学习技术不断突破，使人工智能在图像识别、语音识别、自然语言处理等领域取得了革命性的进步，并成为当下最热门的发展趋势之一。人工智能、机器学习和深度学习之间的关系如图 4-2 所示。

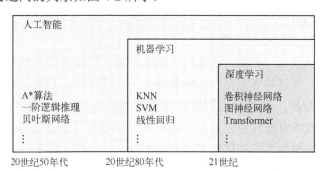

图 4-2　人工智能、机器学习和深度学习之间的关系

除了上述内容，人工智能还演化出了一些其他发展方向。

（1）强化学习。

强化学习是人工智能领域的一个重要分支，旨在使机器能够与环境进行交互学习，并通过奖励信号来优化自身的决策和行为。这种学习方式类似于人类从试错中学习，通过不断尝试和反馈来提升自身表现。强化学习在游戏、机器人控制和自动驾驶领域已经有了广泛的应用。

（2）联邦学习。

联邦学习是一种分布式学习方法，允许多个设备或机器在本地训练模型，并通过合并各自的局部模型来构建全局模型，而无须共享原始数据。这种方法在保护数据隐私的同时，促进了跨设备和跨组织的合作和知识共享。联邦学习在医疗、金融、物联网等领域具有潜在的应用前景。

（3）可解释人工智能。

可解释人工智能是指人工智能系统具备解释其决策和推理过程的能力。这种能力对于让用户理解和信任人工智能系统的决策非常重要。可解释人工智能可以帮助揭示模型中隐藏的规律和偏差，提高模型的透明度和可解释性，并为决策者提供可信赖的解释和依据。

（4）多模态人工智能。

多模态人工智能涉及多种感知模态（如视觉、语音、触觉）的结合与融合。通过综合不同模态的信息，多模态人工智能可以提供更全面、准确的分析和理解。这种技术在人机交互、智能辅助设备、情感分析等方面具有广泛的应用。

（5）可持续人工智能和伦理人工智能。

人工智能的发展必须与可持续性和伦理原则相结合。可持续人工智能是能源使用效率高、环境友好的技术，并促进人工智能社会和经济的可持续发展。伦理人工智能则强调在人工智能系统的设计和应用中考虑道德、隐私和公平等因素，确保人工智能的发展符合人类的价值观和利益。

人工智能在过去几十年中取得了巨大的发展与进步，并且仍在加速演进。在未来，人工智能将继续对人类社会产生深远的影响。随着技术的不断突破和应用场景的不断拓展，人工智能有望成为推动人类进步和创新的重要引擎。

4.2 深度学习

机器学习自出现以来，就被广泛应用于多个领域，而深度学习是机器学习中的一个重要分支，深度学习的飞速发展也在各国各界受到了广泛关注。机器学习是指先从大量的数据中学习出相应的规律，再将得出的规律应用到其他的类似样本上进行预测或识别的算法。深度学习与机器学习的算法思路是一致的，但深度学习主要使用神经网络解决这样的问题，由于其表现与传统算法相比有了很大的提升，深度学习逐渐成为主流。深度学习的发展大致可以分为三个阶段。

深度学习起源于 1943 年，数学家皮兹和心理学家麦卡洛克在发表的论文中提出了逻辑神经元模型，该模型模仿人体中神经元的构造和工作机制，利用数学模型搭建出一个神经网络，逻辑神经元模型作为模仿人类大脑的神经模型，被当作人工神经网络的起点，也标志着人工神经网络新时代的到来，也是后续人工神经网络工作的基础。1949 年，赫布在他的论文中提出了赫布学习规则，这是一种无监督学习规则，它首先对训练样本进行特征提取和特征统计，再对这些特征进行相似度匹配，把相似度较高的归为一类，该算法效仿人类神经元中的条件反射原理，推动了人工神经网络的进一步发展。1958 年，在前面的算法基础之上，美国科学家 Frank Rosenblatt 提出了感知器学习，感知器由两层神经元组成，是一个可以对数据进行二分类的人工神经网络，对神经网络的发展意义重大。

20 世纪 90 年代，误差反向传播算法的出现让神经网络在低迷了 20 年之后再次进入人们的视野。反向传播算法在早些年的神经网络正向传播过程中，增加了误差逆传播，通过反向传播误差不断修正神经网络之间连接参数的权重，误差反向传播算法让神经网络实现了非线性分类任务。但是误差反向传播算法在训练规模增大时，会出现梯度消失的问题，同时由于计算机的计算能力有限，神经网络的发展再次进入瓶颈期。

2006 年，Geoffrey Hinton 对误差反向传播过程会出现的梯度消失问题提出了解决方案，即在正向传播时，使用无监督学习的方案；在反向传播时，使用有监督的方法对模型进行修正。这一方法的提出，使得各领域均开始了与/和深度学习相关的研究。在 2012 年的 ImageNet 图像识别挑战赛中，AlexNet 获得冠军。在 AlexNet 中用 ReLU 作为激活函数，这个类型的激活函数从根本上解决了神经网络训练过程中梯度消失的问题。

深度学习的飞速发展，给各行各业都带来了全新的改变。无论是在学术界还是在企业，深度学习都成为热门话题，由于深度学习在图像处理中的表现非常出色，深度学习在其他方面的应用也开始成为研究者们的关注点之一。深度学习作为实现人工智能的工具，其出色的表现也标志着人工智能开始迈向了新的台阶。

4.3　卷积神经网络

4.3.1　卷积神经网络的算法特征

卷积神经网络（Convolutional Neural Network，CNN）是最常用的人工神经网络模型之一，尤其是在图像分类、目标检测、语义分割等计算机视觉任务中，卷积神经网络有很高的准确率，这得益于其强大的特征学习能力。卷积神经网络包含多个特征提取阶段，相比于其他网络模型，卷积神经网络具有局部特征连接、权值共享、降采样等算法特征，与生物神经网络结构更加相似，这些特征提高了卷积神经网络的学习能力，使得模型能够在海量数据中自动学习如何表达。

1．局部特征连接

神经元是神经网络的基本组成单元，也称为"MP 神经元结构"，其模型如图 4-3 所示。每一个神经元从外部或其他神经元接收输入（$x_1,\cdots,x_i,\cdots,x_n$），经过带有权重（$w_1,\cdots,w_i,\cdots,w_n$）的连接传递进来，然后在神经元内部将输入值与阈值（θ）对比，而后经过激活处理后产生输出（y），整个过程可以用式（4-1）描述，式中，f 代表激活函数。将若干个这样的神经元按照一定的层级结构进行连接，就形成了神经网络，即神经网络是由神经元构成的层级计算模型。

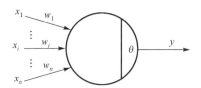

图 4-3　MP 神经元结构模型

$$y = f(\sum_{i=1}^{n} w_i x_i - \theta) \tag{4-1}$$

1962 年，Hubel 和 Wiesel 两位生物学家通过对猫的脑部视觉皮层进行研究，首次提出感受野（Receptive Field）的概念，研究指出大脑皮层中负责视觉的神经元是基于对局部区域刺激的感知来获取信息的。感受野概念的提出给人工神经网络的研究带来了很大的启发，卷积神经网络中的局部特征连接思想就是来源于此。

在传统的人工神经网络模型中，神经元之间是全连接的，以一维的神经网络举例，如图 4-4（a）所示，第 n 层的每个神经元都与第 $n-1$ 层的所有神经元互相连接，反之亦然。而在卷积神经网络中，受生物视觉皮层的神经系统中局部感知的启发，第 n 层的每个神经元仅与第 $n-1$ 层的部分神经元有连接关系，如图 4-4（b）所示。可以看出，相比于全连接网络，局部连接网络的连接关系成倍减少，由 MP 神经元结构可知，更少的连接代表着更少的权重和乘加运算，因此局部连接网络与全连接网络相比权重数量和计算量也成倍地降低。

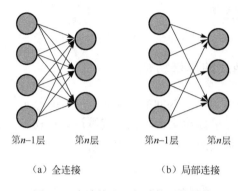

（a）全连接 　　　　　（b）局部连接

图 4-4　全连接和局部连接网络结构

在计算机视觉类任务中，卷积神经网络处理的信息大多是二维的，此时的局部特征互连方式如图 4-5 所示，每个神经元与二维图像上的一部分区域中的像素点建立连接关系。此时若采用全连接方式，则每个神经元都要和整张图像中的所有像素点建立连接关系，权重数量和计算量都会急剧增长。

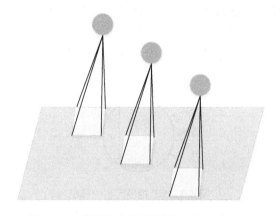

图 4-5　二维图像中的卷积神经网络局部连接

2. 权值共享

权值共享最早在 LeNet-5 模型中使用，并在后续的卷积神经网络研究和应用中得到了保留。在局部感知中，如果每个神经元在图像中不同位置上的权值各不相同，同样会带来庞大的参数规模。在卷积神经网络的一个运算层中，待处理的图像称为输入特征图，输入特征图与线性滤波器做卷积运算后，经过加偏置项、非线性激活等过程得到输出特征图。其中线性滤波器也称为卷积核，用来提取输入特征图中的特征，卷积核中的参数代表卷积神经网络的权重。

二维图像的卷积运算过程如图 4-6 所示，这里暂不考虑加偏置项、非线性激活等操作。3×3 的卷积核在 5×5 的输入特征图上滑动进行卷积运算，得到 3×3 的输出特征图。

卷积核与输入特征图有 9 个连接权重，当卷积核滑动到输入特征图的其他位置时，连接权重保持不变，这种特性称为权值共享。权值共享同样具有生物学机理：在卷积神经网络中，一个卷积核可以看作一个神经元，而神经元学习到的特征适用于其感知到的任何区域，所以对于卷积核滑动过程中经过的图像的各个区域，权值都保持不变。

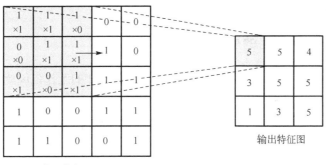

图 4-6　二维图像的卷积运算过程

权值共享具有两方面的意义，首先，在卷积神经网络的层级结构中，将一幅图像作为输入，先提取其基本的视觉特征，如边、角等，而后在上层进行组合，形成高级特征。由于这些特征可能出现在图像的任何部分，移位不变性对于捕捉它们尤为重要，而移位不变性主要是通过权值共享实现的。其次，权值共享还可以显著降低卷积神经网络模型的参数规模，降低存储和部署难度，并保证了网络模型不会随着输入图像的大小而改变，进而缓解了由于参数过多而导致模型训练缓慢、难以收敛等问题，使得卷积神经网络可以向更深层次发展，切实提高性能和实际应用能力。

3. 降采样

降采样，也称作池化，是卷积神经网络中一个重要概念，降采样的方式有很多种，常用的如极大值池化（Max Pooling）、平均值池化（Average Pooling）等，分别以局部特征中的最大值、平均值来代表整个区域。图 4-7 所示为极大值池化过程，图中池化窗的尺寸为 2×2，步长为 2，通过池化操作，将左图转化为右图。

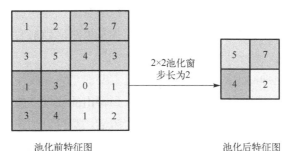

图 4-7　极大值池化过程

降采样通过丢弃部分非关键信息来减少特征维数，从而降低计算成本。在完成特征提取之后，卷积神经网络会利用提取到的特征进行分类，而分类器一般是由全连接网络实现的，因此对一个包含大量特征的集合进行训练是十分困难的，会造成网络过拟合（Overfitting）的问题。降采样通过对不同位置特征抽样的方法来描述一个较大维度的图像，这种方式在降低特征数量的同时，增加了后面卷积核的感知范围，降低了分类器的负担，有效缓解了网络过拟合的问题。此外，进行降采样可以在一定程度上滤除特征图中的噪声和失真，增强特征提取过程的鲁棒性。

4.3.2 卷积神经网络的层级结构

卷积神经网络结构的设计灵感来源于 Hubel 和 Wiesel 的工作，因此在很大程度上遵循了灵长类视觉皮层的基本结构。卷积神经网络的层级结构如图 4-8 所示，它模拟了人脑新皮层的深度分层学习过程，可以自动从底层数据中提取特征，而卷积神经网络的流行在很大程度上是由于它的分层特征提取能力。

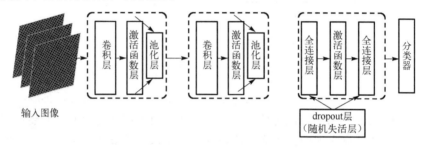

输入图像

图 4-8　卷积神经网络的层级结构

卷积层主要负责提取特征，卷积神经网络中一般有多层卷积层，卷积层的个数称为卷积层深度，从卷积神经网络的发展历程来看，卷积层深度的增加能显著提高模型的特征提取能力。在一层卷积层上通常会有多张二维图像（输入特征图）需要进行特征提取，这里称输入特征图的数量为当前卷积层的输入通道数。为了能提取到多种不同的特征，在同一卷积层中往往有多个卷积核，每个卷积核都有不同的权值，甚至是不同的尺寸，大尺寸的卷积核多用来处理大范围的图像特征，小尺寸的卷积核一般用来提取小规模的特征。此外，采用小尺寸卷积核的好处是可以降低卷积中乘加运算的次数，并在特征图中保留更多的细节特征。单层卷积层中卷积核的数量称为卷积层宽度，卷积层宽度的提升也能提高网络模型的特征提取能力。同时卷积层中卷积核的数量也对应当前卷积层的输出通道数，卷积层有多少个输出通道，就会产生多少个输出特征图。

激活函数的作用是抑制无效数据的传播，更重要的是将非线性运算引入神经网络，如果没有激活函数，整个神经网络将是一个从输入到输出的线性变换。激活函数是一种决策函数，有助于学习复杂的网络模型，选择合适的激活函数可以加速学习过程，常用的激活函数有 Sigmoid、Tanh、ReLU 等。由于 ReLU 函数的输出不会饱和，因此梯度始终保持为一个常数，不存在梯度消失现象。此外，相比于 Sigmoid 函数、Tanh 函数需要进行指数运算，ReLU 函数仅需要一个阈值就可以得到激活函数值，计算量大幅降低，且具有显著的稀疏激活特性。因此 ReLU 函数成为目前卷积神经网络中激活函数的首选。

如图 4-8 所示，卷积神经网络一般具有"卷积层+激活函数层+池化层"相间排布的重复结构。处于卷积神经网络前端的卷积层，用来提取图像中的低级特征；卷积层之后的激活函数层用来抑制无效数据，类似神经元中的阈值，只有符合一定条件的数据才会被保存在输出特征图中，传导到下一层处理；池化层用来对输出特征图进行降采样处理，以减少特征维数，而后的重复网络结构用来提取更高级别的特征。往往这样的结构越多，能提取到的图像特征就越高级，但是深层次的网络会带来大量的权值参数，导致网络模型学习缓慢甚至无法收敛。因此当卷积神经网络深度到达一定程度，已经可以提取到足够的图像特征时，就可以将特征图发送到分类器进行分类。分类器一般使用全连接网络，因此对于多分类问题，参数规模较大，全连接网络的学习变得十分困难。这时会引入 dropout 层，降低学习过程中每次更新的参数数量，防止出现过拟合现象。

分类器位于整个卷积神经网络的末端，负责对卷积层提取出的特征进行组合，多通过全连接层实现，并在最后一层全连接层后采用 Softmax 等函数计算分类概率和损失。由于全连接的特性，其参数规模几乎占整个卷积神经网络模型的 80% 以上，而包含多层全连接层的深度神经网络参数规模往往能达到数百兆。如此大的模型给卷积神经网络的部署带来了困难，对硬件运算平台的要求大幅提高。近期一些网络模型如 ResNet、GoogLeNet 等采用全局平均池化（Global Average Pooling，GAP）的方法取代全连接来进行特征的融合。研究表明，不使用全连接层并不会让模型的准确率大幅下降，而参数数量却得到了显著降低。除全局平均池化之外，采取卷积核为 1×1 的卷积运算代替全连接，同样可以达到较高的分类准确率。

在发现了全连接层的可替代性之后，研究人员对全连接的作用做进一步的研究，发现拥有全连接层的模型鲁棒性更好。随着卷积神经网络应用场景的不断丰富，迁移学习成为卷积神经网络部署的一种重要方式，即对现有的卷积神经网络模型进行微调（Fine Tuning），让其适用于另一种任务。研究表明，经过微调后，包含全连接层的卷积神经网络比不包含全连接层的卷积神经网络的准确率更高，尤其是在原场景与目标场景相差较大的情况下。因此，可以认为全连接层在一定程度上保留了模型的复杂度，是可以使卷积神经网络模型表达能力鲁棒性更好的一种结构。

综上所述，卷积神经网络是一种将特征提取和分类器结合在一起的算法，并具有强大的特征提取和识别能力。

4.3.3　卷积神经网络加速运算

对卷积神经网络加速运算的研究主要集中在算法和专用硬件架构两个方面。加速算法层面的研究致力于在保证模型准确率的前提下尽可能降低计算量，以及设计规则化的低带宽、轻量级卷积神经网络。专用硬件架构的设计则针对卷积神经网络的运算特征，基于 ASIC（Application Specific IC，专用集成电路）、FPGA（Field Programmable Gate Array，现场可编程门阵列）等硬件平台设计专用的处理器，相比于通用处理器，卷积神经网络专用处理器在计算速度和能耗上都有更好的表现。

1. 卷积神经网络加速算法

1）网络稀疏化

由于卷积神经网络中含有大量的卷积核，存在较大的冗余性，进行网络稀疏化处理可以显著降低参数规模。有文献提出用一种典型的深度压缩方法来降低卷积神经网络推理过程中的存储压力，如图 4-9 所示，包括剪枝、量化、霍夫曼编码三个步骤。

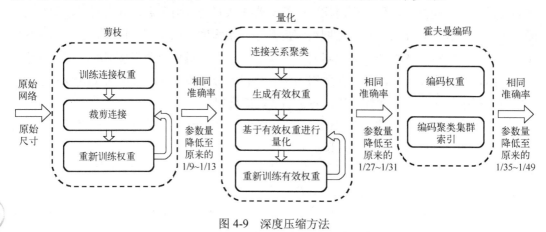

图 4-9　深度压缩方法

在剪枝过程中，首先，通过正常的网络训练来学习连接关系，即权值；然后通过移除低于一定阈值的权值实现对原始网络的修剪；最后，对原始网络进行重新训练以学习剩余的稀疏连接的权值。通过剪枝可分别将 AlexNet 和 VGGNet-16 的参数数量降低至原来的 1/9～1/3，表明剪枝可以抑制网络模型过拟合。在量化过程中，通过让多个连接共享相同的权重来限制需要存储的有效权重的数量，进而减少表示每个连接所需的位数来进一步压缩修剪后的网络。在具体的实施过程中，通过均值聚类在每个网络层对连接进行集群划分，同一集群内的连接共享同一个权重，称之为有效权重，并通过重新训练有效权重进一步提升网络准确率。最终将有效权重和集群索引通过霍夫曼编码进一步压缩存储空间。霍夫曼编码是一种无损数据压缩方式，它使用可变长的码字来编码源符号，该过程的压缩率 r 可通过式（4-2）表示，其中平均每个连接需要 $\log_2(k)$ 位数据用于指示所属集群。

$$r = \frac{nb}{n\log_2(k) + kb} \qquad (4\text{-}2)$$

式中，n 为当前层连接数量；b 为每个连接权重的位数；k 为聚类集群数量。

实验表明，通过上述三个步骤可在模型准确率无明显损失的情况下将参数规模压缩至原来的 1/35～1/49。该方案大幅压缩了卷积神经网络模型的存储规模，使得模型可以直接存储在芯片上，但破坏了规则的并行运算特征，在图形处理单元（Graphics Processing Unit，GPU）等硬件平台上执行速度并未得到明显的提升，即可认为上述方案的压缩效果极好，但未发挥明显的加速作用。网络稀疏化算法高度依赖网络结构，且在整个过程中涉及多次重新训练，较为复杂。

2）数据量化

数据量化方案直接对用于表示权重和特征图的数据进行量化处理，以缩短数据位宽，

118

可大幅降低存储规模和计算复杂度，且不受网络结构的影响。通常来说，卷积神经网络基于 32 位的单精度浮点数进行训练和部署。浮点数能够兼顾高动态范围和高表示精度，但计算复杂度较高，因此目前的 GPU 支持 16 位的半精度浮点数格式，有文献也基于半精度浮点数设计了一个 FPGA 加速器，相比于单精度浮点数，存储规模降低了 1/2，计算复杂度也有所下降，但仍为浮点运算，在嵌入式平台上计算效率仍十分低下。相比于浮点数，定点数的计算复杂度大幅降低，采用 16 位定点数代替浮点数进行卷积运算，但定点数无法兼顾高动态范围和高表示精度，在卷积神经网络中不同层的数据范围相差较大，无法采用统一的定点数格式表示。

有文献提出一种动态精度数据量化策略，以保证在将浮点数转化为定点数的过程中保持高精度。对于一个定点数，其数值 v 可表示为

$$v = \sum_{i=0}^{bw-1} B_i \cdot 2^{-f_1} \cdot 2^i \tag{4-3}$$

式中，bw 为定点数数据位宽；f_1 为小数部分位宽；B_i 为第 i 位上二进制数。

不同于静态精度量化方案，在转换过程中，f_1 在不同网络层和特征图集合中是动态可变的，在同一层中是静态的，以最小化每一层的数据截断误差。在该方案中，主要包括两个阶段：权值量化阶段和特征图量化阶段。

权值量化阶段旨在找出一层中权值的最佳 f_1 取值：f_1^*，该过程可描述为式（4-4）。在该阶段首先分析各层权值的动态取值范围，而后给定 f_1 一个初始值，并在该初始值的邻域内寻找最优取值。

$$f_1^* = \arg\min_{f_1} \sum \left| W_{\text{float}} - W(\text{bw}, f_1) \right| \tag{4-4}$$

式中，W_{float} 为当前权值在浮点数格式下的数值；$W(\text{bw}, f_1)$ 为当前权值在定点数格式下的数值。

在特征图量化阶段旨在为两个网络层间的一组特征图找出最佳 f_1 取值：f_1'，该过程可描述为式（4-5）。在该阶段利用贪心算法对定点卷积神经网络模型和浮点卷积神经网络模型的中间数据逐层对比，以减少精度损失。

$$f_1' = \arg\min_{f_1} \sum \left| X_{\text{float}}^+ - W^+(\text{bw}, f_1) \right| \tag{4-5}$$

式中，X_{float}^+ 为输出特征图在浮点数格式下的数值；$X^+(\text{bw}, f_1)$ 为输出特征图在定点数格式下的数值。

需要注意的是，在定点乘加运算中，数据位宽会不断增加，这里采用了截断方式处理溢出数据。

上述量化方案为了保证定点数在卷积神经网络中的实施精度，采用了穷举、贪心算法等计算代价较大的方式，最终在模型准确率损失小于4%的情况下，将权重和特征图的数据位宽压缩至 8 位，大幅降低了参数规模和计算复杂度。可以看出，数据量化是一种有效的卷积神经网络加速算法，但现有方案中仍存在着量化过程复杂、定点数表示精度不足等问题，有进一步探索和研究的空间。

3）轻量级神经网络模型

相比于在原有网络基础上进行简化，轻量级卷积神经网络则在设计之初就立足于"硬件友好"原则，将低带宽、低存储、低计算量作为重要考虑因素，致力于设计出适用于移动终端等低功耗场景的高性能卷积神经网络模型。Google 公司提出的 MobileNet 是轻量级神经网络的一个典型代表，MobileNet 引入深度级可分离卷积代替传统卷积方式，进而减少参数数量，提升了运算速度，虽然相比于 VGGNet 等传统网络其准确率稍有不足，但计算量和参数规模却降低了两个数量级。ShuffleNet 是旷视科技推出的一个可以运行在 ARM 嵌入式处理器上的轻量级神经网络，被广泛应用于智能手机的人脸识别，同样在准确率和低功耗上有优异的表现，目前已发展到 ShuffleNet V2 版本。相比于在原有网络上进行简化，轻量级神经网络在嵌入式设备上的表现更好，但设计门槛较高，且相比于大规模卷积神经网络，其性能仍有不足。

2. 卷积神经网络硬件加速器

由于 CPU 和 GPU 面向通用计算设计，芯片内大量资源用于缓存、指令译码、乱序执行和分支预测，用于卷积运算时其效率并不高。针对卷积神经网络的运算特征设计专用的加速器对于提升卷积神经网络的训练和推理速度、推动卷积神经网络用于实际生产生活具重要意义。

Google 公司针对神经网络设计的高性能加速运算处理器 TPU（Tensor Processing Unit，张量处理单元）的体系结构如图 4-10（a）所示，TPU 被设计成 PCIe I/O 总线上的协处理器。允许 TPU 像 GPU 一样插入现有的服务器。此外，为提升卷积运算能力，TPU 不需要进行指令解析，由主机服务器发送指令到指令缓存单元指导其执行，指令的流动过程如图 4-10（a）中控制线路部分所示。整个 TPU 的运算核心是矩阵乘法单元，其他模块主要用于为其提供输入数据或接收运算结果，矩阵乘法单元的上方为权值输入先进先出（FIFO），左侧为输入特征图的缓存区，下方是接收乘加结果的累加器。

矩阵乘法单元的工作原理如图 4-10（b）所示，按照脉动阵列的原理设计，它包括 256×256 个乘法累加部件，负责执行有符号或无符号的 8 位定点运算，并输出 16 位结果到下方的累加器中。当参与运算的为 8 位权重和 16 位特征图（或反之）时，矩阵乘法单元以 1/2 的速度运行、当两者都是 16 位数据时，以 1/4 的速度运行。由于从内存区域读取一大批次数据所消耗的能量要远高于算术运算，这里通过脉动执行的方式节约能耗，数据以对角波的形式通过矩阵乘法单元。在指令的控制下，每个单元行的特征图依次从内存区域读出，由左侧进入，并按照时钟节拍依次向右传播。与权值的乘加结果则由上向下传播，在流经的每个乘法累加部件中与对应的权值和特征图的乘积相加，最终在矩阵乘法单元的下方输出部分和到累加器中。累加器将多个输入通道的部分和相加得到当前卷积神经网络层的最终输出结果，而后根据模型的要求，确定是否需要进行激活、标准化或池化操作。上述过程均在指令控制下执行。可以发现在矩阵乘法单元中流动的数据均为特征图，权值是预先载入的，在矩阵乘法单元内充分利用了流水线结构，在较低的数据交互带宽下实现了较高的计算效率。

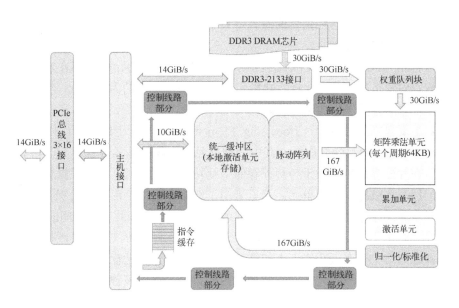

（a）TPU的体系结构

121

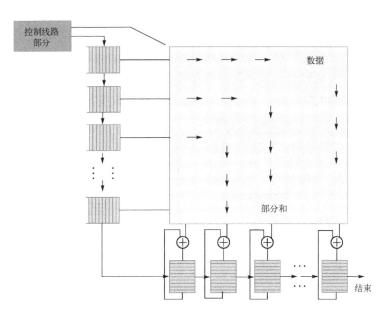

（b）矩阵乘法单元的工作原理

图 4-10　TPU 的体系结构和矩阵乘法单元的工作原理

在整个 TPU 中，几乎所有的片上资源都分配给了计算单元和数据缓存单元，其中计算单元占据了30%的芯片面积，数据缓存单元占据了37%的芯片面积，而控制部分仅占用2%的芯片面积，在 CPU 和 GPU 中控制部分所占的比例都远高于2%。因此相比于同级别的 GPU，TPU 的芯片面积更小，但乘法累加单元的数量是前者的 25 倍，片上存储资源是其 3.5 倍，并且可以在更低的功耗下，TPU 的推理速度比同级别 CPU、GPU 快 15～30倍，而能耗比则是对比产品的 30～80 倍。TPU 是一个面向云端服务器的高性能神经网络加速器（功耗和吞吐量都较高），在对卷积神经网络的支持上远强于 CPU 和 GPU，所采用的设计思维给卷积神经网络加速器的研究带来了极大启发，在设计低功耗卷积神经网络加速器上也有很大借鉴意义。

有文献指出 FPGA 在部署卷积神经网络上有很大的优势，但仍存在着一定的提升空间。其中核心问题是如何匹配计算吞吐量和 FPGA 平台提供的内存带宽，我们可以从计算空间和缓存管理两方面优化加速器设计。

加速器主要包括处理单元（Processing Element，PE）、片上缓存、片外存储及片上/片外交互单元，如图 4-11（a）所示。其中处理单元是卷积的基本计算单元，所有要处理的数据都存储在片外存储中，由于与片外存储交互功耗高且耗时，因此数据首先被存储在片上缓存区，然后才被送入处理单元。这里采用了双缓存区用于形成乒乓缓存机制，以将数据传输时间覆盖在计算时间中，片上交互单元用于处理单元和片上缓存间的数据通信。

在计算空间优化上，采用特征图分块存储和并行运算的方式来适应硬件平台的资源限制。卷积神经网络中存在五个维度上的循环运算过程，分别是输入通道间、输出通道间、特征图各行之间、特征图各列之间及卷积核内部。由于卷积核普遍较小，因此仅对前四个过程进行分块处理。其中并行和分块的划分方案对提升计算资源的利用率及匹配计算吞吐量和内存带宽尤为重要。为确定并行划分的具体结构，该文献首先对不同循环迭代之间数据的相关性分为不相关、独立和依赖三种关系。而后基于数据间的关系可以确定出处理单元与缓存区的组织关系，如图 4-11（b）所示。划分的基本原则：相互独立的数据所属的缓存区只能与其处理单元直接连接，无法共享资源；不相关的数据所属的缓存区可以连接至各自的处理单元；相互依赖的数据所属的缓存区与处理单元具有互连的拓扑结构。根据单位数据传输内计算量最大的原则选择并行度和分块划分的维度。

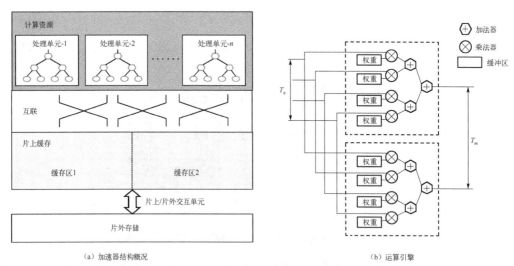

（a）加速器结构概况　　　　　　　　　　　　　（b）运算引擎

图 4-11　加速器结构

在缓存管理优化上，文献[27]使用本地内存提升降低数据交互量，从而提升数据利用率。如果在一个循环操作中，内存中一组数据与循环最内层的访问过程无关，那么在不同的循环迭代之间就会有冗余的内存操作。在上述方案中，最内层的循环为输入通道间的并行运算，这与输出特征图无关，因此可以通过将输出特征图的访问提升至外循环来减少冗余操作。

匹配计算吞吐量和内存带宽及特征图分块处理和数据重用的设计方案对于提升加速器性能有很大作用，加速器实现 61.62GOP/s 的计算速度。文献[26]通过 HLS（高层次综合）将加速器部署在 FPGA 平台上，HLS 具有开发效率高的优点，但无法实现对硬件资源的精确调配。在加速器中采用的是 32 位的单精度浮点数进行卷积运算，计算复杂度和数据传输压力较大，在 FPGA 内存带宽、存储和运算资源有限的情况下无法满足高计算吞吐量的需求，这限制了加速器性能的进一步提升。

文献[28]着重提升卷积神经网络加速器的灵活性，以支持多种尺寸的卷积运算。其通过提出三种指令（Instruction）：加载（LOAD）、存储（SAVE）和计算（CALC）来指导加速器工作。加速器系统架构如图 4-12 所示，处理单元在指令 CALC 的控制下执行定点卷积运算，可实现卷积核、输入通道、输出通道三个维度上的并行卷积运算，并可配置支持多种尺寸卷积核的运算。片上输入缓存在指令 LOAD 的控制下从片外存储读取特征图提供给处理单元。片上输出缓存负责暂存卷积运算结果，当指令 SAVE 到来时，将其中的数据写出到片外存储保存。控制器接收上述模块的状态反馈，并决定是否发出指令及发出何种指令，以控制加速器工作。而指令则由 CPU 编译产生，不在加速器上执行，加速器与 CPU 通过 PCIe 系统接口通信。在最终的实施方案中，基于 8 位浮点数和 16 位定点数的两种加速方案分别达到了 137GOP/s 和 84.3GOP/s 的计算速度。上述结构清晰明了，但处理单元的利用率和并行度仍可以继续提升，以达到更高的计算性能。

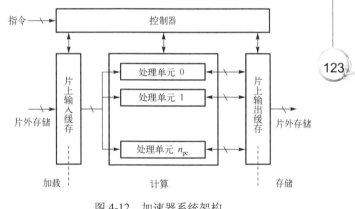

图 4-12　加速器系统架构

习题

1. 简述卷积神经网络的算法特征。

2. 简述卷积神经网络的层级结构。

3. 卷积神经网络加速运算方法有哪些？

思政之窗

党的二十大报告指出："加强基础学科、新兴学科、交叉学科建设，加快建设中国特色、世界一流的大学和优势学科。"2021 年，国务院学位委员会、教育部印发通知，"交叉学科"被增设为新的学科门类，并在该学科门类下设立两个一级学科，"集成电路科学与工程"是其中之一。在以华为公司为代表的中国信息技术企业遭遇芯片"断供"的背景下，中国教育定向发力相关创新型人才培养、迈向现代信息技术自立自强的治本之策。为贯彻党中央、国务院关于发展集成电路产业的决策部署，国务院学位委员会做出设立"集成电路科学与工程"一级学科的决定，要构建支撑集成电路产业高速发展的创新人才培养体系，从数量和质量上培养出满足产业发展急需的创新型人才。

第 5 章

人工智能芯片简介

人工智能是当今最热门的技术领域之一。随着人工智能技术的不断发展，人们对人工智能芯片的需求也越来越大。人工智能芯片是一种专门设计的，用于处理人工智能算法的芯片。与传统的计算机处理器不同，人工智能芯片使用深度学习算法来处理大量的数据，从而实现人工智能应用。本章将对人工智能芯片进行简单介绍，包括人工智能芯片的定义、发展历史、分类和应用。

5.1 人工智能芯片的定义

从广义上讲，只要能够运行人工智能算法的芯片都叫作人工智能芯片。但是通常意义上的人工智能芯片指的是针对人工智能算法做了特殊加速设计的芯片。现阶段，这些人工智能算法一般以深度学习算法为主，也包括其他机器学习算法。近年来随着深度学习技术的快速发展，许多大型公司和科研机构都开始关注并研究人工智能芯片的开发。与传统的通用处理器相比，人工智能芯片采用了专门的计算架构和优化后的电路设计，以提高人工智能算法的效率和灵活性。由于深度神经网络（DNN）等人工智能算法需要进行大量的浮点运算，因此人工智能芯片具有高并行、低功耗、高能效等特点，可以有效地加速各种复杂的人工智能算法。

5.2 人工智能芯片的发展历史

人工智能是指通过计算机模拟人类的思维、行为和知识等方面的能力，使计算机具有智能的技术。人工智能这一概念早在 20 世纪 50 年代就被提出来了，但直到近几年才得到了广泛应用。

人工智能的起源可以追溯到 1936 年提出的图灵机理论，这奠定了计算机科学的基础。随着计算机技术的飞速发展，以及各种新型算法的不断涌现，人工智能得以不断发展壮大。在此过程中，一些重要的里程碑事件值得关注和回顾。

在 1956 年的达特茅斯会议上，人工智能的概念正式诞生，人工智能开始进入一个系统化的研究时期。20 世纪 60 年代，神经网络作为人工智能的一个分支开始发展，并催生了一系列的成功案例，如自适应线性元件（Adaline）和反向传播算法（Back Propagation Algorithm）。20 世纪 70 年代至 20 世纪 80 年代，专家系统成为人工智能领域的主流，其中以 MYCIN 系统为代表的专家系统更是获得了极高的声誉。20 世纪 90 年代，机器学习技术的兴起引领了人工智能技术的又一次浪潮，同时深度学习技术的发展也促成了计算机视觉和自然语言处理等领域的突破。2000 年以后，随着云计算、大数据和物联网等技术的不断发展，人工智能技术得到了更广泛的应用，尤其是在智能家居、智能医疗、智能交通、金融风险管理等领域取得了显著的成果。

除此之外，人工智能在游戏、音乐、文学、艺术等领域也有着丰富的应用。例如，2016 年谷歌 DeepMind 开发的 AlphaGo 人工智能程序打败了围棋世界冠军李世石，在全球引起了轰动。

尽管人工智能的发展势头强劲，但仍存在着一些挑战和风险。例如，当人工智能应用于智能决策、自动驾驶等领域时，如果出现失误可能会对人们的生命财产造成影响。因此，如何保证人工智能的安全性、可靠性和可控性等问题还需要进一步研究和探讨。

5.3　人工智能芯片的分类

人工智能芯片是一种专门用于加速机器学习和深度学习等人工智能任务的硬件，其性能和能耗等方面的优化对人工智能领域的发展至关重要。在实际应用中，不同的人工智能任务对计算架构和芯片特性有不同的要求，因此人工智能芯片可以基于应用领域和计算架构进行分类。

5.3.1　基于应用领域的分类

按照应用领域的不同对人工智能芯片进行分类是一种常见的方式。当前较为常见的类型如下。

语音识别人工智能芯片：主要应用于自然语音处理、语音识别等领域。

图像识别人工智能芯片：主要应用于目标检测、人脸识别、图像分割等领域。

自然语言处理人工智能芯片：主要应用于文本分类、情感分析、机器翻译等领域。

推荐系统人工智能芯片：主要应用于电商平台、在线广告等领域。

智能驾驶人工智能芯片：主要应用于无人驾驶、自动泊车、车联网等领域。

医疗健康人工智能芯片：主要应用于医学图像识别、病理分析等领域。

这些应用领域涉及的数据类型、规模及精度要求不同，因此需要针对性地对芯片进行设计和优化。例如，在图像识别任务中，常用的卷积神经网络模型需要大量的计算资源来处理大规模的图像数据，因此需要具有高效的并行计算能力和大规模存储能力的芯片。而在推荐系统任务中，一般使用较小的模型和数据集进行，因此需要低功耗、低延迟且适应动态变化的芯片。

5.3.2　基于计算架构的分类

人工智能芯片可以根据其计算架构进行分类，常见的分类有以下几种。

1. CPU

CPU（Central Processing Unit，中央处理器）是一种通用处理器，可用于多种计算任务，包括人工智能。虽然 CPU 并不是最适合处理人工智能任务的处理器之一，但它仍被广泛应用于许多人工智能应用程序。基于 CPU 的人工智能芯片通常使用多个 CPU 核心来加速计算任务。这些处理器核心可以同时执行多个指令，从而实现高度并行化的计算。此外，基于 CPU 的人工智能芯片还可能采用一些特殊技术来优化其性能，如超线程技术和 SIMD 指令集等。

超线程技术允许单个 CPU 核心同时执行多个线程。这使得每个处理器核心可以执行更多的指令，从而提高芯片整体的计算性能。与传统 CPU 相比，超线程技术使基于 CPU 的人工智能芯片可以更好地满足大规模复杂的深度学习和其他人工智能任务的要求。

SIMD 指令集则是一种向量处理技术，它可以在单个指令中同时对多个数据元素进行操作。这种技术可以显著提高数据处理的效率，因为它可以同时处理多个数据元素，无须对每个元素都进行单独的操作。基于 CPU 的人工智能芯片通常包括 SIMD 指令集，以实现更高效的数据处理和计算。

总的来说，基于 CPU 的人工智能芯片具有广泛的可编程性和易用性，并且可以实现高度并行化的计算。虽然它们可能无法满足大规模复杂的深度学习和其他人工智能任务的要求，但在一些基本的人工智能任务中已经可以取得相当不错的效果。同时，基于 CPU 的人工智能芯片也可以作为低成本、低功耗的解决方案，在某些应用场景中发挥重要作用。

2. GPU

GPU 是一种专门设计的、用于处理图形任务的处理器，但也被广泛应用于人工智能任务加速。GPU 在游戏、视频和图像处理等领域得到了广泛的应用，其并行计算能力也使其成为高性能计算任务的理想选择。随着深度学习技术的发展，研究人员开始利用 GPU 的并行计算能力来加速神经网络模型的训练和推理。与传统 CPU 相比，GPU 具有更多的计算核心和更高的内存带宽，这使得它们可以同时处理数百个计算任务。此外，现代 GPU 支持新的硬件和软件功能，如 Tensor Cores 和 CUDA 编程模型，这些功能可大幅度提高深度学习的计算效率。目前市场上已经有多家公司推出了基于 GPU 的人工智能芯片，如英伟达公司的 Tesla V100 和 Tesla T4，AMD 公司的 Radeon Instinct MI50 和 Radeon Instinct MI60，以及 Google 公司的 TPU。这些芯片被广泛应用于云计算、数据中心、自动驾驶汽车、智能手机等领域，为实现更快、更准确的人工智能应用提供了强有力的支持。

3. FPGA

FPGA 是一种可编程逻辑芯片，它可以根据需要重新配置其硬件电路以实现不同的功能。FPGA 具有高度的灵活性和可定制性，因此受到了广泛的关注。与 GPU 不同，FPGA 适合处理低级别的运算，在某些场景下可以取代 CPU 或 GPU。FPGA 的并行计算单元具有极高的灵活性和可编程性，因此它们可以高效地执行各种不同类型的神经网络模型，包括卷积神经网络、循环神经网络（RNN）和长短时记忆网络（LSTM）等。此外，FPGA 还可以针对特定的应用场景进行优化，从而提供更好的性能和更低的能耗。

目前，基于 FPGA 的人工智能芯片已经开始在各个领域中得到广泛应用，如机器视觉、自动驾驶、智能家居等。国内外都有公司推出了基于 FPGA 的人工智能芯片，如英特尔公司的 Arria 10、Stratix 10，Xilinx 公司的 Versal ACAP 等。这些芯片可以在云计算、边缘设备、智能手机等多种场景下使用，为实现更加高效、快速和准确的人工智能应用提供强大的支持。

基于 FPGA 的人工智能芯片具有灵活性、可编程性和高性能等特点，适合处理低级别的神经网络运算。随着技术的不断发展，FPGA 将会变得更加高效和可靠，为实现更加复杂和高级的人工智能任务提供更好的支持。

4. ASIC

ASIC 指的是专用集成电路，即根据特定需求设计和制造的芯片。基于 ASIC 的人工智能芯片通常被称为 AI ASIC，AI ASIC 旨在针对特定的人工智能算法进行优化，从而使芯片有更好的性能、更低的能耗和更小的尺寸。与通用处理器相比，AI ASIC 可以更好地满足人工智能应用的需求。传统的通用处理器在执行深度学习任务时需要消耗大量的能量，而 AI ASIC 可以通过硬件加速来实现高效的计算，从而降低功耗和延迟。AI ASIC 通常包括数字信号处理器（Digital Signal Processor，DSP）、浮点单元、存储器，以及专门的加速器等组件。这些组件通过高效的数据通路连接在一起，实现对复杂人工智能算法的加速。

近年来，随着人工智能技术的快速发展，越来越多的公司开始注重 AI ASIC 的研发。除了在计算速度和能耗方面的优势，AI ASIC 还具有其他特点。首先，AI ASIC 通常被设计用于加速某种特定类型的神经网络或任务，性能表现更好。其次，AI ASIC 的面积相对较小，因此可以集成在较小的设备上，如智能手机、物联网设备等。最后，由于 AI ASIC 是根据特定需求进行设计的，因此可以减少功耗和成本，从而实现更便宜、更高效的人工智能硬件。

然而，与通用处理器相比，AI ASIC 也存在一些限制。首先，由于 AI ASIC 是针对特定应用场景进行设计的，因此不适合用于多种不同的任务。其次，由于设计和制造 AI ASIC 的成本较高，因此生产周期较长，难以快速响应市场需求的变化。此外，由于 AI ASIC 的架构通常是定制化的，因此软件开发人员需要专门的技能来开发基于 AI ASIC 的应用程序。

基于 ASIC 的人工智能芯片是目前能够提供最好性能和最低功耗的人工智能硬件之一。虽然 AI ASIC 存在一些局限性，但随着技术的不断发展，未来 AI ASIC 将继续成为人工智能应用领域的重要组成部分。

5.4 人工智能芯片的应用

5.4.1 人工智能芯片在计算机视觉领域的应用

人工智能芯片在计算机视觉领域的应用越来越受到关注和重视。计算机视觉是一种利用计算机进行图像处理和分析的技术，它模拟人类的视觉系统，通过对图像和视频进行分析和识别，提取有用信息并进行处理。而人工智能技术则可以更好地支持计算机视觉领域的发展，帮助计算机更快、更准确地处理大量的图像数据，实现更高效的图像处理和分析。

传统计算机使用 CPU 来处理各种任务，但随着计算机视觉应用领域的扩大，其处理规模和复杂度也在不断增加。传统的 CPU 处理速度相对较慢，且功耗较高，这时候就需要一个更加高效的硬件设备来解决问题。人工智能芯片因其高性能、低功耗和高效性而成为计算机视觉领域的首选。与传统 CPU 相比，人工智能芯片的处理能力更强，能够在极短的时间内处理大量的数据。此外，人工智能芯片还支持并行计算，可以同时处理多个任务，从而加快图像处理和分析的速度。这种高效性使得人工智能芯片在计算机视觉领域的应用变得更加广泛。

此外，人工智能芯片还有一个重要的优势就是低功耗。由于计算机视觉需要大量的数据处理，传统的 CPU 往往需要消耗大量的电能来完成任务。而人工智能芯片则支持深度学习算法，其设计和运行过程中考虑了功耗的因素，可以显著减少电能的消耗，并帮助计算机更好地实现节能和环保的目标。因此，人工智能芯片不仅可以提高计算机视觉的处理效率，同时也可以减少能源的消耗，具有非常重要的意义。

1. 人脸识别

人脸识别一直是计算机视觉领域的重点研究方向之一。它涉及对大量的人脸图像进行处理和分析，以便识别出不同的人员信息。人工智能芯片可以通过深度学习算法来处理这些数据，识别人脸的特征点和面部表情，从而实现更加精准和高效的人脸识别。

2. 图像分类

图像分类是指将输入的图像进行分类，如将一张狗的图片与一张猫的图片进行区分。传统 CPU 的处理速度相对较慢，而使用人工智能芯片可以更快、更准确地完成图像分类任务。这种技术在物体识别、安防监控等领域都有广泛的应用。

3. 视频监控

视频监控是计算机视觉领域中的一个重要应用方向，它涉及对大量视频数据进行分析和处理，以检测异常行为或感兴趣的目标。人工智能芯片可以帮助计算机更快、更准确地处理大量的视频数据，从而实现更高效的视频监控。

4. 智能驾驶

随着自动驾驶技术的飞速发展，智能驾驶已成为计算机视觉领域的一个热点。智能驾驶需要通过摄像头获取道路信息、识别交通标志、辨别其他车辆等，以实现车辆的自主导航。使用人工智能芯片可以帮助计算机更好地处理这些复杂的任务，提高智能驾驶系统的性能和效率。

以上只是人工智能芯片在计算机视觉领域的一些应用案例，实际上还有很多其他应用场景。人工智能芯片在计算机视觉领域的应用具有非常广泛的潜力和前景，值得我们持续关注和研究。

5.4.2　人工智能芯片在自然语言处理领域的应用

人工智能芯片是一种针对人工智能应用的专门硬件，其目的是提高计算速度和效率，使得机器学习任务能够更快完成。在自然语言处理领域，人工智能芯片已经得到了广泛的研究和应用。本节将从几个方面介绍人工智能芯片在自然语言处理领域中的应用，包括自然语言理解（Natural Language Understanding，NLU）、自然语言生成（Natural Language Generation，NLG）及情感分析。

1.　自然语言理解

自然语言理解是指让机器理解人类自然语言的过程，在自然语言处理中具有重要的应用价值。自然语言理解涵盖了词法分析、句法分析、语义分析等多个子任务，其中语义分析是最为关键的步骤。传统的语义分析通常采用基于规则或基于统计模型的方法，但是这些方法往往需要大量的计算，且难以达到较高的精度。

人工智能芯片在自然语言理解方面的应用主要体现在神经网络模型的加速上。神经网络模型通常包括多个层次，如卷积神经网络、递归神经网络（Recurrent Neural Network，RNN）及变换器模型（Transformer Model）等。这些模型需要大量的计算资源来完成训练和推理过程。使用人工智能芯片可以加速神经网络模型的计算过程，从而提高自然语言理解的效率。

近年来，研究人员已经尝试将深度学习模型部署到专门的硬件上，如 Google 公司的 TPU、NVIDIA 公司的 GPU 及英特尔公司的 FPGA 等。针对语音识别领域，研究人员提出了一种基于 FPGA 的加速器系统，能够显著提高声学模型的计算速度和准确性。另外，英伟达公司也推出了一款面向自然语言处理任务的 GPU 加速器——Tesla V100，在自然语言处理领域取得了很好的应用效果。

2.　自然语言生成

自然语言生成是指机器根据给定的语义信息，自动生成符合语法规则的自然语言文本的过程。自然语言生成主要应用于机器翻译、文本摘要、智能客服等场景。传统的自然语言生成方法通常基于规则或者模板，但是这些方法难以适应不同的场景和语境，限制了其应用范围。

人工智能芯片在自然语言生成方面的应用主要体现在对话模型的优化上。针对对话模型中存在的计算瓶颈，研究人员提出了一种基于 GPU 加速的方法，可以显著提高对话模型的生成速度。此外，近年来还涌现出一些专门用于自然语言生成任务的深度学习模型，如变换器模型、生成对抗网络（Generative Adversarial Network，GAN）等。这些模型需要大量的计算资源来完成训练和推理过程，使用人工智能芯片可以加速这些模型的生成过程，从而提高自然语言生成效率。

3.　情感分析

情感分析是指通过自然语言处理技术对文本中表达的情感进行分析和归纳的过程。情感分析在社交媒体监测、品牌舆情分析等领域中有广泛的应用。传统的情感分析方法通常基于规则或统计模型，但是这些方法往往存在精度不高、难以处理多样化语言表达等问题。

人工智能芯片在情感分析方面的应用主要集中在深度学习模型的加速上。深度学习模型可以有效提高情感分析的准确性，但同时也需要大量的计算资源。例如，2018 年 Google 公司推出了一种基于 TPU 加速器的情感分析模型，可以显著提高情感分析的速度和准确性。此外，英伟达公司也推出了一款基于 GPU 加速器的情感分析模型，可以快速地处理海量数据。

5.4.3　人工智能芯片在语音识别领域的应用

人工智能芯片在语音识别领域的应用已经变得越来越流行。这些芯片通过使用深度学习技术，能够实现高质量、高速度的语音识别。人工智能芯片在语音识别方面有以下优点。

（1）快速性。人工智能芯片能够在很短的时间内完成复杂的计算任务，因此，它能够快速地对语音信号进行处理并产生准确的识别结果。这使得它成为实时语音识别应用的理想选择。

（2）准确性。人工智能芯片利用深度学习算法对大量数据进行训练，从而提高识别准确率。与传统的语音识别技术相比，人工智能芯片的准确性更高，能够更好地识别音色、音量、音调变化等复杂情况。

（3）节省能源。与大型服务器相比，人工智能芯片需要的能量更少，因为它只需要进行特定的计算任务。这使得人工智能芯片在移动设备、智能音箱等低功耗电子产品中的应用越来越广泛。

人工智能芯片在语音识别方面有如下应用场景。

（1）智能音箱。智能音箱是目前应用最为广泛的语音识别场景之一。人工智能芯片可以在智能音箱中实现快速、准确的语音识别，从而让用户更加便捷地控制智能音箱。

（2）移动设备。随着智能手机和平板电脑的普及，语音识别也成为移动设备上必不可少的功能。人工智能芯片能够在设备本地进行语音识别，从而提高识别速度，使得语音助手更加智能化。

（3）智能汽车。随着自动驾驶技术的发展，智能汽车已经成为未来交通领域的热门话题。人工智能芯片在语音识别方面的应用，能够帮助智能汽车识别驾驶员的声音指令，从而提高驾驶的安全性和便捷性。

5.4.4　人工智能芯片在嵌入式系统领域的应用

人工智能芯片在嵌入式系统领域的应用越来越广泛，这得益于其高效率、低功耗、高性能和高可靠性等优点。其在嵌入式系统领域的应用有以下优点。

（1）高效率、低功耗。人工智能芯片采用了专门针对嵌入式系统设计的架构和算法，能够以非常低的功耗运行。这使得它成为一种理想的嵌入式系统芯片，适用于移动设备、智能家居、智能汽车等低功耗电子产品。

（2）高性能、高可靠性。人工智能芯片在处理大规模数据时具有出色的性能和可靠性。同时，它还能实现快速的在线学习，为嵌入式系统提供更加智能化、自适应的服务。

（3）易于集成。人工智能芯片体积小、功耗低，同时支持多种接口和网络协议，因此易于集成到各种设备中。该芯片还提供了开发者工具包，方便开发人员进行应用开发和调试。

人工智能芯片在嵌入式系统领域的应用场景如下。

（1）智能家居。随着物联网技术的发展，智能家居已经成为未来生活的重要组成部分。人工智能芯片能够实现智能家居设备之间的互联和自适应，从而提高智能家居的效率和便捷性。

（2）智能汽车。智能汽车是目前人工智能芯片在嵌入式系统领域的一个热门应用场景。人工智能芯片能够帮助智能汽车识别周围环境、处理语音指令、控制车辆等，从而提高驾驶的安全性和便捷性。

（3）移动设备。移动设备已经成为人们日常生活中不可或缺的一部分。人工智能芯片能够在移动设备上实现快速、准确的语音识别、图像识别和智能推荐等功能，从而提供良好的用户体验。

5.4.5　人工智能芯片在医疗健康领域的应用

人工智能芯片能够快速处理大量的数据，从而提高诊断的准确性、缩短治疗时间和降低治疗成本等。相比于传统的计算机处理器，人工智能芯片在医疗健康领域的优势如表 5-1 所示。

表 5-1　人工智能芯片在医疗健康领域的优势

优势	说明
高效性	人工智能芯片采用特殊的硬件架构，能够快速完成大量复杂的运算
精准性	通过学习大量的数据，人工智能芯片可以比传统方法更加准确地分析和预测疾病风险、诊断结果等
可靠性	人工智能芯片能够自动化运行，避免人为干扰和误差，提高了诊断和治疗的可靠性
实时性	人工智能芯片能够快速处理大量的数据，并在几秒内给出相应的结果，有效缩短了临床决策的时间
可扩展性	由于人工智能芯片采用特殊硬件架构，因此能够通过增加硬件规模来扩展计算能力，满足人们不断增长的医疗健康需求

人工智能芯片在嵌入式系统领域的应用场景如下。

（1）医学影像分析。医学影像分析是人工智能芯片在医疗健康领域的主要应用之一。通过对大量医学影像数据进行分析和学习，人工智能芯片可以帮助医生快速准确地诊断疾病。例如，人工智能芯片可以自动识别肿瘤、血管等关键结构，帮助医生进行病变检测和诊断。同时，人工智能芯片还可以提供更精细的影像分析，为医生制定治疗方案提供参考。

（2）健康数据监测。人工智能芯片在健康数据监测中也有广泛应用。例如，通过穿戴式设备（如智能手表、智能手机等）记录用户的运动量、心率、睡眠情况等数据，并通过人工智能算法进行分析和预测，从而提醒用户采取相应的措施，减少患病风险。此外，人工智能芯片还可以通过监测用户的呼吸、脉搏等生理特征，实现早期病症检测和预警。

（3）个性化治疗。人工智能芯片在个性化治疗方面也有广泛的应用。通过对患者的基因数据、临床数据等进行分析，人工智能芯片可以帮助医生制定更加个性化的治疗方案。例如，人工智能芯片可以对癌症患者的基因数据进行分析，预测患者的病情发展和治疗效果，并给出相应的治疗建议。

5.5 总结

随着人工智能的发展，人工智能芯片的重要性日益凸显。本章从人工智能芯片的定义、发展历史、分类和应用四个方面对人工智能芯片进行了介绍，下面在此基础上对其未来的发展和应用前景、挑战和机遇进行探讨。

5.5.1 人工智能芯片的发展和应用前景

人工智能芯片的发展可以追溯到 20 世纪 80 年代，但直到近年来，随着人工智能技术的迅速发展和普及，它才逐渐成为业内热门话题。目前，人工智能芯片已经广泛应用于计算机视觉、自然语言处理、语音识别、嵌入式系统等领域，使得这些领域得以高效地实现智能化。

未来，人工智能芯片的应用将会更加广泛和深入。一方面，随着人工智能技术的进一步发展，人工智能芯片将有更多的应用场景，如自动驾驶、智能家居、智能医疗等。另一方面，随着各种传感器和数据采集设备的普及，人工智能芯片将有更多的数据和信息可以处理，从而为各种应用场景提供更加强大和智能的支持。

5.5.2 发展人工智能芯片的挑战和机遇

在人工智能芯片的发展过程中，也存在着一些挑战和机遇。

（1）技术挑战。虽然目前已经有了各种计算架构的人工智能芯片，但它们都存在一些局限性，如计算速度、功耗等方面的问题。为了解决这些问题，需要不断提高芯片的计算能力和效率，降低芯片的功耗，从而使人工智能芯片更加智能化和高效化。

（2）数据安全和隐私保护问题。人工智能芯片所处理的数据中可能包含用户的敏感信息，如果泄露将会对用户造成严重的影响。因此，在开发人工智能芯片时，需要考虑数据的安全性和隐私保护等问题。

（3）产业发展的机遇。人工智能芯片的发展和应用将会带动整个产业链的发展，从芯片设计、制造到系统集成、应用软件等各个环节都将受益。因此，发展人工智能芯片也是一个巨大的机遇，可以推动整个产业的进步和发展。

人工智能芯片已经成为人工智能技术发展的核心驱动力之一，未来它的应用前景广阔，不仅可以改变我们的生活方式，还可以推动各种产业的发展。同时，在开发过程中需要解决技术、安全和隐私等问题，这是一项需要持续关注的问题。

习题

1. 简述人工智能芯片的应用领域和应用实例。
2. 结合实际，阐述发展人工智能芯片的挑战和机遇。

思政之窗

党的二十大报告指出："加强基础研究，突出原创，鼓励自由探索。" 集成电路技术是信息时代重要的技术基础，也是国家战略竞争力的重要标志，其重要性源于芯片技术对现代社会经济发展的基础性作用和国家安全的保障。它不仅在能源安全与碳中和方面发挥着关键作用，同时也是智能机器人和数字中国建设的重要基础。集成电路技术的快速发展，对于提升国家战略竞争力和国际地位具有重要意义。在全球范围内，集成电路技术正处于快速变革与创新的新时期。目前，器件工艺发展受限，传统设计工具效率低下，各种架构快速兴起，集成电路学科作为一个高度交叉的学科，亟须从器件工艺、设计方法与工具、芯片架构到顶层应用和产业转化等多个层次共同发展。

第 6 章

人工智能芯片数据流设计

近十余年间，卷积神经网络得到了飞速发展，尤其是在计算机视觉领域，涌现出了一大批性能卓越的网络模型，如 AlexNet、VGGNet、GoogLeNet、ResNet 等，他们在图像分类识别这一基本任务中取得了远超传统算法的准确率，成为解决相关问题的首选方案。

表 6-1 所示为典型卷积神经网络模型的深度和图像分类准确率，表中，模型深度表示卷积神经网络模型中特征提取层和特征融合层的层数总和；Top-1 准确率表示在图像分类的最后对目标属于某个类别的概率进行排序，概率最大的那个类别就是正确分类的概率；Top-5 准确率表示对目标属于某个类别的概率进行排序，概率最高的五个类别中包含正确分类的概率，因此 Top-5 准确率一般会大于 Top-1 准确率。以下结果均是基于 ImageNet 图像分类数据集取得的。从表 6-1 中可以看出，卷积神经网络模型的主要发展趋势是模型深度上的增加，随着模型深度的增加，卷积神经网络模型提取特征的能力增强，最终表现为分类准确率的提升。

表 6-1 典型卷积神经网络模型的深度和图像分类准确率

项目	AlexNet	VGGNet	GoogLeNet	ResNet
提出年份	2012	2014	2014	2015
模型深度	8	19	22	152
Top-1 准确率	57.1%	68.5%	68.7%	72.4%
Top-5 准确率	80.2%	88.4%	88.9%	93.6%

AlexNet 是首次在大规模图像数据集上进行训练和测试的卷积神经网络，其准确率相比于传统方法有了显著的提升，并于 2012 年在 ImageNet 图像分类识别挑战赛上获得了图像分类项目的冠军。AlexNet 的网络结构与 GoogLeNet 非常相似，但模型深度更深，有 5 层卷积层和 3 层全连接层，每层卷积层有更多的卷积核用于特征提取。在 AlexNet 中有 11×11、5×5、3×3 三种尺寸的卷积核，在卷积操作之后进行极大值池化处理。不同于传统神经网络早期采用的 Tanh 函数或 Sigmoid 函数，Alexo Krizhevs 首次提出激活函数 ReLU，并在每层卷积层和全连接层后都使用 ReLU 函数进行激活处理，以解决梯度消失

问题。此外，在训练过程中引入了 Dropout 来缓解训练中的过拟合现象，采取数据扩充、随机梯度下降等方法提高了 AlexNet 学习的有效性。由于加深了网络层数，AlexNet 的参数也达到了六千万个，这给模型的训练和存储都带来了很大的压力。

　　VGGNet 由牛津大学的 VGG（Visual Geometry Group）于 2014 年提出，为适应不同场景的要求，VGGNet 包含 6 个不同的网络，模型深度从 11 到 19 不等，其中最常用的是 VGGNet-16，其结构如图 6-1 所示。随着模型的加深，其准确率也得到了提升，在最深的网络模型 VGGNet-19 中，包含 16 层卷积层和 3 层全连接层。相比于 AlexNet，VGGNet 的网络结构更加简洁统一，在网络中只有 3×3 这一种尺寸的卷积核，且在每层卷积层中都部署了大量的卷积核，大卷积层（包含若干卷积子层）之后进行最大值池化，每层卷积层或全连接层之后的激活单元都采用 ReLU 函数。可以说 VGGNet 仅依靠增加网络宽度和模型深度就获得了准确率的大幅提升，是目前最受欢迎的用于图像特征提取的模型之一。小尺寸卷积核是 VGGNet 的一个重要特征，VGGNet 没有采用 AlexNet 中的大尺寸卷积核，如 7×7、5×5 的卷积核，而是通过采取小尺寸的卷积核、堆叠卷积子层来提升特征提取能力。卷积神经网络各层的时间复杂度 Time，即模型运算次数可用式（6-1）表示，由此可得卷积神经网络的计算复杂度与卷积核的尺寸成正比，因此采用小尺寸的卷积核可大幅降低卷积神经网络的运算量。

$$Time \sim O(M^2 \cdot K^2 \cdot C_{in} \cdot C_{out}) \tag{6-1}$$

式中，C_{in} 为当前层输入通道数量；C_{out} 为当前层输出通道数量，即卷积核数量。

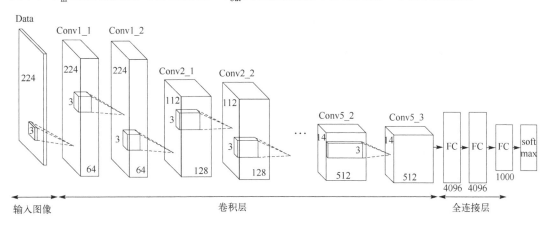

图 6-1　VGGNet-16 的结构

　　表 6-2 所示为 VGGNet-16 各层参数规模和计算量分布，表中参数个数列中的"k"表示"千"，计算量单位"GFLOP/s"表示每秒十亿次浮点运算（Giga Floating-point Operations Per Second），依据式（6-1）统计得到。由表 6-2 可得，在 VGGNet-16 中包含约 1.38 亿个参数，这对部署平台的存储和传输带宽要求很高。此外，尽管 VGGNet 采用小尺寸卷积核来控制计算量的增加，针对一张图片的分类识别，也即前向传播过程仍涉及约 3.547×10^{10} 次的浮点乘加运算，这对 GPU、CPU 或其他嵌入式系统都有极大的压力，而性能更好的 VGGNet-19 计算代价则更大。

表6-2 VGGNet-16 各层参数规模和计算量分布

网络层	参数个数/个	计算量/（GFLOP/s）
Conv1	39k	3.87
Conv2	221k	7.25
Conv3	1 475k	12.08
Conv4	5 900k	9.25
Conv5	7 079k	2.77
FC	123 634k	0.25
总计	138 348k	35.47

进一步对表 6-2 内的数据进行分析，可以发现，在整个卷积神经网络中卷积层的参数规模仅占总量的 11%左右，但却集中了几乎所有的计算量；而全连接层的参数规模占据了整个网络模型的 89%左右，但计算量却只有 0.7%。这反映出了在卷积神经网络中模型存储和传输的压力主要来自全连接层，而计算压力则集中在卷积层，同时也说明降低卷积神经网络全连接层的参数规模并不能显著影响其计算量。

GoogLeNet 在设计过程中不是将高的分类准确率作为唯一目标，而是将降低参数规模和计算量也考虑在内。基于稀疏化网络的思想，研究人员提出 Inception 结构，在一个 Inception 模块内部构造了四个并行的池化层和卷积核（不同尺寸）以增加网络的宽度，同时通过级联 1×1 的卷积核来降低参与运算的输入通道数，从而降低计算量。然而，尽管采取了上述结构，GoogLeNet 的一次前向传播涉及的运算量仍达到约 30 亿次，这是一个巨大的负担。此外，GoogLeNet 使用全局平均池化代替全连接层，从而显著降低参数规模，因此拥有 22 层网络深度的 GoogLeNet 参数量只有约四百万个，远低于 AlexNet 的六千万个模型参数。

通过上述分析可以发现，部署卷积神经网络的瓶颈主要有两方面：其一，庞大的参数规模需要大量的存储空间，在运算过程中需要将参数搬运到处理器片上缓存，这对硬件平台的传输带宽要求极高；其二，数十亿甚至数百亿次的浮点乘加运算需要大量的计算资源。浮点运算的复杂度远高于定点运算，反映在实际应用中就是浮点运算任务在处理器上运行时的能量消耗和资源占用量要远超定点运算。例如，通过实验发现，在 FPGA 中，1 个 16 位的 4 阶浮点乘法器要消耗 2 个数字信号处理器、51 个查找表（LUT）和 95 个触发器（FF），最大工作频率约为 219MHz；而 1 个 16 位的定点乘法器仅需 1 个数字信号处理器，且可以轻松达到 300MHz 的工作频率。

针对上述问题，基于块浮点数的数据量化算法是一种有效的解决办法，可大幅降低参数规模，与基于单精度浮点数的卷积神经网络方案相比，基于块浮点数的部署方案在存储资源和传输带宽上的需求大幅下降。此外，在基于块浮点数的卷积神经网络中，复杂的浮点乘加运算可用定点数运算代替，从而大幅降低计算复杂度。

6.2　块浮点数设计

6.2.1　浮点数量化分析

浮点数（Floating Point Number，FPN）是科学计算中最常用的数据类型之一，能够兼顾高动态范围和高数据精度，但同时计算复杂度也远高于定点数。以常用的单精度有符号浮点数为例进行介绍，单精度有符号浮点数在计算机中以二进制形式存储，其基本结构如图 6-2 所示。每个单精度有符号浮点数包含 32 位二进制数，其中最高位为符号（Sign）位，符号位取 "0" 表示该浮点数为正数，取 "1" 则代表该浮点数为负数，中间 8 位为指数（Exponent）位，低 23 位为尾数（Mantissa）位。

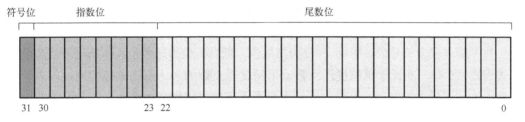

图 6-2　单精度有符号浮点数的基本结构

单精度有符号浮点数的定义遵守 IEEE 754 标准的规定，基于各部分取值，单精度有符号浮点数的值通过式（6-2）确定。可以看出，浮点数的数值表达方式类似于科学记数法，略有不同的是在计算机中仅能表示二进制数，因此这里是基于二进制数的科学记数法。由式（6-2）可得，在浮点数的存储中，尾数位前有一个 "前导 1" 被省略了，因为这个数值在任何浮点数中都存在，因此 23 位可表示的精度就变成了 24 位。此外，指数位在作为指数前需要减去一个 "元数据" 127，这是因为指数位的位宽为 8 位，可表示的范围为[0,255]，为了让浮点数可以表示相当一部分的小数，指数需要可以表达正数和负数，所以 8 位指数位可表达的范围为[−127,128]。因此指数位采用移位存储方式，存储的数值应为 "实际值+127"。这给浮点数提供了相当大的动态表示范围，即

$$value = (-1)^{sign} \times 2^{(exponent-127)} \times 1.mantissa \tag{6-2}$$

式（6-2）为单精度浮点数的通用解析规则。除此之外，还有一些特殊情况：当指数位全零，尾数位全零时，表示数值 0；当指数位全零，尾数位非零时，表示一个很小的数，由式（6-3）确定具体值；当指数位全 1，尾数位全零时，表示无穷大的数，正负由符号位决定；当指数位全 1，尾数位非零时，表示不存的数（NAN），即数据异常。

$$value = (-1)^{sign} \times 2^{-126} \times 0.mantissa \tag{6-3}$$

浮点数的加减运算较为复杂，一般包括五个基本步骤。

（1）0 操作数的检查：若两个操作数中有 0 操作数，则无须进行后续的烦琐操作可直接得到运算结果以节省时间。

137

（2）比较阶码并完成对阶：对阶即将两浮点数的小数点位置对齐，通过对尾数位部分移位实现，移动位数等于两数的指数位之差，因此对阶可能涉及上百次的移位操作。

（3）尾数加减：完成对阶后即可按照定点加减法规则进行尾数加减。

（4）结果规格化：当尾数相加的结果大于 1 时，则需要进行向右规格化，规则是尾数右移一位，同时指数加 1。当尾数部分不是 1.M 的结构时，则需要向左规格化。

（5）舍入处理：在对阶或结果规格化的过程中需要对尾数进行移位，由于总位长是有限的，移位会导致一部分位丢失，因此需要对尾数进行舍入处理。

浮点乘法建立在浮点加法的基础上。由上可得单精度有符号浮点数的表示范围为 $-3.4 \times 10^{38} \sim 3.4 \times 10^{38}$，如此大的表示范围在大多数卷积神经网络中是不必要的，会增加浮点运算的复杂度。因此通过适当减小指数和尾数的位数以缩小浮点数的动态范围和表达精度，来换取更低的数据位宽和运算复杂度，是一种可行的浮点数量化手段。

半精度浮点数（Half-precision Floating Point Number，HFPN）是基于上述浮点数量化思维产生的一种数据类型，其基本结构如图 6-3 所示。每个半精度浮点数包含 16 位二进制数，其中最高位为符号位，中间 5 位为指数位，低 10 位为尾数位。半精度浮点数的数值公式为式（6-4），相比于单精度浮点数，半精度浮点数的表达范围大幅缩减，同时计算复杂度也得到了极大的简化。有文献证明半精度浮点数足以胜任大多数卷积神经网络的数据动态范围和表达精度的需求，而基于半精度浮点数部署的卷积神经网络存储及带宽需求仅为单精度浮点数的一半，计算资源的需求更是大幅降低，计算速度也得到较大提升。

$$value = (-1)^{sign} \times 2^{(exponent-15)} \times 1.mantissa \tag{6-4}$$

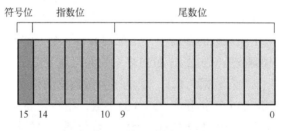

图 6-3 半精度浮点数的基本结构

尽管基于半精度浮点数的卷积神经网络部署方案降低了存储和计算压力，但其本质仍是浮点运算，且参数规模仅下降一半，仍有较大进步空间，研究基于块浮点数的数据量化算法可进一步降低计算复杂度。

6.2.2 块浮点数结构设计

在基于块浮点数（Block Floating Point Number，BFPN）的卷积神经网络部署方案中，块浮点数可看作一种特殊的浮点数表示形式，不同之处在于，块浮点数不再给每个数据单独分配指数，而是让一批数据共享同一个指数。由于块浮点数内部保留指数部分，所以拥有较高的数据表示动态范围，另一方面，两个块浮点数数据块的计算复杂度降低到了与定点数相似的程度。

　　块浮点数的基本结构如图 6-4 所示（图中各部分位长的选择将在后文讨论，本图仅用于说明块浮点数的基本结构）。对于一个包含 n 个浮点数的数据块 X，如式（6-5）所示，在将其转化为块浮点格式的过程中，要先需要确定共享指数，即块指数（Block Exponent）的大小。获取块指数的过程如式（6-6）所示，即取数据块 X 中绝对值最大的数据的指数作为块指数，之后需要对数据块 X 中的每个浮点数的尾数部分做向右移位操作，得到块浮点格式下的尾数元素。移动的距离等于块指数与自身指数之差，如式（6-7）所示。最后数据块 X 被转化为块浮点数数据块 X'，如式（6-8）所示。

$$X = (x_1, \cdots, x_i, \cdots, x_n) = (m_1 \times 2^{e_1}, \cdots, m_i \times 2^{e_i}, \cdots, m_n \times 2^{e_n}) \tag{6-5}$$

式中，x_i 为数据块 X 中的第 i 个浮点数；m_i 为 x_i 的尾数部分，包含前导 1 在内；e_i 为 x_i 的指数部分。

$$v\varepsilon_X = \max_i e_i i \in \{1, 2, \ldots, n\} \tag{6-6}$$

式中，ε_X 为块指数；max 为取最大值操作。

$$m_i' = m_i \gg (\varepsilon_X - e_i) \tag{6-7}$$

式中，m_i' 为块浮点数的第 i 个尾数元素；$\gg$ 为向右移位操作。

$$X' = M_X' \times 2^{e_X} = (m_1', \cdots, m_i', \cdots, m_n') \times 2^{e_X} \tag{6-8}$$

式中，X' 为 X 转化为块浮点数后的数据块；M_X' 为 X' 的尾数部分；e_X 为 X' 的指数部分，即块指数。

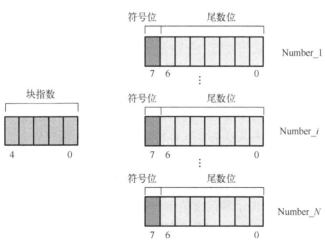

图 6-4　块浮点数的基本结构

　　对于卷积神经网络加速器的设计，块浮点数表示方案有两个突出优点。其一，简短的数据表达方式有利于节省存储和传输带宽资源。例如，对于一个包含 n 个浮点数的数据块，每个浮点数有 1 位符号位、L_e 位指数位、L_m 位尾数位，则每个浮点数占据 $(1 + L_e + L_m)$ 位。若将其转化为块浮点数表示，即使对各部分不做位宽压缩处理，平均每个数据占据的位数为 $(1 + L_e + L_m / n)$ 位，当 n 较大时，则每个数据近似只有 $(1 + L_m)$ 位的位宽。此外，在块浮点格式的数据间，乘加运算都以定点数进行。块浮点数转化为浮点数的操作十分简单，只需要将尾数部分与块指数组合即可。

6.2.3 无偏差溢出数据处理

块浮点数算法中的精度损失主要来自浮点数与块浮点数间的转换，在尾数部分的移位操作过程中，即式（6-7），不可避免地会有一部分位无法完整保留下来，这部分位上的数据称为溢出数据。截断和舍入是处理溢出数据的两种常用方法，其中截断操作最为简单，即直接舍弃溢出数据，但会引入较大的向下偏差，且该误差会在卷积层之间累积，最终产生明显的偏差。而舍入方式只会引入高斯白噪声，不存在明显的偏差。

由于尾数位宽是有限的，因此浮点数所能精确表达的数值是有限的，在两个相邻的浮点数之间，一定有无数个不能用浮点数精确表达的实数。在 IEEE 754 标准中，对于这些不能被精确表达的数字，用最接近它们取值的浮点数近似表示，即舍入。在 IEEE 745 标准中，一共有四种常见的舍入模式。

（1）RN：舍入到最近的可表示的值，当有两个最接近的可表示的值时首选偶数值。

（2）RZ：向零的方向舍入。

（3）RU：向正无穷大方向舍入。

（4）RD：向负无穷大方向舍入。

表 6-3 以实例的形式展示了四种舍入模式的计算规则（仅保留整数部分），可以发现后三种模式都保持有向上或向下的偏差，容易在卷积神经网络中逐层累积，造成层间累积误差，而 RN 模式不会。仔细观察可以发现，RN 模式仍不同于我们熟悉的四舍五入法。考虑到在进行舍入的时候，保留精度之后的数字可能是 0～9 中的一个，且在统计学上可以认为取任何数字的概率都是相等的。在四舍五入法中，当该数字小于 5 时则直接舍去，大于或等于 5 时则将其前一位数字加一，因此由"舍"造成向下偏差的数字有 1、2、3、4，这部分偏差恰好与"入"的 6、7、8、9 形成的向上的偏差所抵消，对这部分情况不会形成向上或向下的偏差。但当该数字为 5 时，无论是将其进位还是舍弃都会产生固定的向上或向下的偏差，因此四舍五入法会在这种特殊的情况下形成固有的向上的偏差。在 RN 模式下，会根据需要保留的最后一位的奇偶情况决定是进位或是舍弃，以保证舍入后的数据尽量为偶数。同样从统计学意义上考虑，须保留的最后一位为奇数或是偶数的概率相当，因此舍弃和进位形成的向下和向上的偏差相互抵消，即 RN 是一种无偏差的舍入模式。综上所述，可以在块浮点转化过程中采用 RN 舍入模式处理溢出数据。

表 6-3 四种舍入模式实例

舍入模式	1.3	1.5	1.7	2.5	−1.5
RN	1	2	2	2	−2
RZ	1	1	1	2	−1
RU	2	2	2	3	−1
RD	1	1	1	2	−2

6.3 卷积神经网络数据量化算法

6.3.1 轻量级块划分模式

在上一节中介绍，块浮点数通过共享块指数和压缩尾数位宽对浮点数进行量化，以降低卷积神经网络的参数规模和计算复杂度，但是由于在获取块浮点数的尾数时进行了向右移位操作，即式（6-7）所示的过程，不可避免地会损失掉一部分数据，对于绝对值较小的数据，可能会损失掉大部分信息，因此会给数据表示带来一定的损失，称之为块浮点数量化误差，这也是使用块浮点数加速浮点乘加运算的一个代价。

量化误差主要取决于数据块的大小、块内数据分布情况及尾数位宽。更小的数据块具有更小的量化误差，因为对于较小的数据块，数据块内各数据绝对值接近的概率更大，块指数与各数据自身指数差值更小，在移位操作时移动的距离就更短，尾数中有效信息被保留下来的概率就更大；同理，当数据块内数据分布较为均匀，即各数据绝对值较为接近时，可以保证更高的块浮点数量化精度。此外，更大的尾数位宽也能保证更小的量化误差，因为更大的尾数位宽能容纳更多的有效数据。但是小的数据块划分方式和大的尾数位宽与降低参数规模、计算复杂度的初衷背道而驰，具体的实施方案需要结合卷积神经网络的计算特征进一步探讨。

将卷积运算用矩阵操作表示，卷积核和输入特征图用两个二维矩阵表示，分别为 W 和 I。其中，属于同一个输出特征映射的卷积核构成 W 的一个行向量，一个输出像素在输入特征图上的感受野构成 I 中的一个列向量，输出特征图转化为矩阵 O，如图 6-5 所示。O 中位于第 m 行第 n 列的元素对应第 m 个卷积核与第 n 个感受野区域的卷积运算结果。

由于输入特征图和权值分布是无法改变的，因此本章着眼于在数据块划分方式和尾数位宽上找到最优方案，以提高整体性能。首先是如何对 W 和 I 划分数据块，基于整个矩阵的卷积过程可以写成式（6-9）的形式。针对输出特征图中的某个元素，运算过程如式（6-10）所示。式（6-11）展示了如何得出输出特征图中的某一行元素；式（6-12）所示为输出特征图中的某一列元素的计算过程。

$$O_{M \times N} = W_{M \times K} I_{K \times N} \qquad (6\text{-}9)$$

式中，O 为输出特征图矩阵；W 为卷积核矩阵；I 为输入特征图接收域矩阵；M 为输出通道数，即卷积核数量；K 为卷积核尺寸，即一个卷积核中的算子数量；N 为输出特征图尺寸。

$$O_{MN} = W_M^{\mathrm{T}} \cdot I_N \qquad (6\text{-}10)$$

$$O_M^{\mathrm{T}} = W_M^{\mathrm{T}} \cdot I \qquad (6\text{-}11)$$

$$O_N = W \cdot I_N \qquad (6\text{-}12)$$

141

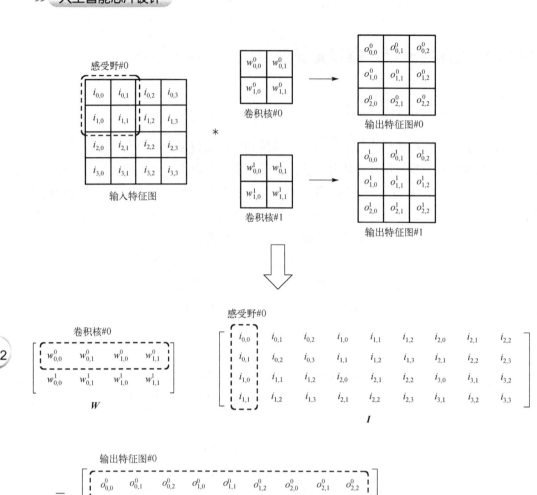

图 6-5　卷积矩阵化运算

实际上，式（6-9）、式（6-10）、式（6-11）、式（6-12）代表了对 W 和 I 的四种不同的数据块划分方式。其中，式（6-9）代表将 W 和 I 分别作为一个整体划分为一个数据块，此时参数规模最小，但精度损失最大；式（6-10）代表将 W 中的行和 I 中的列分别作为一个数据块划分单元，此时数据块最小，精度损失最小，但参数压缩比有限；式（6-11）代表将 W 中的一行作为一个数据块划分单元，行内元素构成一个数据块，I 则整体作为一个数据块划分单元，即当前卷积层中所有输入特征图构成一个数据块；式（6-12）代表将 I 中的一列作为一个数据块划分单元，列内元素构成一个数据块，而 W 整体作为一个块划分单元，即当前卷积层中所有卷积核权值构成一个数据块。后两种方案都是将 W 和 I 中的一个以整个矩阵作为一个数据块划分单元，而对另一个以行或列为单位进行划分，代表了两种平衡方法，目的是在参数压缩比和量化精度上取得一个平衡。假设在块浮点数中，指数位宽为 L_e 位，尾数位宽为 L_w 位，符号位为 1 位，则上述块浮点数转化方案的算法复杂度和数据平均位宽如表 6-4 所示。

表 6-4　不同数据块划分方案的数据量对比

划分方案	权值的平均位宽	特征图数据的平均位宽	块指数个数
式（6-9）	$1+L_\mathrm{w}+L_\mathrm{e}/(M\times K)$	$1+L_\mathrm{w}+L_\mathrm{e}/(K\times N)$	2
式（6-10）	$1+L_\mathrm{w}+L_\mathrm{e}/K$	$1+L_\mathrm{w}+L_\mathrm{e}/K$	$M+N$
式（6-11）	$1+L_\mathrm{w}+L_\mathrm{e}/K$	$1+L_\mathrm{w}+L_\mathrm{e}/(K\times N)$	$M+1$
式（6-12）	$1+L_\mathrm{w}+L_\mathrm{e}/(M\times K)$	$1+L_\mathrm{w}+L_\mathrm{e}/K$	$1+N$

对于 VGGNet-16 来说，在第一层卷积层 Conv1_1 中用矩阵表示，则 $M=64$，$K=9$，$N=50176$，可以发现 N 远大于 M 和 K。由表 6-4 可得，式（6-10）和式（6-12）代表的数据块划分方式涉及的块格式化次数超过 50176 次。此外，块指数的存储成本也是式（6-9）和式（6-11）所代表方案的数百倍（大于 50176/64），而这样的规律在卷积神经网络的各个隐藏层中都存在，因此这两种块划分方案的代价过高，不符合降低参数规模和计算复杂度的初衷。对于式（6-9）和式（6-11）所表示的方案，主要区别在于输出通道的数量，即 $\boldsymbol{W}$ 的行数，为了评估这两种数据块划分方案的精确度，基于 ImageNet 图像分类数据集在 VGGNet-16 上进行了测试，测试结果如表 6-5 所示。

表 6-5　两种数据块划分方案的准确率对比

方案	Top-1 准确率	Top-5 准确率
式（6-9）	66.72%	87.76%
式（6-11）	68.31%	88.44%

实验结果表明式（6-11）所代表的数据块划分方案的 Top-1 准确率和 Top-5 准确率分别比式（6-9）所代表的方案高出 1.59% 和 0.68%，因此最终选择式（6-11）所代表的数据块划分方案，即将 $\boldsymbol{W}$ 中的一行作为一个数据块划分单元，属于同一个输出特征映射的卷积核构成一个数据块，$\boldsymbol{I}$ 整体作为一个数据块划分单元，即当前卷积层中所有输入特征图数据构成一个数据块。

以 $\boldsymbol{W}$ 中只有一个卷积核的情况为例，即 $\boldsymbol{W}$ 在划分数据块后仅有一个块指数，可表示为式（6-13）的形式，$\boldsymbol{I}$ 转化为块浮点数后可表示为式（6-14）的形式。则 $\boldsymbol{W}$ 与 $\boldsymbol{I}$ 的乘法运算，即式（6-9）所示的计算过程可以近似表达为式（6-15），由式（6-15）可以看出所涉及的运算包括指数的相加和尾数部分的相乘，这两部分均为定点运算。

$$\boldsymbol{W}' = \boldsymbol{M}'_W \times 2^{\varepsilon_W} \tag{6-13}$$

$$\boldsymbol{I}' = \boldsymbol{M}'_I \times 2^{\varepsilon_I} \tag{6-14}$$

$$\boldsymbol{O} \approx \boldsymbol{W}\boldsymbol{T}' = 2^{\varepsilon_O}\boldsymbol{M}'_O \tag{6-15}$$

式中，$\boldsymbol{M}'_O = \boldsymbol{M}'_W\boldsymbol{M}'_I$；$\varepsilon_O = \varepsilon_W + \varepsilon_I$。

综上所述，本节从降低数据规模和计算复杂度的目标出发，介绍了针对卷积神经网络权值和特征图的轻量级数据块划分方案，使得模型参数规模降低至原来的 1/4，同时复杂的浮点乘加运算可由轻量级的定点乘加运算代替，大幅降低了模型的计算复杂度。

6.3.2　低位块浮点数设计

确定了数据块划分方案之后，还需要选择合适的指数和尾数位宽，在确保卷积神经网络准确率的情况下显著降低参数规模和计算复杂度。有相关文献表示，在 ASIC 中不同精度和类型的数据运算的硬件消耗如表 6-6 所示，由表中数据可得，相比于浮点运算，定点运算在能量消耗和面积（资源）占用上都更少，尤其是加运算，同时数据位宽的下降也能带来硬件资源消耗的显著下降。

通过 6.2.1 节的分析，半精度浮点数可以充分满足卷积神经网络的数据动态范围和表示精度的要求，因此块指数位宽可取与半精度浮点数一致的 5 位。相比于块指数，尾数对参数规模和计算复杂度的影响更加明显。此外，数据表示的精度很大程度上也取决于尾数位宽。

表 6-6　在 ASIC 中不同精度和类型的数据运算的硬件消耗

运算类型	能量/PJ	面积/μm^2
8 位定点加运算	0.03	36
32 位定点加运算	0.1	137
16 位浮点加运算	0.4	1 360
32 位浮点加运算	0.9	4 184
8 位定点乘运算	0.2	282
32 位定点乘运算	3.1	3 495
16 位浮点乘运算	1.1	1 640
32 位浮点乘运算	3.7	7 700

为选择出一个在充分保证卷积神经网络准确率的前提下位宽最短的块浮点尾数格式，在深度学习平台 Caffe 上进行了一系列实验，Caffe 是一个流行的深度学习架构，它将卷积运算转换为矩阵乘法。在 Caffe 平台上实现基于块浮点数的卷积神经网络很方便，具体做法：先对输入的特征图和权值进行块格式化，再进行矩阵乘法运算，最后将输出的特征图转化为浮点数表示。其中输入特征图矩阵整体进行块格式化，权值矩阵按行进行块格式化。而 ReLU 函数和池化操作不涉及数值计算，所以不影响这里的测试，对其不需要进行特殊处理，保持不变即可。处理移位溢出数据时采用 RN 舍入模式，为降低计算代价，只考虑最低有效位后两位数据的影响。本章使用 VGGNet-16、GoogLeNet、ResNet-50 三种经典卷积神经网络模型来测试块浮点数算法。实验基于 ImageNet 图像分类数据集，对 9 组不同的权值和输入特征图尾数位宽组合进行了测试，并与 32 位的单精度浮点数的实施结果进行对比。

表 6-7 统计了不同组合相对于单精度浮点数的准确率下降程度，表中数据百分比为正代表准确率下降，为负代表准确率上升，L_W 代表权值矩阵中的尾数位宽取值，L_I 代表输入特征图的尾数位宽取值，这里的尾数均包括 1 位的符号位。从表 6-7 中的数据可以看出，对于典型卷积神经网络模型（VGGNet-16、GoogLeNet、ResNet），当 L_W 和 L_I 取值为 8 时，分类准确率下降不超过 0.12%，其中更为苛刻的 Top-1 准确率结果更为稳定，这样

的表现可以认为模型精度几乎无损失。特别是对于 GoogLeNet，在只保留 6 位的尾数位宽的情况下 Top-1 准确率和 Top-5 准确率损失分别只有 0.89% 和 0.62%。值得一提的是，在实验中直接对原始模型参数进行基于块浮点数的量化处理，没有经过任何形式的训练或微调。

表 6-7　不同尾数位宽下模型准确率下降情况

	VGGNet-16 Top-1 准确率				GoogLeNet Top-1 准确率				ResNet-50 Top-1 准确率			
	L_I				L_I				L_I			
		6	7	8		6	7	8		6	7	8
L_W	6	2.02%	0.60%	0.38%	6	0.89%	0.51%	0.45%	6	6.83%	3.05%	2.38%
	7	1.56%	0.17%	0.08%	7	0.50%	0.15%	0.05%	7	4.54%	0.95%	0.21%
	8	1.48%	0.15%	0.03%	8	0.45%	0.09%	0.07%	8	4.38%	0.76%	0.11%

	VGGNet-16 Top-5 准确率				GoogLeNet Top-5 准确率				ResNet-50 Top-5 准确率			
	L_I				L_I				L_I			
		6	7	8		6	7	8		6	7	8
L_W	6	1.35%	0.50%	0.36%	6	0.62%	0.42%	0.36%	6	4.74%	1.85%	1.31%
	7	1.07%	0.15%	0.04%	7	0.29%	0.13%	0.05%	7	3.06%	0.62%	0.26%
	8	1.05%	0.13%	0.02%	8	0.22%	0.12%	0.06%	8	3.01%	0.54%	0.12%

对表 6-7 中数据进行整体分析可以发现，所有网络都存在着共同的规律：随着尾数位宽的增加，模型准确率的损失越来越小，大多数网络在 8 位位宽的情况下都可以实现极低的准确率损失。此外，值得注意的是，准确率的下降对 L_I 更为敏感，这也符合预期，因为输入特征图的块要远大于权值的块，而输入特征图的块内数据动态范围也远大于权值。

综合以上分析和测试结果，确定块浮点中尾数位宽取 8 位，这是一个在计算代价和模型准确率上综合最优的方案，相比于 32 位的单精度浮点数，平均表达每个数据所需位数降低了 75%。

6.3.3　面向硬件加速器的块浮点数据流结构

由于块浮点数不是一种标准的数据类型，为保证基于块浮点数的卷积神经网络正确运行，需要设计特定的运算过程和数据类型转换流程。本章中的加速器基于 FPGA 设计，因此充分考虑卷积神经网络加速器设计中的并行计算特点，基于简化计算、尽可能节省芯片上的存储资源和传输带宽需求的理念，提出了一种针对卷积神经网络加速运算的块浮点数据流结构。

卷积神经网络加速器数据流结构如图 6-6 所示，在卷积神经网络中参与运算的数据主要有三部分：输入特征图、权重、偏置项，其中权重和偏置项同属于网络模型参数，但由于两者运算过程不同，块格式化过程也不相同，所以需要分开处理。在这三种数据中，权重和偏置项是固定的，而输入特征图根据处理对象的不同在时刻变化。因此，权重可以在参与运算前直接转化为块浮点数存储，该过程在片外完成，一方面可以减少加速器的计算量，另一方面节省芯片上的存储空间。虽然偏置项也是固定的，但由于它将被直接加在权重与输入特征图的乘积上，为了加法运算的简便，这里将对应权重和输入特征图的块指数之和作为偏置项的块指数，因此偏置项的块格式化过程受输入特征图影响，无法提前转化为块浮点数存储。图 6-6 中深色模块均为数据格式转换器，模块具体含义如下。

FP2HFP 表示由单精度浮点数转换为半精度浮点数。

FP2BFP 表示由单精度浮点数转换为块浮点数。

HFP2BFP 表示由半精度浮点数转换为块浮点数。

BFP2HFP 表示由块浮点数转换为半精度浮点数。

移位器表示将偏置项由半精度浮点数转换为块浮点数，由于块指数已确定，这里只需要执行尾数的移位。这里转换器中仅需执行移位操作，而移位在 FPGA 中很容易实现。处理单元阵列（Processing Element Array，PEA）为加速器中执行卷积计算的核心单元，负责执行若干权重和特征图的乘加操作。

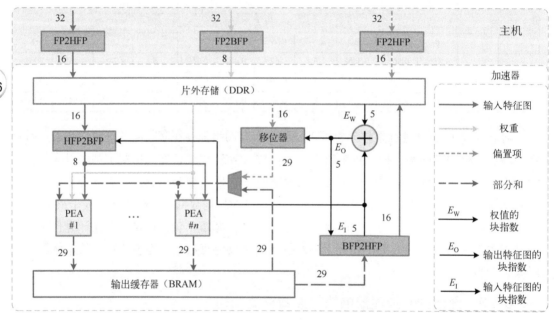

图 6-6　卷积神经网络加速器数据流结构

根据相关文献中的研究，半精度浮点数可以充分保证卷积神经网络的准确率，且参数规模仅为单精度浮点数的一半，因此本章直接以半精度浮点数代替单精度浮点数，以节省存储资源和传输带宽。在片外主机中，输入特征图完成单精度浮点数到半精度浮点数的转换，权重完成单精度浮点数到块浮点数的转换，偏置项完成单精度浮点数到半精度浮点数的转换，之后通过数据总线，如 PCIe 传输到加速器，存储在加速器的片外存储（一般为双倍速率同步动态随机存储器 DDR）中。当数据完全存储在 DDR 中后，加速器启动卷积神经网络的计算流程。加速器分层执行卷积神经网络的推理过程，运算所需的数据从DDR 迁移到片上存储，由于芯片资源有限，只能分批次进行数据的迁移和运算。

输入特征图以半精度浮点数的形式从片外读取到片上，并在片上由半精度浮点数转换为块浮点数，与块浮点格式的权重在处理单元阵列执行带初始值的乘法累加操作，处理单元阵列输出的结果称为部分和，以块浮点格式存储在输出缓存中。由于卷积神经网络中往往有多个输入通道，对应不同输入通道的部分和，需要相加，直到得出最终的输出特征图数据，才会由输出缓存迁移到 DDR 中。在本方案的设计中，对应不同输入通道的部分和不会在同一时刻产生，以便先产生的部分和可以作为初始值输入到处理单元阵列中，与当前产生的部分和相加，这是一种基于流水线结构的处理方式，可以提升执行效率。而当处理单元阵列首次执行运算时，初始值为块浮点格式的偏置项，通过系统控制模块完成偏置项和部分和的选择。偏置项通过移位完成块格式化过程，移动距离为对应权重和输入特征图的块指数之和与自身指数的差值。鉴于处理单元阵列中执行的是定点乘加运算，数据位宽会不断增加，为了保证计算过程中无精度损失，对处理单元阵列输出的每个结果都不做截断或舍入处理，考虑可能存在的最多的乘加次数，最终的部分和数据会达到 29 位的位宽。这样的数据宽度若不做处理直接输出，则会消耗大量的数据传输带宽，所以将其转换为半精度浮点数的形式写出到 DDR 中。此外，在块浮点数转换为半精度浮点数的过程中，可以持续对比输出特征图的大小并获得其最大指数，将其保存到片上，作为下一层输入特征图的块指数，这是一种高效的解决方案。值得一提的是，在整个数据流中所涉及的块浮点数与浮点数转化过程都只涉及移位操作，而移位操作在 FPGA 等平台上很容易实现。

6.3.4　四阶误差分析模型

针对上文所提出的基于块浮点数的卷积神经网络加速计算方案，本节提出一个误差分析模型用来指导加速器硬件设计。第一阶段重点关注块格式化过程中的量化误差，第二阶段描述了块浮点数矩阵乘法中的误差累积情况，第三阶段重点关注块浮点数转化为浮点数的误差，第四阶段分析了卷积层之间的误差传递情况。

1. 第一阶段

对于数据块 X，在由浮点数转化为块浮点数的过程中，量化误差 α 为

$$\alpha = e_{\mathrm{BM}} \cdot 2^{\varepsilon} \tag{6-16}$$

式中，e_{BM} 为尾数块的量化误差；ε 为块指数。

在转换中使用 RN 舍入模式，α 的均值为 0，由相关文献可知，其方差为

$$\sigma_{\alpha}^2 = \frac{2^{-2L_{\mathrm{m}}}}{12} \cdot \sum_{i=1}^{N_{\zeta}} p_{\zeta_i} 2^{2\zeta_i} \tag{6-17}$$

式中，L_{m} 为块浮点格式的尾数位宽；p_{ζ_i} 为块指数的概率质量函数，其中 $i=1,2,\ldots,N_{\zeta}$；$N_{\zeta}=2^{L_{\mathrm{e}}}$，$L_{\mathrm{e}}$ 为块指数位宽。

由于在块格式化过程中，输入特征图和权值是已知的，p_{ζ_i} 可表示为

$$p_{\zeta_i} = \begin{cases} 1 & (i=\varepsilon_X) \\ 0 & (i\neq\varepsilon_X) \end{cases} \tag{6-18}$$

将式（6-18）代入式（6-17），块浮点数量化误差的方差可简化为

$$\sigma_\alpha^2 = \frac{2^{-2L_m}}{12} \cdot 2^{2\varepsilon_x} \tag{6-19}$$

在本章的方案中，输入特征图矩阵被当作一个 $K \times N$ 的块，其信噪比（SNR）为

$$\mathrm{SNR}_I = 10 \cdot \lg \frac{E(\boldsymbol{I}^2)}{\sigma_I^2} \tag{6-20}$$

式中，$E(\boldsymbol{I}^2)$ 为输入特征图矩阵的均方值；σ_I^2 为输入特征图矩阵的块格式化量化误差，可通过式（6-19）计算得出。

权值按行被分为 M 个 $1 \times N$ 的块，其中第 m 个块浮点数的行向量的信噪比为

$$\mathrm{SNR}_{Wm} = 10 \cdot \lg \frac{E(\boldsymbol{W}_m^2)}{\sigma_{Wm}^2} \tag{6-21}$$

式中，$E(\boldsymbol{W}_m^2)$ 为权值矩阵中第 m 个行向量的均方值；σ_{Wm}^2 为权值矩阵中第 m 个行向量的块格式化量化误差。

整个权值矩阵的平均信噪比为

$$\mathrm{SNR}_W = 10 \cdot \lg \frac{\sum\limits_{m=1}^{M} E(\boldsymbol{W}_m^2)}{\sum\limits_{m=1}^{M} \sigma_{Wm}^2} \tag{6-22}$$

2. 第二阶段

卷积层中的计算可以看作向量内积，对于两个包含 k 个元素的向量 $\boldsymbol{I}$ 和向量 $\boldsymbol{W}$，转换为块浮点格式分别为 $\boldsymbol{I}_b$ 和 $\boldsymbol{W}_b$，则 $\boldsymbol{I}_e = \boldsymbol{I}_b - \boldsymbol{I}$，$\boldsymbol{W}_e = \boldsymbol{W}_b - \boldsymbol{W}$，其中，$\boldsymbol{I}_e$、$\boldsymbol{W}_e$ 分别代表 $\boldsymbol{I}$ 和 $\boldsymbol{W}$ 的量化误差。假设 $\boldsymbol{I}$ 和 $\boldsymbol{W}$ 的内积为 $\boldsymbol{O}$，它的块浮点格式为 $\boldsymbol{O}_b$，则有

$$E(\boldsymbol{O}_b^2) = E((\boldsymbol{I}_b \cdot \boldsymbol{W}_b)^2) = E((\boldsymbol{I} \cdot \boldsymbol{W})^2) + E((\boldsymbol{I}_e \cdot \boldsymbol{W})^2) + E((\boldsymbol{I} \cdot \boldsymbol{W}_e)^2) + E((\boldsymbol{I}_e \cdot \boldsymbol{W}_e)^2) \tag{6-23}$$

由于 $\boldsymbol{I}_e$ 与 $\boldsymbol{W}_e$ 的分布是相互独立的，可以忽略上式中高阶项 $E((\boldsymbol{I}_b \cdot \boldsymbol{W}_b)^2)$，得

$$E(\boldsymbol{O}_b^2) = \frac{1}{K}\left(1 + \frac{\|\boldsymbol{I}_e\|^2}{\|\boldsymbol{I}\|^2} + \frac{\|\boldsymbol{W}_e\|^2}{\|\boldsymbol{W}\|^2}\right) \cdot \|\boldsymbol{I}\|^2 \cdot \|\boldsymbol{W}\|^2 \tag{6-24}$$

式中，$(\|\boldsymbol{I}_e\|^2 / \|\boldsymbol{I}\|^2)$ 和 $(\|\boldsymbol{W}_e\|^2 / \|\boldsymbol{W}\|^2)$ 分别是 $\boldsymbol{I}_e$ 和 $\boldsymbol{W}_e$ 的信噪比（NSR），这里分别用 η_I 和 η_W 表示，块浮点数输出矩阵的信噪比可表示为

$$\eta_B = \frac{E(\boldsymbol{O}_b^2) - E((\boldsymbol{I} \cdot \boldsymbol{W})^2)}{E((\boldsymbol{I} \cdot \boldsymbol{W})^2)} = \eta_I + \eta_W = 10^{-\frac{\mathrm{SNR}_I}{10}} + 10^{-\frac{\mathrm{SNR}_W}{10}} \tag{6-25}$$

其信噪比为

$$\text{SNR}_\text{B} = -10 \cdot \lg \eta_\text{B} = -10 \cdot \lg \left(10^{-\frac{\text{SNR}_\text{I}}{10}} + 10^{-\frac{\text{SNR}_\text{W}}{10}} \right) \tag{6-26}$$

3. 第三阶段

用 γ 表示块浮点数转换为浮点数过程中的量化误差，则 γ 的均值为 0，方差 $\sigma_\gamma^2 = \Delta/12$，其中 Δ 代表转化后的浮点格式所能表达的最小区间，该过程的信噪比为

$$\text{SNR}_\gamma = 10 \cdot \lg \frac{E(\boldsymbol{O}_\text{b}^2)}{\sigma_\gamma^2} \tag{6-27}$$

于是可以得到 η_γ 与 η_B 之间的关系为

$$\eta_\gamma = \frac{\sigma_\gamma^2}{E(\boldsymbol{O}_\text{b}^2)} = \frac{\sigma_\gamma^2}{E((\boldsymbol{I} \cdot \boldsymbol{W})^2) + E((\boldsymbol{I} \cdot \boldsymbol{W})^2) \cdot \eta_\text{B}} \tag{6-28}$$

因此，在单层卷积层中，输出特征图由块浮点转换为浮点数格式后的平均信噪比为

$$\begin{aligned}
\eta_\text{O} &= \frac{\sigma_\gamma^2 + \sigma_\text{B}^2}{E((\boldsymbol{I} \cdot \boldsymbol{W})^2)} \\
&= \frac{\eta_\text{B} E((\boldsymbol{I} \cdot \boldsymbol{W})^2) + \eta_\text{B} \eta_\gamma E((\boldsymbol{I} \cdot \boldsymbol{W})^2) + \eta_\gamma E((\boldsymbol{I} \cdot \boldsymbol{W})^2)}{E((\boldsymbol{I} \cdot \boldsymbol{W})^2)} \\
&= \eta_\text{B} + \eta_\text{B} \eta_\gamma + \eta_\gamma
\end{aligned} \tag{6-29}$$

4. 第四阶段

在 VGGNet 中，每层卷积层之后都有一个激活函数层对结果进行处理，这里激活函数为 ReLU，为简化模型，假设误差均匀分布在正、负输出特征图数据中，进而忽略函数 ReLU 对信噪比的影响。单层误差模型和多层误差模型的区别主要在于多层模型的输入数据携带误差，而单层模型的输入数据不包含误差。由于量化误差均匀分布在输入信号中，并且输入误差是可遗传的，可以利用单层模型来计算新产生的误差，然后利用最后一层的信噪比来区分携带的误差和信号。将携带误差的上层输出特征图作为当前层的输入特征图，在此基础上分析多层传播误差。

在多层误差分析模型中，用 η_O 表示上一层输出特征图的信噪比，η_I 表示在当前层块格式化过程中产生的信噪比，与式（6-27）和式（6-28）的分析过程相似，当前层输入特征图的整体信噪比为

$$\eta_\text{I}' = \eta_\text{O} + \eta_\text{I} + \eta_\text{O} \eta_\text{I} \tag{6-30}$$

6.4　卷积神经网络稀疏化算法

卷积神经网络的计算量和参数量主要来自卷积层和全连接层。鉴于卷积层和全连接层

在结构上的区别，导致卷积层和全连接层在稀疏化工作上存在较大区别。因此，本节将对卷积神经网络的卷积层和全连接层分别进行分析，并设计相应的稀疏化方案，最终综合卷积层和全连接层的稀疏化方案，实现对卷积神经网络的整体的参数压缩和计算量削减工作。

6.4.1 卷积层稀疏化算法

卷积层的稀疏主要是将卷积层中的冗余参数剔除，使得卷积层在结构上产生稀疏性。对于卷积核级别的稀疏化，则是将每一个卷积核作为一个整体去评价其在卷积层中的重要程度。因此，本节通过引入掩码层（Mark Layer），在掩码层采用可训练的参数来评价对应的卷积层中卷积核的重要程度，将掩码层较小参数数值对应的卷积核剔除，掩码层在卷积神经网络中的作用如图 6-7 所示。掩码层在卷积神经网络中首先通过层参数起到筛选卷积层中卷积核的作用，在完成筛选之后，卷积层就产生了稀疏化的效果。

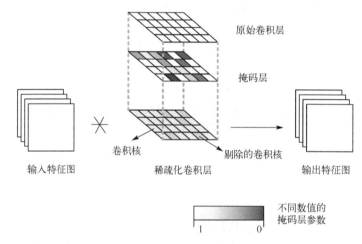

图 6-7　掩码层在卷积神经网络中的作用

1. 掩码层的设计

既然掩码层在卷积神经网络中起到评价卷积核的作用，那么和传统卷积神经网络结构就存在一定的区别。传统卷积神经网络中的卷积层、池化层等大多是将卷积过程的特征图或图像数据作为网络的输入输出层，而在掩码层中，输入数据为原始卷积神经网络的参数，输出数据为更新后的卷积神经网络的参数。本章设计一个掩码参数为 β 的参数矩阵 $\boldsymbol{B}$，在计算过程中，利用掩码层的参数矩阵更新原始参数矩阵 $\boldsymbol{W}$ 得到新的参数矩阵 $\boldsymbol{W}'$，具体参数更新方式为

$$W' = W \bullet B = \begin{bmatrix} \boldsymbol{K}_{1,1} \times \beta_{1,1} & \cdots & \boldsymbol{K}_{1,n} \times \beta_{1,n} \\ \vdots & & \vdots \\ \boldsymbol{K}_{c,1} \times \beta_{c,1} & \cdots & \boldsymbol{K}_{c,n} \times \beta_{c,n} \end{bmatrix} \tag{6-31}$$

式中，$\boldsymbol{W}'$ 为掩码层更新后的参数矩阵；$\boldsymbol{W}$ 为卷积层原始参数矩阵；$\boldsymbol{B}$ 为掩码层的参数矩阵；$\boldsymbol{K}$ 为卷积核参数矩阵；β 为掩码层的参数。

掩码层的推理计算主要根据式（6-31）进行。因为本章使用可学习的掩码层参数去评价卷积核，所以掩码层的参数需要根据数据集进行训练。在卷积神经网络中的重点就是网络反向传播误差。对于掩码层误差的反向传播分析，需要根据式（6-31）和反向传播的链式反应原则确定。因此，对于掩码层的参数 $\beta_{n,c}$ 的误差公式为

$$\delta_{n,c}^{\mathrm{M}} = \sum_{p=1,q=1}^{k,k} (w_{n,c,p,q} \times \delta_{n,c,p,q}^{\mathrm{C}}) \qquad (6\text{-}32)$$

式中，$\delta_{n,c}^{\mathrm{M}}$ 为掩码层参数 $\beta_{n,c}$ 的误差；$w_{n,c,p,q}$ 为掩码层参数 $\beta_{n,c}$ 对应卷积核参数；$\delta_{n,c,p,q}^{\mathrm{C}}$ 为卷积层参数的误差。

虽然可以采取误差反向传播的方式更新和训练参数，但是这种训练方式会使得参数分布非常广，这将影响后期的稀疏化工作。根据式（6-31）可知，只有当掩码层的参数 β 较小时，剔除这些卷积核才能对网络产生最小的影响。但是数值分布广泛意味着 β 的数值只会有很少一部分接近 0，这使得稀疏化工作无法达到预定的效果。因此，本章增加训练约束项使得参数 β 产生稀疏化效果。在传统的正则项中，通常包含 l_0 正则项、l_1 正则项和 l_2 正则项。l_0 正则项在稀疏化中能起到最好的效果，但是 l_0 正则项在误差反向传播过程中无法求偏导，因此不适合本章所提的问题。l_1 正则项所产生的稀疏化效果仅次于 l_0 正则项，因此在本章中采用 l_1 正则项作为约束项。对于更新后的模型，其整体的约束项可表示为

$$\underset{\beta}{\arg\min}\left(E_{\mathrm{W}'}(D) + \sum_{i=1}^{L}\left(\lambda_{\mathrm{i}} \sum_{p=1,q=1}^{n,c} \left|\beta_{i_{p_q}}\right|\right)\right) \qquad (6\text{-}33)$$

式中，$E_{\mathrm{W}'}(D)$ 为更新后参数由数据集产生的拟合误差项；L 为卷积层的层数；λ_i 为第 i 层的正则项参数；$\beta_{i_{p_q}}$ 为掩码层的参数；n 为卷积层的输出通道数；c 为卷积层的输入通道数。

2. 参数初始化

另外一个需要考虑的问题，就是掩码层的数值初始化问题。在卷积神经网络中，大多数的情况下参数需要进行随机初始化操作。但是在本章的稀疏化算法中，主要是针对已经训练过的网络模型，而这些模型在一定程度上是原始网络的一种近似最优解。而在新的约束项情况下，现在这些参数则是一种信息局部最优。因此，将所有掩码层的参数初始化为数值 1 可以大大增加缩短掩码层的训练过程。其训练过程如下。

算法 6-1 系数 β 训练

初始化：
加载训练参数 W 和网络 N
初始化每一层的系数β为 1
训练：
for epoch=1 to epoch$_{\mathrm{max}}$ **do**
　　for i=1; i< L ;i++ **do**
　　　　更新参数 W$_i'$ =W$_i$ ×β$_i$
　　end for

网络 N 根据参数 W' 前向运算
网络 N 根据参数 W' 反向运算
for i=1; i< L ;i++ **do**
　　系数β_i的误差项
　　在 ℓ_1 正则项约束下更新系数β_i
end for
end for
return 训练后系数β

在完成掩码层的训练后，需要根据掩码层的数据对卷积核进行筛选。对于输出特征图，其更新后的表达式为

$$O' = I \otimes W'$$

$$= \left[\sum_{t=1}^{c} i_t \otimes (\beta_{t,1} \times K_{t,1}) \sum_{t=1}^{c} i_t \otimes (\beta_{t,2} \times K_{t,2}) \cdots \sum_{t=1}^{c} i_t \otimes (\beta_{t,n} \times K_{t,n}) \right] \quad (6\text{-}34)$$

$$= \left[\sum_{t=1}^{c} \beta_{t,1} \times (i_t \otimes K_{t,1}) \sum_{t=1}^{c} \beta_{t,2} \times (i_t \otimes K_{t,2}) \cdots \sum_{t=1}^{c} \beta_{t,n} \times (i_t \otimes K_{t,n}) \right]$$

对于训练后的掩码层参数 β 而言，其在式（6-34）中为常数项，同时由于卷积操作的线性特征，可以将常数项提出。用 T 表示卷积核与输入图像卷积后的图像 $i \otimes K$，则第 n 个输出特征图可表示为

$$O'_n = \beta_{1,n} \times T_{1,n} + \beta_{2,n} \times T_{2,n} + \cdots + \beta_{c\text{-}1,n} \times T_{c\text{-}1,n} + \beta_{c,n} \times T_{c,n} \quad (6\text{-}35)$$

显然，输出特征图由每个卷积图像 T 的线性叠加而来，β 为每个卷积图像的系数。在 ℓ_1 正则项和损失项的约束下，掩码层参数实现尽量保持模型的拟合能力的同时趋向于 0。由于输出图像是由多个卷积特征图线性叠加而成的，删除系数较小的卷积特征图则会对累加的输出特征产生较小的影响，如图 6-8 所示。因此应将掩码层中参数较小的对应卷积核删除，以达到降低计算量的目的。

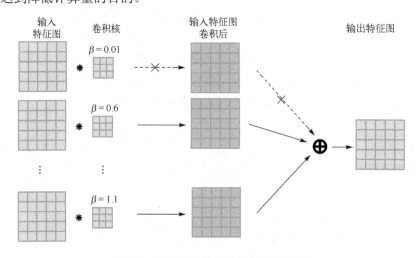

图 6-8　掩码层参数筛选卷积核示意图

3. 参数微调

在完成整个网络卷积层的卷积核筛选后，掩码层的参数分布如图 6-9 所示。虽然大部分数值接近于 0，但是这些卷积核被剔除之后依然会对网络的预测精度产生一定的影响。在大多数情况下，一般会在完成卷积核的稀疏化之后对网络参数进行微调。由于在稀疏化工作中使用稀疏化正则项进行约束，使得参数产生约束效果，但在参数微调的过程中，不需要剩余卷积核参数产生稀疏化效果。因此，在此处本章遵循原始网络训练效果，使用原始网络训练的正则化约束项。

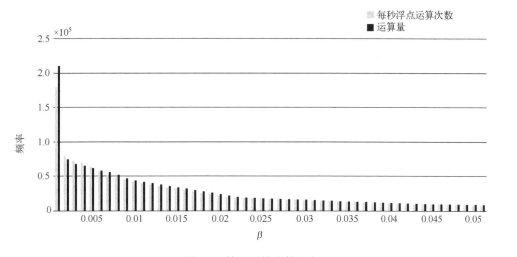

图 6-9　掩码层的参数分布

6.4.2　全连接层稀疏化算法

全连接层是卷积神经网络模型中另一个重要的层。对卷积神经网络的加速器而言，全连接层的稀疏化也存在一定的必要性。

全连接层在卷积神经网络中主要起到分类的作用，因此在大部分网络中都会存在全连接层。全连接层的每一个输出神经元是每一个输入神经元的线性累加。对于输入神经元为 c、输出神经元为 n 的全连接层，其参数可以表示为一个 $n \times c$ 的矩阵 $\boldsymbol{W}$。同时对于数量为 c 的输入神经元，则可以表示为尺寸为 $c \times 1$ 的一维向量 $\boldsymbol{x}$。同时对于全连接层的输出偏执，则可以表示为 $c \times 1$ 的向量 $\boldsymbol{b}$。因此，全连接层的输出则可以表示为

$$s = g(\boldsymbol{W} \cdot \boldsymbol{x} + \boldsymbol{b}) \tag{6-36}$$

式中，s 为全连接层的输出向量；$g(\cdot)$ 为激活函数；$\boldsymbol{W}$ 为全连接层的参数矩阵；$\boldsymbol{x}$ 为全连接的输入向量；$\boldsymbol{b}$ 为偏执项向量。

全连接层的参数量为 $n \times c$，则影响全连接层参数量的重要因素就是输入和输出神经元的数量。一般情况下在卷积层提取的高层次特征图像的数量较多且图像尺寸较大，因此导致最终的全连接层的参数较多。表 6-8 所示为 VGGNet16-D 各层参数特点参数量。由表 6-8 可以很明显地看出全连接层的参数量较多，这部分参数占到整体参数量的 85% 以上。而其中大

部分参数集中在 fc6 层，fc6 层的输入神经元主要是将 512 个 7×7 的图像变换成一个 25088×1 的向量，因此导致 fc6 层的参数较多。而在卷积神经网络的计算中，一个限制计算速度的重要原因就是存储带宽。在存取参数的过程中，硬件设备之间访问带宽上限网络显示计算速度，特别是对于全连接层这种计算量较少的层，降低全连接层的参数量就成为必要的事情。

表 6-8 VGGNet16-D 各层参数特点及参数量

层名	卷积核尺寸	输入数量	输出数量	存储量	比例
conv1_1	3×3	3	64	1 728	0.00%
conv1_2	3×3	64	64	36 864	0.03%
conv2_1	3×3	64	128	73 728	0.05%
conv2_2	3×3	128	128	147 456	0.11%
conv3_1	3×3	128	256	294 912	0.21%
conv3_2	3×3	256	256	589 824	0.43%
conv3_3	3×3	256	256	589 824	0.43%
conv4_1	3×3	256	512	1 179 648	0.85%
conv4_2	3×3	512	512	2 359 296	1.71%
conv4_3	3×3	512	512	2 359 296	1.71%
conv5_1	3×3	512	512	2 359 296	1.71%
conv5_2	3×3	512	512	2 359 296	1.71%
conv5_3	3×3	512	512	2 359 296	1.71%
fc6		25 088	4 096	102 760 448	74.28%
fc7		4 096	4 096	16 777 216	12.13%
fc8		4 096	1 000	4 096 000	2.96%

对于全连接层，其庞大的参数量的主要来源是过多的输入或输出神经元，同时在卷积层输入输出完全互连的情况下，就会出现较多参数。但在卷积神经网络中，卷积层主要将提取的高层次特征图进行综合互连，形成识别结果。但是对于每一个输出神经元，不是每一个输入神经元高层特征都存在较多信息。降低全连接层之间的互连数量就成为降低全连接层参数量的一种重要的方法。

我们已经分析了全连接层的结构特点及其参数量。既然全连接层的参数量主要是来自输入、输出之间的互连，那么解决参数过多的主要方法就是减少全连接层之间互连，即互连的稀疏化。

全连接层的主要功能是将输入数据进行累加后，进行非线性激活。但是输入、输出数据之间仍然存在一定相关性。本章采用皮尔逊积矩相关系数对全连接层互连参数的重要性进行分析，也用皮尔逊积矩相关系数对卷积神经网络全连接层的输入、输出数据进行分析。在获取全连接层的输入、输出数据之后，采用皮尔逊积矩相关系数公式计算输入、输出之间的相关强度，即

$$r = \frac{\sum\limits_{i=1}^{n}(X_i - \bar{X})(Y_i - \bar{Y})}{\sqrt{\sum\limits_{i=1}^{n}(X_i - \bar{X})^2}\sqrt{\sum\limits_{i=1}^{n}(Y_i - \bar{Y})^2}} \tag{6-37}$$

式中，r 为特征图的相关系数；n 为样本点数量；X_i、Y_i 为特征图样本点；$\bar{X}$、$\bar{Y}$ 为样本点的均值。

　　在计算相关系数的过程中，采用 50 000 个样本作为样本数据。采样后计算的全连接层的相关系数分布在 $-1\sim1$，其中，-1 表示负相关，1 表示正相关，0 表示不相关。图 6-10 所示为全连接层 fc7 的相关系数分布图，从图中可以明显发现，全连接层的输入、输出之间的相关系数大多集中在 0 附近，这就表明全连接层之间的输入、输出大多是一种弱相关的关系。因此可以根据相关系数对全连接层进行稀疏化工作。本章将对于全连接层中的 fc6 层和 fc7 层进行稀疏化操作，由于最后一层 fc8 层直接输出分类结果，如果对其进行稀疏化工作的话，将会严重影响最终的识别准确率。对于稀疏化后全连接层，其结构由原来的输入、输出全部连接变成选择性连接，其网络结构如图 6-11 所示。

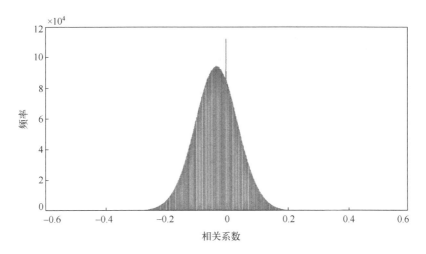

图 6-10　全连接层 fc7 的相关系数分布图

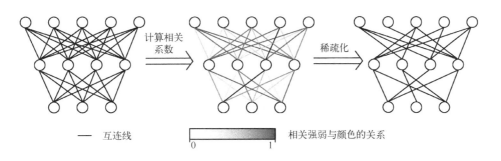

图 6-11　全连接层稀疏化前后的网络结构

6.4.3　卷积神经网络整体稀疏化算法

在 6.4.1 与 6.4.2 两小节中，已经针对卷积神经网络的卷积层和全连接层分别进行了稀疏化算法的研究及其单独的性能分析，但是大多数稀疏化工作是对整个卷积神经网络模型而言的，因此本章需要将上述两种方法同时应用在卷积神经网络模型上，并且测试其效果。

在选择用于整体算法验证的网络时，首先考虑到全连接层对网络的要求较高，需要采用全连接层数量较多的网络，因此本章选取 VGGNet16-D 作为测试网络。本章设置了 2 组实验用于验证的卷积层算法的有效性，在此采用 80%计算量削减的 FLOPs 组配置进行整体网络的加速器分析。这里主要考虑到 FLOPs 组不仅能降低计算量（这是卷积神经网络计算量削减的主要意义之一），同时在这种稀疏化方案下，网络还保持了较高的识别准确率。

本节将稀疏化卷积层和稀疏化全连接层进行融合，得到新的稀疏化卷积神经网络模型。同时对参数进行了微调，其微调过程中的损失和识别准确率如图 6-12 所示。显然，在经过一定回合的训练之后，网络模型的损失出现明显的下降，同时网络的预测 Top-5 准确率接近 90%。本章的整体稀疏化算法针对卷积层和全连接层分别进行，在分析卷积层和全连接层的特点后，针对性地提出相应的稀疏化方法。该方法在一定程度上降低了卷积层的计算量，同时降低了全连接层的参数规模。本章在稀疏化网络模型识别精度基本不变的情况下，整个网络参数降至原始网络的 18.39%且计算量削减到不足原始网络的 20%。

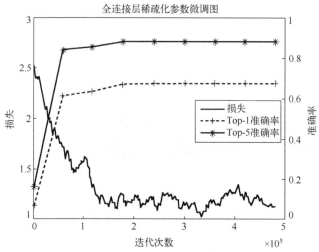

图 6-12　网络整体稀疏化后的网络参数微调的损失和识别准确率

前两节虽然介绍了相对应的稀疏化算法，但是对于卷积神经网络的整体稀疏化工作，目前相关的研究较少。本章的卷积层和全连接层的稀疏化算法应用在 VGGNet16-D 网络中，本节选取了同样在 VGGNet16-D 网络应用的算法进行对比。从参数压缩率和计算加速比两个方面进行分析，其中压缩率（Compression Rate，PR）可以表示为

$$PR = \frac{剩余参数量}{原始参数量}$$

（6-38）

计算加速比（Acceleration Rate，AR）可以表示为

$$AR = \frac{原始计算量}{剩余计算量} \tag{6-39}$$

各层稀疏化后的参数压缩率和计算加速比如表 6-9 所示。

表 6-9　各层稀疏化后的参数压缩率和计算加速比（PR：压缩率，AR：计算加速比）

层名	Deep Compression		Sensitivity-Oriented		本章算法	
	PR	AR	PR	AR	PR	AR
Conv1_1	0.58		1	1	1	1
Conv1_2	0.22		0.37	2.7	0.13	7.69
Conv2_1	0.34		0.40	2.5	0.23	4.35
Conv2_2	0.36		0.40	2.5	0.19	5.26
Conv3_1	0.53		0.41	2.44	0.23	4.35
Conv3_2	0.24		0.44	2.27	0.14	7.14
Conv3_3	0.42		0.45	2.22	0.16	6.25
Conv4_1	0.32		0.33	3.03	0.23	4.35
Conv4_2	0.27		0.36	2.78	0.16	6.25
Conv4_3	0.34		0.37	2.71	0.19	5.26
Conv5_1	0.35		0.38	2.63	0.42	2.38
Conv5_2	0.29		0.37	2.71	0.46	2.17
Conv5_3	0.36		0.37	2.71	0.41	2.44
Fc6	0.04	9	0.07	13.75	0.12	8.33
Fc7	0.04	10	0.125	8	0.22	4.54
Fc8	0.23	1	1	1	1	1
整体效果	0.075		0.13	2.54	0.18	5.02

表 6-9 是本章算法、Deep Compression 算法和 Sensitivity-Oriented 算法作用于 VGGNet16-D 网络的参数压缩率和计算加速比实验结果。在整体网络参数方面，本节实现的算法达到 18%的参数压缩率，虽然与 Deep Compression 算法和 Sensitivity-Oriented 算法相比，压缩率不是很高，但是分析各层的压缩率数据，Deep Compression 算法和 Sensitivity-Oriented 算法参数压缩的主要贡献来自全连接层的压缩，本节考虑到全连接层在一定程度上仍然起到分类特征值的目的，因此未对全连接层实施过高的稀疏化。在计算加速比方面，本节将计算量单独分析，在全连接层采用基于数据训练的掩码层进行卷积层稀疏化，最终实现整体网络 5.02 倍理论计算加速效果。相比于参数压缩率较高的 Sensitivity-Oriented 算法，本章算法的计算加速效果是它的 1.98 倍。从表 6-9 中数据可以发现，本节卷积层算法在卷积层取得较高的稀疏化比例，这也意味着卷积层各层获得了较好的加速效果。在算法效率方面，Deep Compression 算法采用不断增加稀疏化比例和重新训练的方式，这种方式会使得整个稀疏化过程漫长，从而增加稀疏化工作的难度。Sensitivity-Oriented 算法采取直接通过分析现有参数，进行奇异值分解（SVD）和网络敏感度稀疏化工作，虽然这种方法在执行上要简单很多，但是存在参数调节能力弱的特点，

157

也没有结合数据集提升稀疏化算法的鲁棒性。本章采用直接训练参数方式对卷积层进行稀疏化，这种方式的特点是根据数据集动态调整用于评价卷积核的掩码层参数，在稀疏化正则项和稀疏化网络损失的共同约束下，以最小的网络损失为代价得到需要稀疏化比例的网络模型。同时在全连接层中，本章采用基于数据分析的相关系数方法，这充分考虑到了数据在网络模型的适应性问题。

6.5 基于 Low-Rank 特性的加速算法

从前述分析可以看出，具有高准确率的卷积神经网络的参数规模一般很大（百兆级别）、涉及的计算量通常也是在 GFLOP 数量级上。这种巨大的存储量和计算量非常不利于移动嵌入式设备的部署。但是网络参数存在很大的冗余，通过合理的网络结构转换和参数表示，用原始网络参数的 10%就能完成同样的分类任务。6.4 节介绍的稀疏化算法，可以大大降低参数规模，本节从另外一个角度提出了基于网络 Low-Rank 特性的加速方案。

6.5.1 卷积神经网络的 Low-Rank 特性

卷积神经网络中卷积层的卷积核用于提取输入图像的特征，越深的卷积层越能提取到高层次的图像特征。虽然在网络设计时希望不同的卷积核能提取到图像的不同特征。但是经过实验发现，每层卷积层有些卷积核提取的图像特征具有很高的相似度，即卷积核的输出特征图之间存在很大的相关性。图 6-13 是一张输入图像经过 VGGNet-16 网络的第一层卷积层提取出的特征图，从图中可以看出，提取出特征图的相似性很高，还有很多特征图提取出相同的输入图像特征。

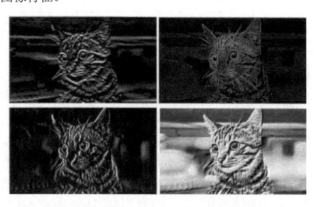

图 6-13　卷积层输出特征图之间的相关性

根据式（6-40）对输出图像特征图做相关性分析，可以定量衡量任意两个输出特征图之间的相关性。

$$\text{corr}(i, j) = \frac{\sum_{i,j}(f_{1_{i,j}} - \overline{f_1})(f_{2_{i,j}} - \overline{f_2})}{\sqrt{\sum_{i,j}(f_{1_{i,j}} - \overline{f_1})^2 \sum_{i,j}(f_{2_{i,j}} - \overline{f_2})^2}} \tag{6-40}$$

式中，(i, j) 为特征图中像素位置，f_1、f_2 为任意两个特征图的像素，$\overline{f_1}$、$\overline{f_2}$ 分别为任意两个特征图的像素的平均值。

通过对 VGGNet-16 第一层卷积层的输出做相关性定量分析，这里第一层卷积层包含 64 个输出特征图，特征图两两之间的相关性就组成一个 64×64 的矩阵。设定相关性阈值 $\delta = 0.2$，即特征图两两之间的相关性大于 0.2 时，认为特征图存在较强相关性。如图 6-14 所示，黑色像素表示两两之间的相关性小于事先设定的阈值 δ，白色像素表示两两特征图之间相关性大于事先设定的阈值 δ。可以看出输出特征图两两之间存在着很大的相关性，有一半以上的输出特征图相关性都在阈值以上。

图 6-14　输出特征图相关性定量分析

这种现象就间接说明有些卷积核的功能很相似，即存在很大的相关性，多个卷积核可能提取出相似的特征。同样在全连接层中，输入、输出神经元之间的连接也存在很大冗余，消除部分神经元之间的连接不会明显降低最后的分类准确率，而且通过微调参数能恢复网络的分类功能。但是上述没有考虑到神经元的连接之间的相关性，只是对单个连接进行考虑。通过对连接权值矩阵进行主成分分析（PCA），可以定量衡量全连接权值之间相关性的强弱。由于矩阵奇异值能在一定程度上反映矩阵中各个成分的重要性，所以这里先把卷积核权值及全连接层的权值转化成对应的二维矩阵表示，然后通过奇异值分解对卷积层中的卷积核对应的卷积矩阵和全连接层对应的权值矩阵进行重要性分析。

对于卷积层，一般而言，卷积核的权值参数是一个四维张量，这里用 $\boldsymbol{K}$ 表示，$\boldsymbol{K} \in R^{l \times l \times m \times n}$，其中 l 表示卷积核大小，m 表示输入通道的数量，n 表示输出通道的数量。这里把 l 和 m 所代表的维度展开，得到一个二维的矩阵 $\boldsymbol{WK}^{\mathrm{T}} = (\boldsymbol{w}_1, \boldsymbol{w}_2, \cdots, \boldsymbol{w}_n)$，称为卷积矩阵，其中 $\boldsymbol{w}_i$ 对应每个输出卷积核向量化表示。在进行卷积运算时，输入特征图也要做类似的矩阵转换，最后使得卷积层的卷积操作转化为高度并行的矩阵操作，如式（6-41）所示。这样的转化便于在硬件计算平台中进行卷积运算（如 GPU），充分开发其并行计算的优势。

$$\boldsymbol{O} = \boldsymbol{I} * \boldsymbol{K}_{l,l,m,n} + \boldsymbol{B} = \boldsymbol{WK}_{d,n}^{\mathrm{T}} \times \boldsymbol{I}_{\mathrm{M}} + \boldsymbol{B} \tag{6-41}$$

式中，$\boldsymbol{B}$ 为该层偏置项，* 代表常规卷积运算。

例如，对一个有 3 个通道的 224像素×224像素 的输入特征图，对应的卷积核通道数也是 3 个，卷积核大小是 3×3，这里出于简单考虑，设定输出卷积核为 1 个，卷积运算示意图如图 6-15 所示。

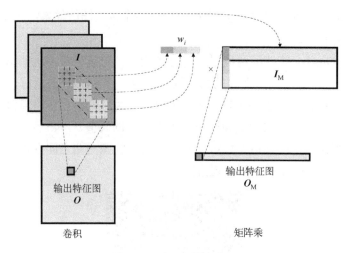

图 6-15　卷积计算示意图

　　每个三维输出卷积核张量先转化为向量 w_i，所有输出卷积核转化为卷积矩阵 WK，卷积核窗口覆盖的像素转换成对应的列向量。类似地，卷积核窗口每次卷积覆盖的像素区域都会被转换成对应的列向量，这样输入特征图就转换成和卷积核矩阵对应的输入特征图矩阵 I_M，卷积操作就转化成矩阵乘法运算，每个卷积核对应的输出特征图由原来的二维图像变成行向量，每层卷积层的输出特征图组由原来的三维张量 O 变成二维矩阵 O_M，这种操作称为**矩阵化卷积**。这种转换对于卷积操作的加速和提高并行度是很有必要的。在当前卷积层的卷积操作完成之后，输出特征图 O_M 会重新转换成三维张量的形式，作为下一层卷积层的输入。如果不考虑卷积核输入、输出特征图数据维度的转换操作，矩阵化卷积操作的计算速度远远快于普通的卷积操作。

　　对于全连接层，输入、输出都是一维向量，对应全连接层矩阵 $WL^T = (w_1, w_2, \cdots, w_n)$ 是一个二维矩阵，如图 6-16 所示，所以不需要做任何变换处理，其中 w_i 代表和一个输出神经元相连接的所有权值的参数组成的向量。

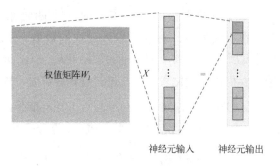

图 6-16　全连接计算示意图

　　这里把 WK 和 WL 统称为权值矩阵 W，$W \in R^{d \times n}$。然后对权值矩阵 W 进行奇异值分解，即

$$W = U \times S \times V^T \tag{6-42}$$

式中，矩阵 S 的对角元素就表示权值矩阵 W 的奇异值，矩阵 S 中的奇异值和 V^{T} 中的列向量有对应关系。根据统计学理论，奇异值 $S_{i,i}$ 越大说明该奇异值代表的成分 $v_i \subseteq V^{\mathrm{T}}$ 包含的信息量就越多，因此该成分相对于其他成分就越重要。定义卷积核的重要性参数 ϕ，如式（6-43）所示。图 6-17（a）表示 VGGNet-16 中第二层卷积层的 ϕ 分布曲线，图 6-17（b）表示 VGGNet-16 中第一层全连接层的 ϕ 分布曲线。从图中可以看到，卷积层中真正"重要"的卷积核数量只占卷积核总数的很少一部分，说明卷积核之间的确存在很大相关性，在全连接层更是如此。从图 6-17（b）可以看出，全连接层参数的冗余性很大。

$$\phi(j) = \frac{S(j,j)}{\sum_i S(i,i)} \tag{6-43}$$

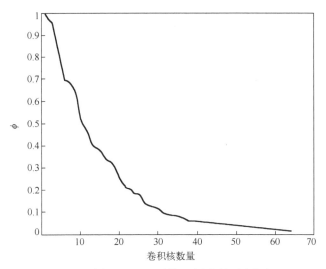

（a）VGGNet-16中第二层卷积层ϕ分布曲线

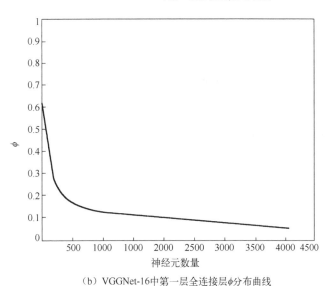

（b）VGGNet-16中第一层全连接层ϕ分布曲线

图 6-17　VGGNet-16 卷积层的卷积核和全连接层的神经元的重要性分布

由于通过奇异值分解中的奇异值分布和对应的向量，可以提取出组成原始矩阵中相对重要的成分。由压缩理论可知，通过保留原始数据中的主要成分，去除一些无关紧要的成分，可以实现在维数较低的子空间中对原始高维空间的数据进行较好的近似。如果原始数据存在很大的相关性，那么原始数据中的信息主要保存在主要成分组成的低维子空间中，相关性越大，压缩过程中可以达到的压缩比就越大。因此，对于权值矩阵 W，通过保留较大的奇异值所对应的特征向量对 W 进行近似，可以得到近似权值矩阵 $\widetilde{W}$ 为

$$\widetilde{W} = U_{:,1:p} \times S_{1:p,1:p} \times V^{\mathrm{T}}_{:,1:p} \tag{6-44}$$

式中，$S_{1:p,1:p}$ 表示保留的前 p 个特征值。

进一步，对 $\widetilde{W}$ 进行变换可得

$$\widetilde{W} = (U_{:,1:p} \times \sqrt{S_{1:p,1:p}})(\sqrt{S_{1:p,1:p}} \times V^{\mathrm{T}}_{:,1:p}) = PQ \tag{6-45}$$

式中，p 表示要保留的奇异值个数；d 和 n 表示权值矩阵的维度，$P \in R^{d \times p}$，$Q \in R^{p \times n}$。

某层的输入矩阵 I 和权值矩阵 W 相乘，需要做 nhd^2 次浮点乘加计算，如果采用近似的权值矩阵 $\widetilde{W}$ 和输入相乘，通过把 $\widetilde{W}$ 分解成 P 和 Q，先后乘以输入矩阵 I，需要做 $(phd^2 + nhp^2)$ 次浮点乘加计算，这里定义 η 为加速比，则有

$$\begin{cases} \eta = \dfrac{nhd^2}{phd^2 + nhp^2} \approx \dfrac{n}{p} \\ p \ll n \\ \left\| W_{d,n} - \widetilde{W}_{d,n} \right\| < \Delta \end{cases} \tag{6-46}$$

式中，Δ 是误差限制因子，通过约束 $\widetilde{W}$ 的近似程度，使权值矩阵 $\widetilde{W}$ 足够接近于原始矩阵 W。

在以降低计算量导向的卷积神经网络中，p 在规定计算量情况下已知，此时应使得 Δ 尽量小，以确保高分类准确率。

在以提高分类准确率导向的卷积神经网络中，Δ 在规定分类准确率情况下已知，此时应在分类准确率要求下使得 p 尽量小，以确保高加速比。

6.5.2　基于 Low-Rank 的卷积层加速方案

从前文中可以看出，卷积层中卷积核之间存在很大相关性，因此原始卷积核可以用几组线性不相关的卷积核进行近似的线性组合，即

$$\Psi_{\mathrm{original}} \simeq \Psi_{\mathrm{basis}} \times C \tag{6-47}$$

式中，Ψ_{original} 为原始卷积核组；Ψ_{basis} 为变换后的互不相关的卷积核组，称之为**基卷积核**；C 为通过基卷积核近似拟合原始卷积核的线性**组合系数矩阵**。

如何找出基卷积核是本节首先要解决的问题，四维卷积核张量可以转化为 $d \times n$ 的二维的卷积矩阵 WK，通过式（6-48）对卷积矩阵做奇异值分解，得到矩阵 P、Q，即

$$WK = P \times Q \tag{6-48}$$

通过对比原始卷积核张量 $W \in R^{l \times l \times m \times n}$，由于 $d = l^2 m$，把 $P \in R^{d \times p}$ 转化为对应的张量 $R^{l \times l \times m \times p}$，$P$ 可以看作含有 p 个输出通道、m 个输入通道、大小为 $l \times l$ 的卷积核组；同理把 $Q \in R^{p \times n}$ 转化为对应张量 $R^{1 \times 1 \times p \times n}$，而 Q 可以看作含有 n 个输出通道、p 个输入通道、大小为 1×1 的卷积核组。对应原始卷积核张量 W，称 P 为**基卷积核矩阵**，含有 p 个互不相关的输出卷积通道，每个卷积通道提取互不相关的图像特征；Q 为**系数矩阵**，含有 n 个输出卷积通道，用于组合来自 P 输出的特征图，复原原始的输出通道。P 中的每一列对应着一个基卷积核，根据特征值和 P 的一一对应关系，可以得出基卷积核（P 中的各个列向量）之间的相对重要性，由此选出一组基卷积核及对应的线性组合系数矩阵 C 来近似拟合初始卷积核矩阵 WK。

基于分解后的基卷积核和矩阵 C，卷积计算也要做相应调整，即

$$O_M = W^T \times I_M + B = Q^T \times P^T \times I_M + B \tag{6-49}$$

基于式（6-49），可以把原始的单层卷积层结构分为两层子卷积层，卷积层权值参数分别由 P 和 Q 表示，其中 P 代表的卷积层含有 p 个 $l \times l$ 的卷积核，每个卷积核含有 m 个输入通道，且该层不包含偏置项，称为**无偏置卷积层**。无偏置卷积层与从输入特征图中提取的特征图线性无关，如图 6-18（a）所示。为了还原原始卷积层的输出形式，还需要对无偏置卷积层提取出的特征进行线性组合，Q 代表的卷积层含有 n 个 1×1 的卷积核，每个卷积核包含 p 个输入通道，该层偏置项为初始偏置矩阵 B，如图 6-18（b）所示。

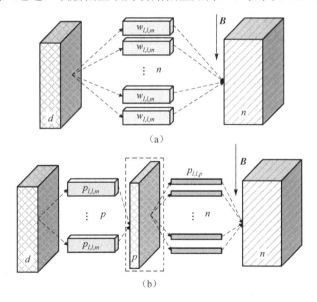

图 6-18　卷积层结构分解

图 6-18 中，m 表示卷积层输入通道数量，n 表示卷积层输出通道数量，p 表示中间层的输出通道数。输入先经过含有 p 个卷积核的卷积层进行卷积，卷积核跨度为 1，特征图边缘以 0 进行补偿，得到 p 个中间输出特征图，如图 6-18 中虚线框部分所示。然后经过含有 n 个 1×1 卷积核，卷积核跨度为 1，特征图边缘不需要补偿，1×1 卷积核卷积得出

一个输出像素只需做一次乘加计算，而 $l \times l$ 卷积核卷积得出一个输出像素需要做 l^2 次乘加计算，所以如果中间卷积核数量在满足分类精度的情况下足够小，就能大大降低卷积所需的计算量。

式（6-46）给出基于奇异值分解的矩阵乘法加速比的定量计算，基于式（6-46）针对卷积操作重新推导出针对卷积层的计算量降低公式。对于含有 m 个通道，大小为 $L \times L$ 的输入特征图，如果输出通道为 n，则卷积核张量尺寸为 $n \times l \times l \times m$，假设卷积操作会对特征图边缘进行补偿，则输出特征图的大小为 $L \times L$。对于普通卷积操作，输出 n 个 $L \times L$ 的特征图需要进行 nL^2l^2m 次浮点乘加计算，而如果采用图 6-18 的 Low-Rank 加速算法，对于输出 p 个 $L \times L$ 中间特征图需要 pL^2l^2m 次乘加计算，对于第二层卷积输出最后 n 个 $L \times L$ 特征图需要 nL^2p 次乘加计算。所以基于 Low-Rank 分解的方法总共需要 $pL^2l^2m + nL^2p$ 次乘加计算。因此加速比可表示为

$$\eta = \frac{nL^2l^2m}{pL^2l^2m + nL^2p} \tag{6-50}$$

若 p 足够小，$\eta \approx \dfrac{n}{p}$，而卷积层的计算量占整个网络的 90%以上（如 VGGNet-16 或者 VGGNet-19，卷积层的计算量占整个网络的 95%以上）。如果卷积层计算量得到有效降低，那么对加速整个网络的计算有明显提升。

基于 Low-Rank 的卷积加速在有效压缩参数、降低计算量的过程中，保留了卷积操作的高度并行性。同时变换后的网络结构很好地解决了 Low-Rank 分解后网络无法微调的问题。如果对原始网络进行微调，由于网络结构不具有 Low-Rank 特性，因此在微调的过程中，奇异值分解后的参数可能会朝着原始参数集的方向进行更新，使网络参数丧失 Low-Rank 特性，如图 6-19 所示。图 6-19（a）表示 VGGNet-16 中 FC6 层基于分解之后的网络进行微调后，权值矩阵的奇异值分布，图 6-19（b）表示利用原始的网络结构对权值矩阵进行微调后的奇异值分布。可以看到在原始网络上微调，经过奇异值分解后的网络去除的奇异值有恢复到原始值的倾向。

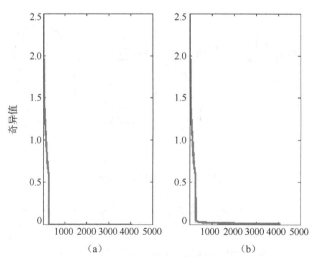

图 6-19　微调奇异值分布

6.5.3 基于奇异值分解的全连接层加速方案

全连接层的计算量虽然只占全部网络的很小一部分，但是由于全连接层包含卷积神经网络大部分参数，特别是对于 VGGNet-16 和 VGGNet-19 这种包含多层全连接层的网络，全连接层包含的参数更多。在嵌入式设备中，由于硬件条件很难达到原始网络计算时的带宽需求，对于全连接层的压缩和加速同样必要。对于某一层全连接层，假如有 n 个输出神经元，m 个输入神经元，对应权值矩阵 $\boldsymbol{WL} \in \boldsymbol{R}^{m \times n}$。根据式（6-48）对 $\boldsymbol{WL}$ 做奇异值分解，得到矩阵 $\boldsymbol{P}$ 和 $\boldsymbol{Q}$，和卷积层类似，称 $\boldsymbol{P}$ 为**基神经元矩阵**，$\boldsymbol{P}$ 中每一个列向量表示神经元连接到各个输入的权值向量，$\boldsymbol{Q}$ 为恢复全连接层输出形式的**组合系数矩阵**。同样根据 $\boldsymbol{WL}$ 的奇异值分布，选取 p 个相对重要的基神经元及其权值组成的矩阵 $\boldsymbol{P} \in \boldsymbol{R}^{m \times p}$ 和对应的系数矩阵 $\boldsymbol{Q} \in R^{p \times n}$ 对原始权值矩阵 $\boldsymbol{WL}$ 进行近似。

基于 $\boldsymbol{P}_{m,p}$ 和 $\boldsymbol{Q}_{p,n}$ 矩阵，全连接层有

$$O = W^{\mathrm{T}} \times I + B = Q^{\mathrm{T}} \times P^{\mathrm{T}} \times I + B \tag{6-51}$$

基于式（6-51），单层全连接层可分解成两层全连接层，每层全连接层的权值矩阵分别用 $\boldsymbol{P}^{\mathrm{T}}$ 和 $\boldsymbol{Q}^{\mathrm{T}}$ 表示，其中第一层全连接层接收 m 个输入神经元，含有 p 个输出神经元，不含偏置项，称为**无偏置全连接层**。第二层全连接层接收 p 个输入神经元，含有 n 个输出神经元，偏置项为初始偏置矩阵 $\boldsymbol{B}$，如图 6-20 所示。

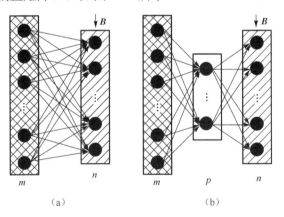

(a)　　　　　　　　　　(b)

图 6-20　全连接层结构分解

图中 m 表示有 m 个输入神经元，n 表示有 n 个输出神经元，p 表示有 p 个中间神经元。

这里本节同样给出基于此方法的针对全连接层的加速比，对于图 6-20（a），每个神经元输出需要 m 次乘加计算，n 个神经元输出需要的总计算量为 nm；对于图 6-20（b），每个中间神经元输出同样需要 m 次乘加计算，p 个中间神经元输出总共需要 pm 次乘加计算，每个输出神经元输出需要 p 次乘加计算，n 个输出神经元输出需要 np 次乘加计算，所以基于图 6-20（b）的分解加速方法总共需要 $pm + np$ 次乘加计算，加速比为

$$\eta = \frac{nm}{pm + np} \tag{6-52}$$

同样，若 $p \ll n$，即 p 足够小，$\eta \approx \dfrac{n}{p}$，即全连接层计算也能加速为原来的 $\dfrac{n}{p}$ 倍，由于全连接层计算量本身不是卷积神经网络的主要计算瓶颈，而是由全连接层的参数规模决定整个卷积神经网络的参数规模。所以对于全连接层，参数压缩比是一个更重要的衡量指标，这里用 μ 表示。在单层全连接层中，图 6-20（a）中包含的参数个数为 $nm+n$，图 6-20（b）中包含的参数个数为 $pm+np+n$，故有

$$\mu = \frac{nm+n}{pm+np+n} \tag{6-53}$$

若 $p \ll n$，$\mu \approx \dfrac{n}{p}$，计算结果和加速比等同。由此可以看出，基于奇异值分解相比于其他方法的优点：参数压缩比等效于计算加速比。这在基于剪枝算法中是无法达到的。另外，虽然剪枝算法可以实现更大的压缩比，但是剪枝算法无法在参数压缩后维持网络并行计算的特性，只是起到参数压缩的作用。而在基于奇异值分解的算法中，网络的并行计算适应性并没有改变，不必像剪枝算法中设计专有的稀疏计算方法就能取得加速效果。

6.5.4 总体加速方案

基于以上两种方法，本节在整体上对卷积神经网络（VGGNet-16、VGGNet-19）进行分解、压缩和加速。但是由于每层卷积层卷积核和全连接层的神经元相关性不同，故在特定的加速比和压缩比要求下，每层卷积层保留的基卷积核数量和全连接层保留的基神经元数量也是不同的。因此，在每层选择合理的，基卷积核数量 p 就显得尤为重要。

1. 基卷积核数量 p 的计算

首先通过固定其他层不变，更改当前层基的数量，统计 top-1 准确率随基卷积核数量 p 的变化曲线，得到不同层中基卷积核数量对 top-1 准确率的影响程度。这里主要考虑卷积层，全连接层中基卷积核数量会随着设计要求做适应性调整。图 6-21 所示为 VGGNet-16 中 conv2_2 和 conv4_1 卷积层的误差随基卷积核数量的变化曲线，可以看出每层的分类准确率曲线有很大差别。因此如果每层保留相同比例的基卷积核，而没有考虑各层之间的差别，势必会明显降低整个网络的分类性能，因此以下分两种情况确定每层基卷积核的数量。

对于以直接降低计算量为导向的加速方案，定义第 i 层的敏感度 ζ 以衡量每层基卷积核数量 p 对分类准确率的影响程度，σ 为每层基卷积核的数量相对于原始数量的比例，则有

$$\zeta_i = \frac{1}{\int_0^1 \phi_i(\sigma)\mathrm{d}\sigma} \tag{6-54}$$

由于无法得到连续形式的变化曲线，这里选择使用式（6-54）的离散形式进行计算，即

$$\widetilde{\zeta}_i = \frac{1}{\sum_j \phi_i(\sigma_j)\Delta\sigma} \tag{6-55}$$

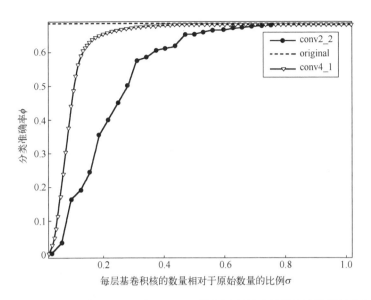

图 6-21　VGGNet-16 中 conv2_2 和 conv4_1 卷积层误差随基卷积核数量的变化曲线

得到 $\widetilde{\zeta}$ 之后，然后求取各层敏感度的均值 $\overline{\zeta}$ 作为卷积神经网络整体的敏感度。对于一个以降低计算量为导向的加速网络来说，通过网络的加速比 η，可以计算出平均每层应该保留的基卷积核的数量 $\overline{p}$，然后假设第 i 层敏感度为 $\widetilde{\zeta}_i$，那么该层应该保存的基卷积核数量为

$$p = \frac{\widetilde{\zeta}_i}{\overline{\zeta}}\,\overline{p} = \frac{n\widetilde{\zeta}_i}{\eta\zeta} \tag{6-56}$$

这样就得出每层卷积层应该保留的基卷积核的个数。

对于以保证分类准确率为导向的加速方案来说，网络加速是在能确保最低分类准确率基础上进行的。所以对于这种方案来说，设定去除基卷积核和基神经元后的网络分类准确率为分类准确率的下限，即加速方案要求的最低分类准确率。之后再对分解后的网络进行微调，增强卷积核的部分性能。根据卷积层的敏感度曲线，可以在每层卷积层的敏感度曲线上定位给定准确率下需要保留的基卷积核的比例。例如，假如某层卷积层的敏感度曲线用 $\phi = f(\sigma)$ 表示，ϕ 表示不同配置下的分类准确率，当事先设定分类准确率下限 $\underline{\phi}$ 时，该卷积层保留的基卷积核比例为

$$\sigma_i = f^{-1}(\underline{\phi}) \tag{6-57}$$

由于敏感度曲线是离散的数据，因此需要对数据进行拟合，这里选择 logistic 函数对数据进行拟合，得到解析表达式。

2. 网络层微调

在确定每层网络层保留的基卷积核数量之后，需要对网络进行微调。本节的微调顺序是逐层进行的，每分解一层网络，就对该层网络进行微调。完成微调之后，再对下一层网络进行分解和微调，依此逐层操作。但是由于每层网络层的敏感度是不同的，网络层微调

的顺序对最终的分类准确率也是有一定的影响。经实验可知，首先微调敏感度较大的卷积层更有利于维持网络的性能。

因此，我们根据上述的敏感度曲线，对敏感度较高的网络层优先进行微调，敏感度最低的网络层最后进行微调。这里针对 VGGNet-16 和 VGGNet-19 网络有例外情况需要考虑：第一层卷积层由于提取的都是网络的最基本特征，因此不对第一层卷积层进行压缩。

在网络微调的过程中，不仅仅是当前被压缩的网络层要参与微调，其他网络层也要参与微调。因为当前层被压缩，意味着当前层（卷积层）特征提取能力或（全连接层）特征组合能力改变，而其他层由于是在原来的网络层上达到最优，在当前压缩层上不一定能达到最优效果，所以其他层要随着当前层的改变而改变，以适应当前层的特征提取或特征组合能力。在下面的实验中，会对其他层是否参与微调两种情况进行对比，验证上述说法的正确性。

6.5.5　实验结果与分析

本实验中，选择 VGGNet-16 和 VGGNet-19 作为目标网络对加速算法进行验证。实验采用的软件平台是 Caffe 和 Torch 深度学习工具包，硬件平台采用 8 核 i7-3770K CPU，NVIDIA GTX1080 GPU，另外还用到 CUDA8.0 通用并行计算平台与 cuDNN5 深度学习加速工具包。网络训练和验证数据集均采用 ImageNet 比赛官方数据集。

首先，验证基于 Low-Rank 和奇异值分解的加速算法在单层网络上的可行性及在不明显降低分类准确率的前提下，可以达到的最大加速比；然后把加速算法应用在整体网络上，分析整体网络可以达到的最大加速比。

1. 单层网络

由于卷积层占据卷积神经网络大部分的计算量，所以验证加速算法在卷积层上的效果对整体网络的加速有非常重要的指导作用。这里的单层网络是指一层子卷积层的集合，如在 VGGNet-16 中，把 conv$i$_*的卷积层看作一个单层网络。这里会逐层验证卷积层加速算法在每一层卷积层上能达到的最大加速比。如果该层原有卷积核数量为 n，通过加速算法保存的卷积核数量为 p，就认为网络的理想加速比 $\eta_{ideal} = \dfrac{n}{p}$。由于随后会有一个卷积核大小为 1×1 的卷积层对 p 个卷积核输出的特征图进行线性组合，所以实际加速比 η_{real} 达不到 $\dfrac{n}{p}$，所以要对网络能达到的真实加速比进行测量。在试验中，以理想加速比 η_{ideal} 为 2、3、4 三种情况为例进行验证实验，分析每一层网络在这三种加速比的配置下通过微调所能达到的最优的分类准确率，以及最后实际上能达到的加速比。

图 6-22 所示为 VGGNet-16 和 VGGNet-19 各层在理想加速比分别为 2、3、4 的情况下，微调前后的分类准确率变化。通过对比可以发现，当 $\eta_{ideal} = 2$ 时，虽然在微调前网络分类准确率下降较大，但是在经过微调后，网络的分类准确率基本能恢复到原来的水平；当 $\eta_{ideal} = 3$ 时，微调前的分类准确率下降更明显，而且微调后，网络不能完全恢复原始的分类性能；当 $\eta_{ideal} = 4$ 时，微调后的网络分类准确率已达不到要求（分类准确率下降在 1% 以内）。

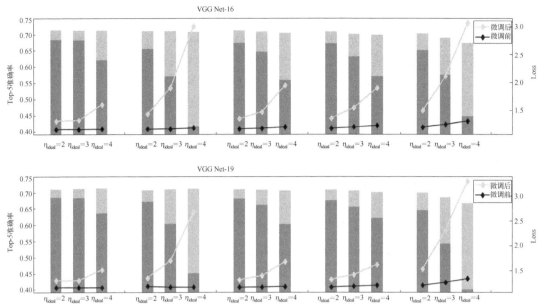

图 6-22　VGGNet-16 和 VGGNet-19 各层在理想加速比分别为 2、3、4 的情况下，微调前后的分类准确率变化（线条：Loss，条形图：Top-5 准确率）

图 6-23 表示的是 VGGNet-16 网络在理想加速比为 2、3、4、5 的情况下，在 Caffe 软件平台上测试的每层实际所能达到的最大加速比。看到由于每层都有1×1卷积核的卷积层的存在，使得网络的加速比远远达不到理想加速比的值。

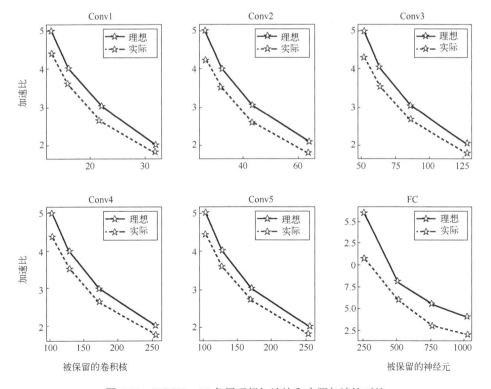

图 6-23　VGGNet-16 各层理想加速比和实际加速比对比

对于全连接层，由于卷积神经网络 90%左右的权值和偏置参数都集中于全连接层，而全连接层的计算量又只占整体网络的很小一部分（VGGNet-16 和 VGGNet-19 中所占的比例不到 1%）。所以对于加速算法来说，全连接层的加速对整体网络加速的意义不大。但是对硬件架构实现或嵌入式设备部署来说，参数存储带宽是网络部署的一个瓶颈，所以压缩全连接层参数仍有必要。基于奇异值分解的全连接层参数压缩，一方面要尽可能压缩参数，另一方面，全连接层的参数压缩也要适应于前面卷积层的加速，即在尽可能加速卷积计算的同时，保证网络的分类准确率，即尽可能多保留全连接层的参数。

在本节，首先会验证每层全连接层保留的神经元个数对最终分类准确率的影响，以此来衡量每层全连接层的冗余度，然后根据最终压缩和分类准确率的要求对全连接层进行必要的压缩。

关于全局优化和局部优化的比较，从直观上来说，全局优化在参数更新的过程中，考虑到当前层和其他网络层的协调作用，优化最终寻找到的最优解比局部优化更好。本节从定量的角度比较了全局优化相对于局部优化的优势。

图 6-24 所示为 VGGNet-16 FC6 层在全局微调和局部微调前后的权值变化。图 6-24（a）所示为权值分布图，图 6-24（b）所示为全局和局部的权值分布和原始权值分布的差值。其中圆点线代表是全局微调后的权值分布和原始权值分布的差值，方块线代表的是局部微调与原始权值分布的差值。可以看出，全局微调后相比于该层原始的权值变化更小。在裁剪网络时，假定原始的权值是网络的最优解，那么离最优解越近，说明网络参数分布越健康。这可以看出，全局微调可以使网络更靠近于最优解。因此在后续的网络压缩的过程中，都会采用全局优化的方式对网络进行微调。

2. 整体网络

本节分别在 VGGNet-16 和 VGGNet-19 下做整体网络加速算法验证和分析。首先计算出每层卷积层的敏感度 ς，如图 6-25 所示；然后计算得出 VGGNet-16 和 VGGNet-19 每层卷积层在特定的加速比的要求下应该保留的基卷积核的个数。设定理想加速比 η 分别为 2、2.5、3，通过式（6-56）得出 VGGNet-16 和 VGGNet-19 在 η 分别为 2、2.5、3 的情况下，每层应保留的卷积核个数，分别如表 6-10 和表 6-11 所示。

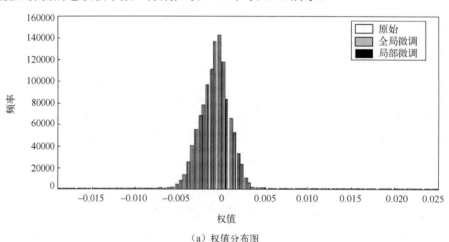

（a）权值分布图

图 6-24　VGGNet-16 FC6 层在全局微调和局部微调前后的权值变化

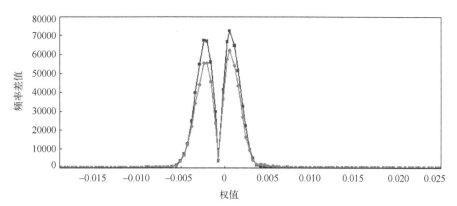

（b）全局微调和局部微调后的权值分布和原始权值分布的差值

图 6-24 VGGNet-16 FC6 层在全局微调和局部微调前后的权值变化（续）

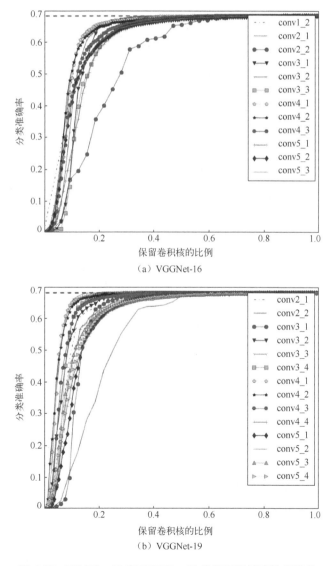

（a）VGGNet-16

（b）VGGNet-19

图 6-25 VGGNet-16 和 VGGNet-19 卷积层敏感度计算结果

表 6-10 VGGNet-16 加速配置参数

卷积层	敏感度 ς	加速比		
		2	2.5	3
conv1_1	*	*	*	*
conv1_2	1.649	31	25	21
conv2_1	1.626	62	50	42
conv2_2	1.885	72	58	50
conv3_1	1.684	128	103	86
conv3_2	1.651	126	101	84
conv3_3	1.715	131	105	88
conv4_1	1.619	247	198	165
conv4_2	1.619	247	198	165
conv4_3	1.653	252	202	169
conv5_1	1.711	261	209	175
conv5_2	1.666	254	203	170
conv5_3	1.661	253	203	170

表 6-11 VGGNet-19 加速配置参数

卷积层	敏感度 ς	加速比		
		2	2.5	3
conv1_1	*	*	*	*
conv1_2	1.647	31	26	22
conv2_1	1.624	64	51	40
conv2_2	1.851	73	58	45
conv3_1	1.691	133	106	89
conv3_2	1.592	125	100	83
conv3_3	1.550	122	97	80
conv3_4	1.593	125	100	83
conv4_1	1.544	242	194	161
conv4_2	1.545	242	194	161
conv4_3	1.580	248	198	165
conv4_4	1.639	257	206	173
conv5_1	1.672	262	210	176
conv5_2	1.668	262	209	175
conv5_3	1.638	257	206	172
conv5_4	1.650	259	207	173

本节对比基于敏感度的基卷积核数量的选择方案和直接的、不考虑各层之间差异的粗选方案，在其他微调参数和微调顺序都相同的情况下，对比结果如图 6-26 所示。可以观察到，不管是 VGGNet-16 还是 VGGNet-19，基于敏感度的基卷积核数量选择方案对验证数据集的分类准确率都优于粗选方案。

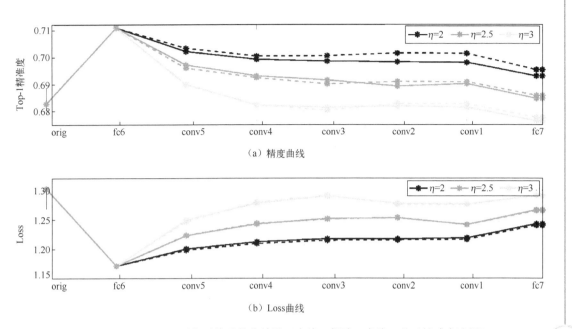

（a）精度曲线

（b）Loss曲线

图 6-26　VGGNet-16 网络压缩及优化结果（实线：粗选；虚线：基于敏感度选择）

可以看到，网络在参数压缩 3 倍、加速 3 倍的情况下，网络的分类性能还是能保持在和原始网络差不多的水平。由于是采用了卷积核数量计算方法和全局微调策略，使得网络在第二层、第三层、第四层卷积层微调时基本没有性能损失。这里由于全连接层冗余性很大，对于 FC6 和 FC7 每层只保留 256 个输出神经元就已经能足够保持网络的分类性能，同时又大大压缩了网络的权值参数。

习题

1. 在经典卷积神经网络模型结构中，VGGNet-16 与 VGGNet-19 网络的时间复杂度如何计算，其对应的时间复杂度分别是多少？

2. GoogleNet 卷积神经网络模型中，每层卷积层及全连接层中参数个数、计算量（GFLOP/s）分别是多少？

3. 卷积神经网络中卷积层的卷积操作是否可以转化为矩阵计算，特征图的卷积操作如何转化为矩阵计算？

4. 块浮点尾数格式如何表示？其尾数的位宽对卷积神经网络的准确率有何影响？

5. 半精度浮点数与块浮点数对单精度浮点数精度的影响主要表现在哪些方面？是否可以全部使用半精度浮点数或全部使用块浮点数替代单精度浮点数？

6. 参与卷积操作的输入特征图数据、权重、偏置项在运算过程中是否相同？如何将其转化为块浮点数？

7. 四阶误差分析模型中，每个阶段对误差分析的重点是什么？哪一阶段对误差分析的影响最大？

8. 卷积层通过掩码层实现稀疏化，掩码层引入的额外训练参数是否会对网络模型训练造成影响？如何训练掩码层中的训练参数？

9. 在对掩码层的训练中，通过加入 L1 正则项约束掩码层训练参数，是否可以用 L2 正则项代替？

L1 正则项与 L2 正则项对训练掩码层参数有何影响？

10．完成掩码层训练后，如何实现卷积层的稀疏化？参数微调在其中起到什么作用？是否有其他方法可以代替？

11．为什么需要对全连接层进行稀疏化？其稀疏化的必要性主要体现在哪几个方面？

12．全连接层稀疏化主要通过分析全连接层输入与输出之间关系实现，除了本章中讨论的皮尔逊积矩相关系数方法，还有什么方法可以实现相关系数分析？

13．在卷积神经网络计算过程中，限制计算速度的主要因素是什么？通过提高硬件间的访问带宽是否可以加速计算？

14．卷积层与全连接层稀疏化后的参数微调是否是必需的？参数微调的主要目的是什么？

15．卷积层与全连接层中的参数规模与数据规模内存开销有何差异？卷积层与全连接层的稀疏化的目标主要针对的是参数还是数据？

16．卷积神经网络稀疏化的评价指标中的压缩率和计算加速比主要考察稀疏化过程中的哪些方面？压缩率和计算加速比指标之间如何进行平衡？

思政之窗

党的二十大报告指出："必须贯彻新时代党的强军思想，贯彻新时代军事战略方针，坚持党对人民军队的绝对领导，坚持政治建军、改革强军、科技强军、人才强军、依法治军，坚持边斗争、边备战、边建设，坚持机械化信息化智能化融合发展，加快军事理论现代化、军队组织形态现代化、军事人员现代化、武器装备现代化，提高捍卫国家主权、安全、发展利益战略能力，有效履行新时代人民军队使命任务。" 芯片是信息系统运行的核心，其体积很小却牵动着现代战争的神经。在初具智能化特征的信息化战场中，无论是虚拟空间的网电交锋还是实体战场的体系对抗，其背后都离不开芯片的支撑。芯片对于作战体系的重要性，使其成为军事对抗的新焦点，围绕芯片技术的战略封堵和着眼芯片控制权的激烈争夺已成为战场制胜的重要途径。芯片技术一旦受制于人，国防安全和技术革新必将遭遇掣肘。在军事国防领域，谁能更快更敏锐地用"芯"下好战略先手棋，谁就能掌控先机，赢得主动权。

第 7 章

人工智能芯片架构设计

7.1 卷积神经网络加速器整体设计

本章介绍卷积神经网络硬件加速器在卷积神经网络中的应用，在推理过程中进行硬件加速，对于给定的输入图像信息，加速器利用已训练好的网络模型对其进行处理。本章的硬件加速器仅涉及卷积神经网络的前向传播（Forward）过程，不包含反向传播（Backward）过程。鉴于 VGGNet 系列网络模型在实际工程中应用较为广泛，且本身结构统一，具有代表性，本章主要针对 VGGNet 设计硬件加速结构。

7.1.1 加速器设计分析

卷积神经网络专用硬件加速器旨在针对卷积神经网络的运算特征，设计特定的存储管理单元、卷积运算单元和全连接运算单元，以及高效的系统控制策略，达到超越其他计算平台的运算速度，或是在有限功耗要求下实现尽可能高的运算速度。由于加速器不面向通用计算，不需要分配大量的片上资源用于任务调度，相比于通用处理器，加速器的能量效率（计算速度、功率）更高。

由于卷积神经网络是一种计算密集型模型，CPU 的串行运算特点及片上大量面积用于分支决策的结构决定了它不适用于二维卷积计算，难以提供充足的算力。尽管 CPU 可以依靠多线程实现任务并行，但仍无法满足卷积神经网络数十亿甚至数百亿次的计算需求。此外，高性能 CPU 的能耗同样不适合移动端网络的部署。

为解决上述问题，学术和工业界相继提出了一系列基于 GPU、ASIC 和 FPGA 的卷积神经网络加速器。其中 GPU 内部有大量的计算核心，往往可以达到很高的计算并行度，在部署卷积神经网络时的计算速度远大于 CPU，但动辄数百瓦的功耗使其只适合用于云端部署，难以满足卷积神经网络的多场景部署需求，尤其是低功耗的移动端设备。相比于 GPU 和 CPU，基于 FPGA 的卷积神经网络加速器具有更高的能量效率，且 FPGA 的结构可灵活调整，可根据任务类型配置为串行或并行计算。这使得基于 FPGA 的卷积神经网络加速器非常适合能耗敏感和低成本的应用部署场景。相比于 ASIC，FPGA 具有开发周期短、可重配置和开发成本低的优势，这使得基于 FPGA 的应用开发成为在算法和硬件架构成熟前进行验证的可靠途径。此外，对于有快速上市和迭代要求的应用开发，FPGA 同样是一个有竞争力的平台。综上所述，本章的卷积神经网络加速器选择在 FPGA 平台上部署。

在 FPGA 上部署卷积神经网络的瓶颈主要来自复杂的浮点运算和大规模数据传输需求，这是制约加速器吞吐量和能量效率的主要因素，需要从算法和硬件架构两方面进行优化。本章通过提出基于块浮点的数据量化算法，大幅降低了计算和数据传输压力。卷积神经网络加速器硬件架构的设计需要从以下三个方面进行优化。

（1）加速器达到尽可能高的计算速度。卷积神经网络是一种高度规则化和并行化的运算网络，因此提高计算速度必然要从提高计算并行度入手。在卷积神经网络的推理过程中，根据数据间的相关性，主要有以下三个维度上的并行：输入通道间的并行、输出通道间的并行、像素间的并行。本章也主要从这三个维度上提升并行度，以加速运算。

（2）加速器数据交互需求尽可能低。加速器的计算速度越快，所需的图像和卷积核数据就越多，片上数据、片外数据交互越频繁，系统功耗越高，同时对硬件平台的片外交互带宽要求也越高。为了解决这个问题，需要设计高效的存储管理单元，最大限度地实现高效率的数据读写。此外，读取到片上的数据是否被充分利用也会影响数据交互的频繁程度，如何尽可能地提高数据利用效率，减少数据的读入、写出次数，也是本章研究的一个核心问题。

（3）运算单元和存储单元高效配合工作。由于只有等到数据传输完成才会开始计算，如果数据传输过程运算核心总是在等待，尽管可以实现很高的计算并行度，也只能提升加速器的峰值速度，整个过程仍存在大量延迟。只有实现运算核心和存储单元的高效配合，减少等待时间，才会提升加速器吞吐量。

Roofline 模型建立了系统性能与片外存储流量及硬件平台所能提供的带宽和计算峰值间的联系，如图 7-1 所示。一般用浮点性能（每秒浮点运算次数 GFLOP/s）来描述吞吐量，式（7-1）描述了应用程序在特定的硬件平台上所能获得的最大吞吐量，当单位数据传输内的计算量低于 I_t 时，系统所能获得的计算性能由硬件平台所能提供的最大带宽决定，如图 7-1 中方案 1 所示；当单位数据传输内的计算量大于 I_t 时，系统所能获得的性能不超过硬件平台上资源所能提供的最大值 P_{max}，如图 7-1 中方案 2 所示，其中 I_t 和 P_{max} 都由硬件平台决定。

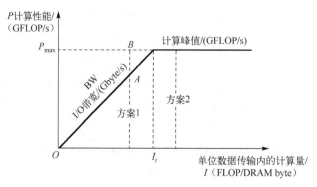

图 7-1　Roofline 模型

$$P = \begin{cases} I \cdot \mathrm{BW} & (I < I_t) \\ P_{\max} & (I \geqslant I_t) \end{cases} \tag{7-1}$$

式中，P 为系统计算性能，对应于图 7-1 的纵轴；I 为计算量与传输数据量之比，对应于图 7-1 的横轴；BW 为硬件平台所能提供的最大 I/O 带宽，对应于图 7-1 中斜线部分的斜率；$P_{\max}$ 为硬件平台所能提供的最大计算性能；$I_t = P_{\max}$。

由图 7-1 可以看出，当系统所需的传输带宽大于硬件平台所能提供的最大带宽时，即使部署了足够多的计算单元用于提高并行度，系统性能也会被限定在一个较小的状态，如方案 1，由于单位数据传输内的计算量较低，达到 B 点的计算性能需要较高的 I/O 带宽，硬件无法满足而将其计算性能限定在 A 点。比较方案 1 和方案 2，可以看出就计算性能而言，方案 2 明显优于方案 1，如式（7-2）所示。方案 2 单位数据传输内的计算量较高，在达到硬件平台所能提供的最大计算性能的同时，所需的带宽低于硬件平台所能提供的最大带宽 BW。方案 2 也是本章在进行加速器设计时力求达到的一个工作状态。

$$\mathrm{bw} = \frac{P_{\max}}{I \dfrac{P_{\max}}{I_t}} \tag{7-2}$$

式中，bw 为方案 2 对应的系统带宽需求。

综上所述，在设计硬件架构时，提升系统的吞吐量不仅需要提高并行度，还需要提高数据利用率，提升计算量与数据传输量之比，降低系统的带宽需求。

本节以稀疏化卷积神经网络模型 VGGNet16-D 设计应用为例进行分析。VGGNet16-D 是一种性能较为突出的卷积神经网络模型，由于其采用较多的卷积层和较宽的卷积层宽度，使其在特征提取上有着优异的性能。在诸多工作中采用该网络提取图像特征并设计其他相关功能层以实现图像识别等视觉任务，因此在一定程度上，对 VGGNet16-D 的设计也可以应用在一些其他的工作中。

稀疏化的 VGGNet16-D 各层特征参数如表 7-1 所示。在该网络中，输入特征图为 224像素×224 像素的数字图像，虽然在池化层的作用下进行了特征降维，但是卷积通道的增加使得每一层的实际数据量并没有减少太多。例如，Conv1_2 层的 64 个 224像素×224 像素的特征图像，其一次前向推理计算的数据需求为 12.25MB（以 32 位浮点数据为例），但是对 Conv4_2 层而言，其含有的 512 个 28像素×28 像素的特征图像，完成的一次前向推理计算过程的数据需求为 0.32MB（以 32 位浮点数据为例）。而在硬件设计中，片上存储的资源有限，无法实现所有的卷积图像和特征图的片上存储，因此在大多数的硬件加速器的解决方案中，特征图和参数均采取片外存储的方式，本节也采用片外存储方式。片外存储大多使用以 DRAM 为基础的 DDR 设备，DDR 设备作为片外存储设备具有价格便宜、速度适中等特点，同时相较于闪存等存储设备 DDR 设备有较高的访问带宽和数据读取速率，是目前仅次于片上存储数据读取速率的设备。但在片上仍然需要一定的存储空间用于缓存一些将要使用的数据，在进行卷积计算时，将下一个批次需要用于计算的数据存储在这些片上存储空间中，在完成本次卷积计算后，可以直接访问片上存储空间来获取计算数据，而不是需要等待存储控制访问片外的 DDR 设备，这样就形成了数据读取与计算之间的流水模式，提高了计算设备的利用率。

表 7-1　稀疏化的 VGGNet16-D 各层特征参数

层名	特征图尺寸/像素	卷积核尺寸	输入通道	输出通道	稀疏化比例	参数量
Conv1_1	224	3×3	3	64	1	1 728
Conv1_2	224	3×3	64	64	7.69	4 905
Conv2_1	112	3×3	64	128	4.35	16 974
Conv2_2	112	3×3	128	128	5.26	27 612
Conv3_1	56	3×3	128	256	4.35	68 004
Conv3_2	56	3×3	256	256	7.14	84 933
Conv3_3	56	3×3	256	256	6.25	95 319
Conv4_1	28	3×3	256	512	4.35	273 051
Conv4_2	28	3×3	512	512	6.25	388 242
Conv4_3	28	3×3	512	512	5.26	456 363
Conv5_1	14	3×3	512	512	2.38	989 901
Conv5_2	14	3×3	512	512	2.17	1 095 804
Conv5_3	14	3×3	512	512	2.44	967 671
Fc6			25 088	4096	8.33	12 241 300
Fc7			4 096	4096	4.54	3 605 500
Fc8			4 096	1000	1	4 096 000

另一方面，在考虑片上存储的时候，Conv1_2 有12.8MB 的数据存储需求，而这在大多数的硬件平台上是无法满足的。

图 7-2 表示输出特征图上一点的像素计算。从图 7-2 所示的卷积过程可以发现，卷积过程的输出像素点对应位置的计算数据只与其位置周围像素点的数据相关，而在整个图的计算中大多采用卷积窗在特征图上不断滑动的形式。基于上述特点，可以考虑将卷积图像划分为多个单独的图像块，每个图像块包含周围图像块的边缘像素值，这使得每个像素块相对独立，计算过程中不需要依赖周围的其他像素块。这种方法在有限的片上资源的其他计算设备中也得到有效的应用。同时，考虑到卷积层的各层的特征大小，VGGNet16-D 卷积层特征图的尺寸从14像素×14 像素到224像素×224 像素都存在，因此将所有的特征图分为14像素×14 像素的像素块，采用这种大小的像素块可以满足所有特征图的等分，这在一定程度上降低了卷积过程复杂控制过程出现的概率，当然像素周围有边界的话，像素块的大小就是16像素×16像素。在将图像分为14像素×14 像素的图像块后，对 VGGNet16-D 网络而言，原始数据量最大的 Conv1_2 层的数据量可以降低到49KB（以 32 位浮点数据为例），这个级别的需求大部分的硬件设备都能满足。

在卷积计算过程中，包含两个部分卷积层的计算和全连接层的计算。在计算数据流上，全连接层的计算和卷积层的计算存在一定的相关性。对于一次前向推理计算过程，全连接层的计算所需要的数据需要卷积层提取，卷积层和全连接层的计算之间无法实现并行运算，卷积层和全连接层的计算可以视为一个完整的计算过程。然而，如果将卷积层和全连接层的计算作为一个整体进行计算，那么由于计算复杂，因此需要大量逻辑时间去完成，这会导致整个加速引擎的计算效率无法得到最大程度的提升。而流水线结构是解决上述问题的主要方式之一。

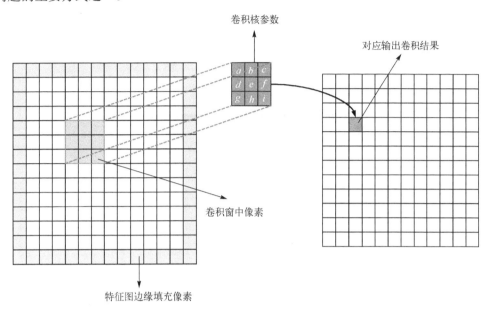

图 7-2　卷积窗在特征图上卷积

流水线是硬件设计中的一个重要的提升计算效率的方案。但是不同的流水线的等级需要根据开发平台的计算资源和存储资源设置。对于整体框架而言，本节根据卷积神经网络的两种功能性计算层（卷积层和全连接层）的特点设置了两级流水，系统级流水结构如图 7-3 所示。在这种流水结构上，已经不是传统意义上的流水线设计，而是一种广义的流水线的任务设计。在这种设计下，有利于提高卷积的计算单元和全连接的计算单元的计算效率。在进行卷积计算时，全连接的计算单元也在进行相关的计算任务。

图 7-3　系统级流水结构

7.1.2　加速器系统架构

卷积神经网络加速器系统架构如图 7-4 所示，图中细线代表控制信号通路，粗线代表数据信号通路，整个系统从功能上主要分为计算、存储管理、系统控制三大模块。

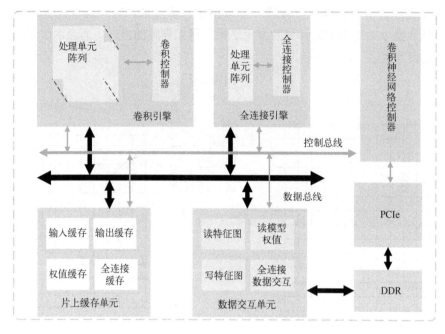

图 7-4　卷积神经网络加速器系统架构

计算模块主要包括卷积引擎（Convolutional Engine，CE）和全连接引擎（Fully Connection Engine，FCE），分别用于处理卷积层和全连接层中的运算。在卷积引擎和全连接引擎中都包含负责乘加运算的处理单元阵列（Processing Element Array，PEA）和负责调度的控制器。由于卷积层的计算量较大，在卷积引擎中部署有多个并行的处理单元阵列用于处理不同卷积核和输入特征图的卷积运算，而全连接层的计算量则相对较小，仅为其分配一个处理单元阵列即可。

在存储管理模块中，系统接口 PCIe 是外部系统（计算机主机）与加速器系统进行数据交互的通道，具有很大的传输带宽，负责将待处理图像数据和模型参数传输到加速器上，以及将卷积神经网络的处理结果反馈给外部系统。在加速器中，直接与 PCIe 进行数据交互的是片外存储 DDR。此外，PCIe 工作在卷积控制器的调度下，向卷积控制器反馈数据传输进度；片上缓存单元负责暂存卷积引擎和全连接引擎所需的特征图和权值数据，包括用于卷积层的输入缓存（Convolutional Input Buffer，CIB）、输出缓存（Convolutional Output Buffer，COB）、权值缓存及用于全连接层的全连接缓存（Fully Connection Buffer，FCB）。数据交互单元负责将按照一定的策略从 DDR 读取输入特征图和权值到片上缓存，以及将输出特征图从片上缓存写出到 DDR 中。

系统控制模块的功能则主要集中在卷积控制器上，卷积控制器负责调度计算模块和存储管理模块的工作，包括系统流水和并行处理的时序控制、卷积引擎和全连接引擎及数据交互单元正确工作，同时与系统接口进行交互。

本章设计的硬件加速器以加速板卡的形式呈现，加速器部署在 FPGA 平台上，通过 PCIe 接口与其他外部设备（如计算机主机）相连，外部设备负责向加速器提供网络模型和待处理的图像数据。加速器会自动检测是否有网络模型写入，以及是否有待处理的图像数据写入到特定位置，当检测到接收的数据符合条件时，加速器立即启动卷积神经网络的推理过程，对图像进行分类，待运算完毕，分类结果会通过 PCIe 接口反馈给外部主机。整个过程中在不超过加速器存储上限的前提下，可以不间断地输入待处理图像数据，加速器也会将分类结果一一返回给外部系统。

7.1.3 硬件架构运行机理

主机端首先以批处理的方式向 FPGA 系统中传输 Batch (64)、224像素×224像素 的图片及 VGGNet-16 的权值数据。待输入图像传输完成，DDR3 中存储输入图像数据和权值、偏置参数，接着通过指令开启加速器。此时加速器的控制权交给卷积神经网络总控单元（CNN Controller），总控单元首先使能数据交互单元，从 DDR3 外部存储中载入所需的部分输入图像和参数数据到内存阵列（MMA）中。待内存阵列所需的卷积输入数据和参数都准备完成，总控单元使能卷积引擎，同时控制数据交互单元进行下一次卷积数据和参数的预读取。待当前的块卷积完成后，数据会暂存到内存阵列的输出缓存中，多个输入特征图的卷积计算结果会在内存阵列中进行累加。等到当前卷积块的一个输出卷积核所有卷积结果计算完成之后，通过简单的组合逻辑设计就可以实现对输出特征图的激活操作，即 ReLU 操作，然后通过数据交互单元把输出特征图写入外部存储 DDR3。上述过程一直循环，直至当前卷积层计算完成，接着卷积神经网络总控单元会自动切换到下一层卷积层进行计算。

当下一层卷积层开始计算时，卷积神经网络总控单元会重新配置各个模块的参数，特别是数据交互单元中的数据交互参数，使得各个单元可以正常进行下一层卷积层的计算。当某层卷积层计算完成之后，需要进行池化操作时，内存管理阵列会调用池化操作的组合逻辑进行池化操作，然后把池化后的特征图通过数据交互单元写出到外部 DDR3 中，因此池化操作在本架构中占用的时钟会被卷积操作覆盖。待所有卷积层计算完成后，需要进行全连接层计算时，卷积神经网络总控单元会保持卷积引擎的使能以便进行下一帧图像的卷积计算，同时使能全连接引擎，进行当前帧的全连接层计算。在全连接层中层与层之间的数据交互中，由于全连接层设计的数据量比较小，因此数据之间的传输全部在片上完成，不会把中间数据再写出到 DDR 中，这也是降低片上和片外数据交互次数的策略之一。

全连接层计算完成之后，一幅输入图像在卷积神经网络中的前向过程也就完成了。从上面的叙述中可以看出，在本架构中，前期的卷积计算形成读取数据-卷积计算-写出数据的流水线操作，流水线中的读取、卷积操作、写出数据的三级流水单元指的是和 DDR 进行数据交互的操作，这种流水线称为**卷积流水线**。后期的全连接层计算亦是读取数据-全连接计算-写出数据的流水线操作，流水线中数据操作的流水单元指的是和片上 RAM 进行交互的流水线操作，这种流水线称为**全连接流水线**。在整体架构中，形成读取数据-卷积计算-写出数据-全连接计算的四级流水线操作，虽然这四级流水不是每个时钟都同时工作，但这四级流水操作在时序上有一定协调性，所以仍然定义这种流水操作为**广义流水架构**，如图 7-5 所示。

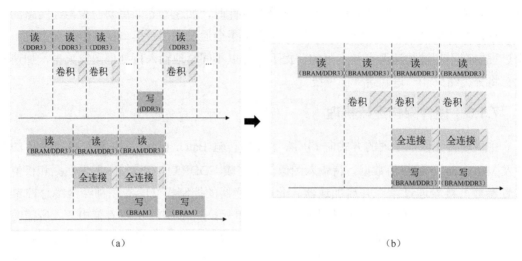

图 7-5 顶层流水线示意图

7.2 加速器系统控制策略

7.2.1 基于循环分块的卷积运算策略

卷积层占据了整个卷积神经网络 99%以上的计算量,因此针对卷积层运算的系统控制设计是卷积神经网络加速器设计的重点内容,本章针对卷积层提出一种基于循环分块的并行和流水运行策略,其伪代码如算法 7-1 所示。由于 FPGA 片上存储资源有限,无法将整张特征图一次性读入到片上进行运算,循环分块即将一整张特征图按照空间位置分为若干个尺寸较小的区域,称之为 tile,并在不同 tile 间按照一定的并行度循环执行卷积运算。本章将 tile 尺寸设置为14像素×14像素,依据之一是在 VGGNet 中,各卷积层的输入和输出特征图尺寸均为14像素×14像素的整数倍。

算法 7-1:基于循环分块的卷积运算流程

```
function ConvOp(i,Ibuf,T_x,T_y)
C_o ← 0
  while C_o == 0 do
if C_o == 0 and i == 0 then
c ← 0
      ReadBias()
      ReadKernel(C_o~C_o + 63, K_c)
end if
||PEAConvOp(K_c ,Ibuf, T_x, T_y)
||PrefetchKernel(C_o + 64~C_o + 127, K_c̄)
C ← c̄
C_o ← C_o + 64
  end while
end function
```

```
function Conv()
Tx ← 0, Ty←0, Ci ← 0
  while Ty < Y do
    while Tx < X do
      while Ci < C do
if Tx = = 0 and Ty = = 0 then
              ReadTile(Ibuf, Tx, Ty, Ci)
        end if
||ConvOp(Ci, Ibuf, Tx, Ty)
||PrefetchTile(Ibuf)
Ci ← Ci + 1
        end while
Tx ← Tx + 1
        end while
Ty ← Ty + 1
  end while
end function
```

在算法 7-1 中，T_x 和 T_y 分别代表了当前正在处理的 tile 在整张输入特征图中的行列方向上的位置；X、Y 代表在输入特征图的行和列方向上各有多少个 tile。C_i 和 C_o 分别为输入和输出通道索引，C 为当前卷积层输入通道数。在 Conv 函数中，Ibuf 代表输入缓存单元，对应加速器结构中的输入缓存，由于本章中的输入缓存单元是基于双端口 RAM 设计的，可同时读出和写入数据，不需要部署两个输入缓存即可实现数据预读取；而子函数 ReadTile(Ibuf, T_x, T_y, C_i) 代表的操作为 DDR 中将第 C_i 个输入特征图中位于 (x, y) 处的 tile 读取到片上输入缓存中。ConvOp(C_i, Ibuf, T_x, T_y) 代表执行第 C_i 个输入特征图中位于 (T_x, T_y) 处的 tile 的卷积计算过程，PrefetchTile(Ibuf) 代表预读取下一个运算周期要使用的 tile 到输入缓存中，"||" 代表并行操作，"←" 代表赋值操作。

在 ConvOp 函数中，0 代表当前卷积层的输出通道数量，ReadBias($\cdot$) 代表读取偏置项或部分和作为处理单元阵列的累加初始值。本章中权值缓存单元基于寄存器组设计，为形成乒乓存储结构以实现数据预读取需要部署两个相同的存储模块，伪代码中 "c" 为权值缓存模块的索引，"K_c" 则代表第 c 个权值缓存模块，两个模块间工作状态的切换只需要对 "c" 操作即可，如 "c ← $\bar{c}$" 代表将 "c" 原本的值取反，即将 "c" 在 0 和 1 之间切换。此外，为了最小化传播延迟，本章对权值参数的排布顺序进行重新组织，使得在卷积运算的整个过程中，权值参数只需要从 DDR 中顺序读取即可。

ReadKernel($C_o \sim C_o + 63$, K_c) 代表将对应 $C_o \sim C_o + 63$ 共计 64 个输出通道的二维卷积核的权值读取到 K_c 中。PEAConvOp(K_c, Ibuf, T_x, T_y) 代表处理单元阵列执行 (T_x, T_y) 处的 tile 与 K_c 中 64 个卷积核之间具体的滑动卷积操作，由此也可以看出，本章中部署了 64 个并行的处理单元阵列来执行卷积运算。PrefetchKernel($C_o + 64 \sim C_o + 127$, $K_{\bar{c}}$) 则代表将下一批次所需的 64 个卷积核预读取到另一个权值缓存模块中。

通过上述过程可以看出，本章采用了基于循环分块的卷积运算策略，在某层卷积层的运算过程中，按照行优先的方式遍历 tile。由于在每层卷积层中都有多个输入特征图和多个输出特征图，在设计并行计算时，有两种基本思路：将多个输入特征图并行处理优先获得输出特征图的处理方式称为输出特征图优先；将多个卷积核并行处理优先计算完成单个输入特征图的处理方式成为输入特征图优先，本章采用的是后者。

两种计算过程如图 7-6 所示，假设当前卷积层有 m 个输入通道、n 个输出通道。对于输出特征图优先模式，要得到一个输出特征图则需要从 DDR 中读取 m 个输入特征图，由于读取到片上的特征图在计算完成后无法保存下来，在计算下一个输出特征图需要重复读取所有 m 个输入特征。因此，得到全部 n 个输出特征图需要从 DDR 读取 mn 个输入特征图，且本章卷积运算的基本单元为 tile，在读取输入特征图上与 DDR 的交互次数将是 mn 的数倍至数十倍，这给系统带宽带来了巨大压力，且处理效率不高。此外，频繁地从 DDR 读取数据和刷新片上输入缓存模块会造成系统功耗的大幅增加。

对于输入特征图优先模式，只有等到与当前输入特征图相关的所有卷积计算完成后，才会读取下一位置的输入特征图到片上输入缓存单元，此时得到全部 n 个输出特征图仅需要从 DDR 中读取 m 个输入特征图。因此，输入特征图优先模式在读取输入特征图任务上的带宽需求仅为输出特征图优先模式的 $1/n$，在 VGGNet 中，n 最大为 512，因此采用输入特征图优先具有极大的优越性。输入特征图优先模式的代价是要在输出缓存上分配较多的资源，因为只有 m 个输入特征图全部完成卷积运算后才能得到最终的输出特征图，期间的中间数据（部分和）需要存储在片上输出缓存中。

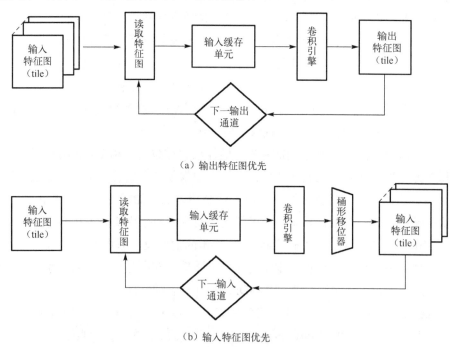

（a）输出特征图优先

（b）输入特征图优先

图 7-6　输入、输出特征图优先卷积计算

7.2.2　存算并行与流水控制

通过分析卷积神经网络推理过程中参与运算的数据间的相互关联，发现有三种运算过

程中的输入、输出数据间无相互关联，也就是说这三个运算过程可以并行执行，分别是不同输出通道间的并行处理、不同输入通道间的并行处理、卷积核内部的并行处理。由于FPGA 的传输带宽和存储器空间的限制，实现这三种并行计算并不容易，在设计高并行度的硬件加速器时，需要充分考虑这两个因素。此外，根据上一节的分析，平衡硬件平台的带宽和计算并行度对于系统达到高计算性能十分重要，而设计高效的数据预读取和重复利用策略有利于降低加速器对传输带宽的需求。

通过采取上节所描述的卷积运行流程，本章在加速器中实现了上述三种并行计算，其中卷积核内部的并行处理在处理单元阵列内部实现，输入通道间的并行处理体现在1×1卷积运算过程中。此外，加速器实现了在数据读取（读取输入特征图和权值）、卷积运算、写出输出特征图三个主要过程间的并行与流水线操作称为存算（存储运算）并行与流水控制。卷积层存算并行与流水控制如图 7-7 所示，假设当前层有 M 个输入通道、N 个输出通道，将完成一个 tile 与 64 个卷积核的并行卷积运算过程称为一个卷积运算周期，则一个 tile 涉及 $N/64$ 个卷积运算周期。可以看出当前卷积周期所需的数据在卷积开始之前已被预读取到片上缓存，而预读取过程可以与卷积运算过程并行执行，因此在整个系统中除了初始延迟外无数据等待延迟。这也是 tile 尺寸选择14像素×14像素 的第二个原因，14像素×14像素 的 tile 卷积所消耗的时间可以覆盖掉数据传输时间。当完成全部 M 个输入通道中对应同一位置的 tile 的卷积运算后，即可得到一个输出特征图的局部 tile，这里需要将其写出到 DDR 中。而后针对下一个位置 tile 重复上述过程。

185

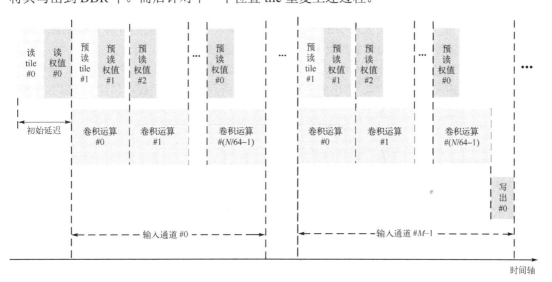

图 7-7　卷积层存算并行与流水控制

在全连接层的运算中也有类似的读取数据、计算、写出数据的三级流水结构，称为全连接层流水结构。全连接层的输入数据来源于卷积层的输出，因此本章在卷积层和全连接层各自流水结构的基础上，构造一个卷积-全连接流水结构，即读取数据、卷积运算、写出数据、全连接运算的四级流水结构，如图 7-8 所示，该结构进一步提升了系统各模块工作时序上的协调一致性，提升了加速器处理效率。

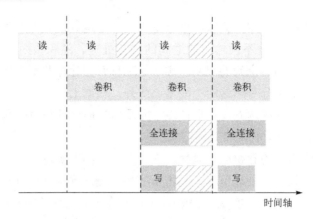

图 7-8　卷积−全连接流水结构

7.3 卷积层加速器设计

7.3.1　卷积加速器整体设计

卷积层是卷积神经网络中的重要层之一，同时也是卷积神经网络中计算量贡献最多的层。卷积层的相关特性已经在第二章中详细介绍，本节主要介绍稀疏化卷积神经网络的加速运算，而本节中的稀疏化工作主要针对卷积核级别。虽然在前文中已经说明卷积核级别的稀疏化工作可以实现在损失较少的识别准确率的情况下实现较高的计算量的削减，但是稀疏化后结构的不完整性仍然需要针对其结构设计相应加速引擎。

本节针对稀疏化卷积神经网络设计相对应的卷积计算单元，如图 7-9 所示。卷积计算单元主要包括输入特征图缓存、输出部分和缓存、多并行引擎、参数缓存、片上计算寄存器缓存等。

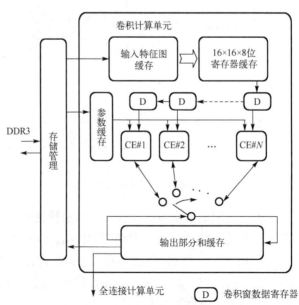

图 7-9　卷积计算单元结构框图

在大多数 FPGA 中，相比于 CPU 和 GPU，其运算的时钟频率并不是很高，但是 FPGA 神经网络加速器主要利用其内部可配置逻辑设计多并行的计算单元。本节也采取多并行计算单元设计以达到较高的计算速度，称这些计算单元为卷积引擎。图 7-9 中的 CE#N 方块表示一个完整的卷积引擎，每一个卷积引擎可以完成一个 3×3 的卷积核在 16像素×16 像素的像素块上的卷积计算，同时通过设置多个卷积引擎就可以实现多通道的卷积运算。

对于每一个输入特征图而言，数据从 DDR 加载到片上特征图缓存之后，使得每次计算可以直接从片上缓存中读取。计算控制单元将16像素×16像素 的输入像素块加载到片上寄存器缓存中，同时加载卷积核参数到卷积引擎中，卷积引擎计算这个特征像素块的部分和并和之前已经累加过的部分和进行累加，并在计算完成后继续存储到输出部分和缓存中。由于稀疏化导致卷积神经网络结构的不完整性，原始计算的卷积结果的部分和在存储上的连续性遭到了破坏，因此本节特殊设计输出部分和缓存结构，并且使卷积引擎达到分时访问输出部分和缓存的功能。

7.3.2　混合计算分析

卷积神经网络中最重要的就是数据，在软件层面的卷积神经网络计算大多以 32 位浮点数进行。但是 32 位浮点数在计算过程中由于过于复杂，在计算过程中占用了计算设备大量的逻辑资源且消耗大量的计算时间，使得卷积神经网络的计算效率被限制住。在大多数卷积神经网络硬件加速器中会使用量化的参数和特征图进行计算。目前较为主流的量化工作是使用 16 位浮点数和低位定点数。这两种数据表示方法都有各自的优点，本章采用的是在数字信号处理中用到的一种数据表示形式——块浮点数。

一般形式的浮点数表示中包含符号位、指数位和尾数位，图 7-10 左侧的数据就是以浮点数形式表达的。块浮点数是一种浮点数据表示形式，不过是针对一个完整的数据块而言的。在用块浮点数表达的数据块中，首先是整个数据块共用一个指数位，这个指数位数值上取原始数据块浮点数表达中指数位最大的数值。而对于每个单独的数据，则有各自单独的符号位和尾数位，这样表示的数据实际上是以定点数的形式存储的。对于一个给定的数据块 N，其包含了 x 个数据，$x = 2^e \times M$，其中 e 为指数位，M 为尾数位和符号位。那么对于块浮点格式的数据 X' 就可以表示为

$$X' = 2^{\hat{e}} \times M \tag{7-3}$$

式中：

$$\hat{e} = \max_i e_i \quad (i \in [1, N])$$

$$M = \{\hat{m}_1 \cdots \hat{m}_i \cdots \hat{m}_N\}$$

$$\hat{m}_i = m_i \gg (\hat{e} - e_i) \quad (i \in [1, N])$$

式中，$\hat{e}$ 为数据块中指数位最大值；M 为块浮点数据的尾数和符号数据；$\hat{m}_i$ 为块浮点形式的每一个数据的位数和符号位；N 为数据块的数据数量。

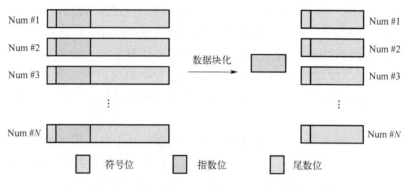

图 7-10　浮点数据块浮点化

卷积神经网络中的参数和特征图像数据都比较多，同时范围分布较广，将参数或特征图像作为整个数据块则会产生较大的量化误差。本节将所有输入特征图像划分为一个数据块，这些数据共用一个指数位。同时，对于卷积参数，将同一个输出通道的参数划分为一个数据块。这种划分方式可以很好地保持数据精度，这在相关文献中已经得到验证。

块浮点数在实际计算过程中运用的是定点计算方式，这种方式的特点就是计算简单，可以达到很快的计算速度。但是这种计算存在明显的缺点，为了保持计算数据的精度，其所需要的存储位数随着计算次数增加不断累计。对于卷积层而言，大量的乘加运算就意味着存储计算结果的需求非常高。本节结合块浮点数据的特点和浮点数据的特点，运用块浮点和浮点混合计算方式解决这个问题。本节在卷积核内部的乘加运算采用块浮点计算方式，而在部分和累加时采用的 16 位浮点计算方式。因此，在完成一个输入数据的卷积之后，只需要将卷积数据转化成 16 位浮点数与之前的部分和累加即可，而存储部分和也是16 位的浮点数。这在一定程度上降低了部分和的存储需求。

7.3.3　混合算术卷积引擎设计

卷积引擎的硬件设计主要针对 VGGNet16-D 网络进行硬件加速器设计。在设计卷积引擎之前，卷积引擎在图像块上的计算方式需要明确，这样才可以设计相对应的卷积引擎。

在加速器的整体设计中已经设计了卷积神经网络特征图的计算方式。在处理单个16像素×16 像素的图像块时，通过卷积窗在图像块上滑动完成卷积操作，如图 7-11 所示。卷积窗在滑动过程中，滑动一次完成一个输出部分和的计算。但是在滑动的过程中，存在输入像素重叠的情况，因此从数据复用的角度考虑，对于重复的数据可以不用再次从寄存器缓存中读取。本节采用数据流的方式实现输入特征图的复用。

在采用上述的卷积窗移动卷积方案之后，本章设计多级乘加器（Multistage Multiplication Accumulator，MMAC）结构，如图 7-12 所示。多级乘加器主要完成数据的乘加任务。在计算过程中，从输入图像寄存器缓存中数据在控制器的控制下，输送到多级乘加器中。三个 8 位的图像数据输入到多级乘加器中，此时一级乘加单元将图像数据与卷积核参数进行乘加运算，由于乘加运算需要消耗一定的时间，等这部分结果计算出来之后，卷积窗中的第二列图像数据与二级的乘加单元完成计算过程，此时将一级和二级乘加得到的数据累加后送到三级加法器中与第三级乘加结果进行累加。完成上述计算结果，即完成对于一个卷积窗的计算。

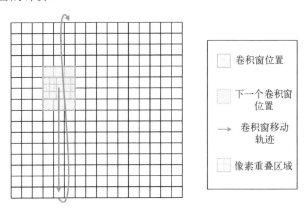

图 7-11　卷积窗在像素块上卷积

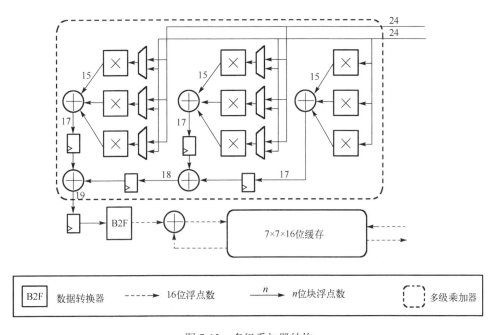

图 7-12　多级乘加器结构

由于卷积核内部分计算用的是块浮点计算方式，而部分和累加结果是以 16 位浮点数形式存储的。此处需要将块浮点形式的卷积窗计算结果转化成 16 位浮点数，在此过程中设计了单独的转化模块，该模块采用两级流水线形式完成转化任务。

但是稀疏化后，使得每个卷积引擎与相邻的卷积引擎访问的部分和结果存在较多的不确定性。当前每个卷积引擎计算结果的通道在稀疏化后表现出不完整性，使得无法在计算过程中随时访问部分和缓存中的数据。当有两个卷积引擎访问部分和中同一个缓存块的不同地址时，以 BRAM（Block RAM）为基础的缓存就会存在访问冲突的问题。为了解决这个问题，本章采用片上寄存器存储的方式来解决。

3×3卷积核在 16 像素×16 像素的像素块上做卷积运算后，其输出的结果为 14 像素×14 像素的图像。本章考虑到片上寄存器资源和时序计算需求，将 14 像素×14 像素的部分和结果划分为 4 个 7 像素×7 像素的像素块进行存储。而这部分存储的空间需求为 7×7×16位，因此本章在卷积引擎中设置了一个 7×7×16 位的寄存器缓存阵列用于存储需要进行累加运算的部分和。而在以 BRAM 为基础的输出部分和缓存中则可以设置为 7×7×16 位数据宽度，这样就使得一次寄存器数据的加载只需要 1 个时钟周期。而在一个完整的计算过程中，只需要占用 4 个时钟周期去完成数据的加载任务，相比于计算过程所占用的大于200 个周期，这个时间消耗在可接受的范围内。同时，采用卷积引擎轮流访问部分和缓存，从而避免对部分和缓存访问冲突。

7.3.4　片上存储系统设计

片上存储系统是卷积神经网络加速器中的重要部分之一。存储访问效率也是卷积神经网络加速器的计算效率的重要影响因素。本章针对性地设计了稀疏化神经网络加速器片上部分和缓存和稀疏化卷积核缓存系统。在稀疏化卷积神经网络中，输入片上缓存系统和原始网络加速器的缓存系统结构相同。

在 7.3.3 中已经根据稀疏化网络结构特点设计了相应的卷积引擎。在卷积引擎中，需要满足 1 个时钟周期读取 7×7×16 位的部分和数据，因此将输出部分和缓存的端口宽度设置成 7×7×16 位的宽度。同时，由于一个 14像素×14像素 的输出图像块被分成 4 块，存储在地址连续的存储空间中，如图 7-13 所示，图中颜色相同的存储位置表示其存储数据来自同一个 14像素×14像素 的像素块。输出缓存的深度则是根据网络层的特点设置的。VGGNet16-D 网络中，输出通道最多有 512 个，而同一个输出通道图像被分成了四块，因此本节将输出部分和深度设置为 2 014。同时，本章在设计过程中采用的是双端口的BRAM 存储设备，可以设置成一个端口读取数据，另一个端口写入数据，实现读取和写入的分开。在计算过程中，同一个卷积结果在计算完成写入时，不会继续读取该计算结果，这也就不会出现读取和写入访问同一个地址的问题。

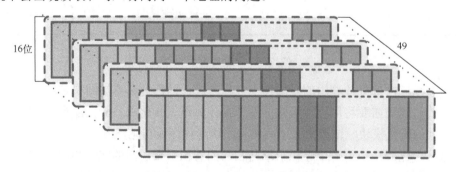

图 7-13　输出部分和缓存方案

卷积参数在稀疏化网络结构后需要重新设计缓存。本章采用的卷积核级别的稀疏化方法，使得卷积神经网络实现最终卷积核级别的稀疏化。这种稀疏化方案是将卷积核参数看作一个整体，并最终决定是否将其剔除。如果将一个卷积核视为一个整体，那么整个卷积层的参数可以看作一个二维矩阵。稀疏化后使得参数中出现被整体剔除卷积核，出现空闲参数位置。如果参数仍然采取原始网络的方式存储这些参数，那么稀疏化对参数规模的降低就起不到任何作用。在参数的规模被削减到一定规模后，对于同一卷积层的参数就可以采取将所有参数存储在片上的方案，减少 FPGA 对 DDR 的访问次数。

在完成对卷积核稀疏化后，本章将剩余的卷积核进行重排。由于可以将卷积核稀疏化后的参数看作矩阵，因此也可以利用矩阵相关稀疏化存储方式存储卷积核参数。目前常用来存储稀疏化矩阵的方式分别是按列压缩存储（Compressed Sparse Column，CSC）和按行压缩存储（Compressed Sparse Row，CSR）。在本章的硬件加速器中，输入特征图固定，计算出相应的输出通道卷积部分和。因此，在存储单元上将要被剔除的卷积核直接剔除，将剩余的卷积核连续存储。同时为了检索每一个卷积核的输出通道，在存储过程中将对应卷积核的输出通道编号和卷积核存储在相同的单元中。考虑到 VGGNet16-D 中的最多输出通道为 512 个，这里仅仅需要 9 位数据存储相应的输出通道的编号。在采用 8 位块浮点的存储方式下，一个原始 8×9 位的卷积核存储需求增加为 $8 \times 9 + 9$ 位来存储稀疏化后的卷积核。同时在硬件结构上，本章加速器的参数在初始化阶段是存储在片外的 DDR 缓存上的。对于本章所使用的开发板，DDR 与 FPGA 之间通过 64 个数据信号线连接，因此一次访问会从 DDR 中读取 512 位的数据，提升参数写入片上参数缓存的效率，本章将参数缓存的宽度设置为 81×6 位，这样使得从 DDR 读取的参数数据可以一次性写入片上缓存，其结构如图 7-14 所示。这样会使得读取 DDR 过程变成连续的过程，不会出现间断式的 DDR 访问需求。连续的 DDR 访问，只需要在第一次对 DDR 发出请求和等待，这样大大提升 DDR 中访问参数的效率。将同一个输入特征图的卷积核起始地址和结束地址作为新的索引量存储在另外设置的片上缓存中，这一部分占用 22×512 位的存储空间。

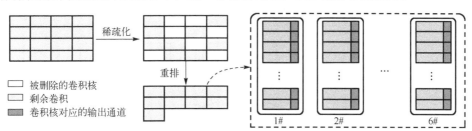

图 7-14　卷积核存储方案

对于稀疏化后卷积层参数，本章采用的是稀疏化算法中 FLOPs 组的实验数据。在前文中已经详细列出各层稀疏化后剩余的参数量。本章所设计的卷积层加速器需要完成所有卷积层的计算任务，因此在参数存储上需要根据卷积层参数最多的层进行。在稀疏化后的卷积层中，Conv5_2 保持着这个网络最多的参数量，达到了 1 095 804 个参数，采用稀疏化重排、块浮点化和索引查找等存储方法之后，其存储空间可以降低到 10.45MB。本章的设计平台的片上存储 BRAM 完全可以满足存储需求。因此本章将所有的卷积核一次加载到片上存储空间中，在以像素块为计算单元的计算方案，避免了对卷积核参数的重复读取。从 DDR 反复读取数据会造成 DDR 控制难度的提升，同时 DDR 作为动态存储设备，访问次数的增加会增加整个系统的功耗。采用所有当前卷积层的参数片上存储的方式，则会大大缓解上述问题。

7.3.5 稀疏化卷积计算调度系统

1. 卷积层加速器控制流程

卷积层的计算需要通过控制单元完成所有数据读取、计算和写入工作。对一个完整的卷积层而言，其状态的控制主要通过有限状态机完成。相关任务在有限状态机的控制下有序完成。在整体的状态控制中，主要考虑如下几个任务：输入特征图读取、参数读取、开始卷积计算和输出缓存写出，其控制流程如图 7-15 所示。

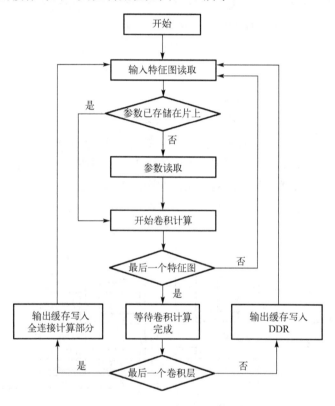

图 7-15　卷积层加速器控制流程

在加速初始化阶段，整个 FPGA 加速完成硬件结构网表的配置过程，这部分输出硬件初始化配置。在整个加速器开始计算后，卷积层加速器开始从 DDR 中读取满足一次计算所有的输入缓存数据，一般一次读取的数据量为当前计算的像素块数据块及下方和右侧的像素块数据。这样就能完整获取当前计算的包含边缘像素的16像素×16像素 的数据块。

在完成像素数据加载之后，再次从 DDR 中加载卷积核参数数据。对于一个 N 并行卷积引擎的卷积层加速器，其需要加载 N 个卷积核数据，利用卷积引擎计算时对内存访问的空闲时间段，控制器可以直接从 DDR 中加载下一批次计算所需的卷积核，从而在下一回合计算时不需要存储控制器从 DDR 加载数据。当然也可以在开始阶段直接加载这层卷积层的所有参数，在稀疏化的 VGGNet16-D 中，这一过程对于卷积层中的 Conv5_2 层仍然占用至少 20 293 个时钟周期，这会降低卷积层加速器的效率。而本章中采用边计算边读取卷积核的方式则不会出现这种问题。另外需要指出，由于本章设计卷积核参数缓存可以满足稀疏化 VGGNet16-D 的所有参数的片上存储，所以在一次加载所有参数之后，就不需要从片外 DDR 中加载这些卷积核参数，在计算下一个位置的像素块过程中，可以在加载完输入数据之后直接开始计算，跳过加载卷积核参数的过程。

在相应参数和输入缓存加载完成之后，可以开始卷积计算，这一过程主要是整体计算控制器给卷积控制器一个开始计算的信号。之后直接跳转到下一个输入缓存和卷积核参数的读取过程。对于卷积层的最后一个通道的计算，在计算完成之后，卷积计算并没有完成，需要等待卷积引擎完成所有计算后，将缓存中的部分和数据写入到下一个存储位置中。对于最后一层卷积层，这些数据需要用于全连接层的计算，所以直接写入到全连接层的缓存中。而对于其他的卷积层，由于计算后的数据用于下一层卷积层的计算，这些数据需要写入到 DDR 中等待下一层卷积层的计算。

2. 卷积引擎控制方式

对于传统的结构完整的卷积神经网络加速器的卷积引擎，其计算过程中数据可控、寻址简单，但是在稀疏化神经网络中，由于计算结果输出通道的不确定性，在控制上增加了一定的难度。本章虽然在计算硬件上增加了一定的调整，但是卷积引擎想达到最高的计算效率，就需要特定的计算和数据装载控制方式。

图 7-16 所示为卷积引擎计算和数据加载方式。在卷积引擎控制中，首先对于每个卷积引擎，按照 1～N 的顺序逐个加载卷积引擎中的部分和数据块，在完成所有的部分和缓存加载之后，计算控制器的卷积窗在16像素×16像素 的输入数据块上滑动，完成卷积计算。完成这一部分计算后，再继续加载下一部分的部分和进行计算。

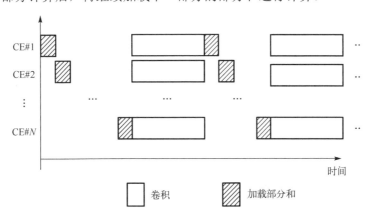

图 7-16　卷积引擎计算和数据加载方式

上述控制方案对卷积引擎的利用效率不是太高。在数据加载过程中，所有的卷积引擎全部处于等待状态。一般情况下，基于 FPGA 的卷积神经网络加速器通过提升卷积引擎的并行度实现高效计算，然而数据加载的总体时钟周期也会随着并行度的提升线性增加，这会大大降低卷积引擎的计算效率。

本章针对上述问题，设计了一种新的卷积引擎计算和数据加载方式，如图 7-17 所示。在这个方案中，也有数据加载过程，并采取与之前相同的数据加载方式。但在加载完当前的部分和数据后，控制卷积引擎立即开始计算。例如，卷积引擎 CE#1 在完成数据加载过程之后，这个计算单元开始控制卷积引擎立即开始计算，也要考虑卷积引擎计算时钟周期和数据加载的问题。

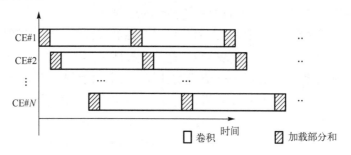

图 7-17　优化后的卷积引擎计算和数据加载方式

在硬件上，本章针对数据加载进行了一定的优化。由于优化后的方案在统一时钟周期内，不同时刻开启卷积计算的卷积窗位置存在一定的差别。当然，在每个卷积引擎上设计一个单独的卷积窗控制单元是可行的，但该方法首先会增加控制的逻辑规模，再者多个卷积引擎访问缓存会增加 FPGA 内部的布局布线难度。在设计过程中，本章发现如果每个卷积引擎之间相差一个时钟周期，那么在卷积计算时，每个卷积引擎所需要的输入数据仅相差一个时钟周期。这就通过寄存器对卷积引擎的输入数据延迟一个周期作为下一个卷积引擎的输入。卷积窗数据缓存就是起到数据延迟的作用，每个卷积引擎只需要一个 6×8 位的寄存器阵列即可完成这个任务。这种利用数据缓存的设计，将 N 卷积窗控制器缩减为 1 卷积窗控制器，大大降低了控制逻辑的规模。

7.4　全连接层加速器设计

7.4.1　全连接层存储方案

卷积神经网络中全连接层的主要特点就是参数量较大、计算量较少和输入/输出数据较少。首先针对输入、输出数据，在全连接层中，拥有最多的输入、输出数据的是 Fc6 层，其输入数据的存储需求为 49KB，这部分存储空间需求是可以接受的，因此本章采用所有全连接层输入、输出数据片上存储方案。但是输入数据在计算过程中需要多次遍历访问，在计算完一个输出神经元的数据后，需要将数据存储到缓存中，如果设置单块缓存，就会出现覆盖输入神经元数据的现象。本章采取双缓存设计，如图 7-18 所示。同时由于计算过程中神经元数据作为输入、输出数据交替变换，本章采取乒乓读取方式，减少输入、输出数据之间位置互相置换。对于全连接层而言，其参数存储需求是难以接受的。在全连接层中，Fc6 层的原始参数需要196MB 的存储空间，即使是稀疏化后的全连接层仍然需要23.35MB 的存储空间。本章将这些存储的数据存储在片外 DDR 缓存中，在进行全连接计算时读取需要的缓存数据，本章采取乒乓读取的方式读取参数。不过此处与神经元数据缓存稍微有所不同，此处缓存主要是在计算过程中存储从 DDR 中读取的数据，使得全连接计算过程中加载需要参与计算的参数，避免数据加载对计算效率的影响。

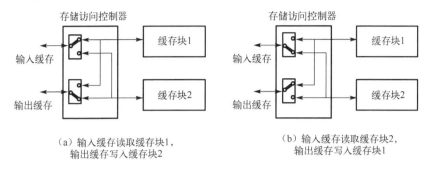

（a）输入缓存读取缓存块1，
　　输出缓存写入缓存块2

（b）输入缓存读取缓存块2，
　　输出缓存写入缓存块1

图 7-18　双缓存与乒乓读取访问

7.4.2　计算单元设计

由于全连接层的计算结构较为简单，本章仅做简单介绍。在全连接层中，主要涉及简单的乘加操作。但是稀疏化后的全连接层神经元分布不连续，导致每次计算结果需要加载特定的输入数据，这个数据检索过程非常耗时。本章在存储稀疏化参数的同时存储对应的输入神经元，用多标志位表示这个参数是否参与这个输出通道计算过程，如图 7-19 所示。

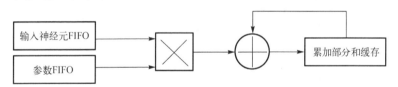

图 7-19　全连接计算单元结构

在计算过程中需要确保输入神经元数据和对应的参数相乘，本章通过设计一个输入神经元 FIFO（先进先出）缓存结构实现与参数位置对应，主要是将缓存在片上的神经元数据根据输出通道要求加载到 FIFO 存储中，这样在计算过程中，就可以使得参数和神经元数据对应实现有序乘加操作。由于参数存储在片外缓存中，需要同时设置一个相同片上FIFO 缓存结构以存储对应的参数。

7.5　存储管理单元

高效的存储管理单元设计是提高片上数据利用率、提升数据交互效率、降低系统带宽的主要途径，如前文所述，存储管理单元和卷积运算单元协调配合是提升系统性能的关键。由于计算单元必须在数据读入之后才能开始工作，尽管本章采取了一系列乒乓缓存和数据预读取机制，并结合卷积流水线操作来消除数据等待的时间，但是数据传输仍是制约加速器吞吐量的关键因素。假设每个卷积运算周期内读取 1 个特征图 tile 和对应批次的权值所需的时间为 T_1，则完成一个 tile 的卷积运算所需时间为 T_2，若 $T_1 > T_2$，则卷积运算周期将被限定为 T_1，每个周期内的数据等待延迟为 $(T_1 - T_2)$。

195

此外，系统功耗中很大一部分来源于片外存储 DDR 和片上缓存 RAM 及寄存器的状态翻转，即读写过程，可以简单地以存储单元状态翻转次数来评估数据读写所消耗的能量，频繁的数据读写会增加系统功耗。此外，对于片外存储 DDR 来说，若不对特征图和权值的组织方式做任何形式的优化，同一个卷积计算周期内需要的数据地址不连续，需要多次发送读写请求，严重影响数据传输效率。而对于片上缓存，复杂的地址寻址需要复杂的逻辑电路实现，这也加剧了系统功耗。

本章中存储管理单元主要包括片外存储和片上缓存两部分，其中片外存储为 DDR，片上缓存主要包括卷积层缓存区和全连接层缓存区。各存储管理单元的具体结构和工作方式将在下文详细介绍。

7.5.1 存储管理单元的重要性

存储管理单元设计对于整体架构的重要性体现在如下两个方面。

（1）对于功耗的影响。存储管理单元会占据整个硬件架构设计中的相当一部分面积，包括片上存储和外部存储 DDR3 进行数据交互的控制单元。这里只考虑片上存储，由于缓存的最基本单元是寄存器，这里以寄存器的翻转次数来衡量片上内存所需的功耗。假设单个寄存器翻转消耗的能量为 ε，片上存储区域大小为 $p \times q$，每个存储区域表示一个 16 位浮点数，即由 $16pq$ 个寄存器组成。所以每次填满寄存器所需的最小功耗为 $16pq\varepsilon$。但是由于内存的填充方式不同，对应的功耗也有很大差别。例如，使用寻址方式填充数据，理论上只填充对应地址的数据，其他地址数据保持不变，即每次只是对应地址数据的寄存器发生翻转，寄存器组的理想功耗为 $16pq\varepsilon$，但是实现寻址的逻辑电路确需要消耗额外的能量，特别当缓存阵列很大时，寻址逻辑电路消耗的能量就更高。

（2）对计算速度的影响。良好的内存管理阵列可以保证读取数据的最大化利用，从而降低数据读取的次数，进而减少整个架构因为读写数据而带来的时序空闲。例如，从外部存储 DDR3 中读取一片卷积区域 Φ 需要 n 个时钟周期，而卷积核完成该卷积区域需要 $m(n > m)$ 个时钟周期，在读取数据和卷积计算成流水线工作的情况下，完成区域 Φ 卷积计算到开始下一区域卷积计算之间理论上要等待 $n - m$ 个时钟周期，如图 7-20 所示。

图 7-20　数据读取对计算速度的影响

这种情况下，即使卷积引擎具有很高的并行度，计算速度可以达到很高，远小于数据读取所需的时间，即 $m \ll n$，但是由于只有在数据读取完成之后，卷积引擎才能开始计算，因此该区域的卷积计算实际上需要 n 个周期才能完成。这种情况是在不考虑数据写出的情况下需要的理论时间，如果考虑卷积过程中的数据写出，即从片上存储写出到外部存储 DDR3 中，就需要更多时钟延迟，假设区域 Φ 的卷积结果写出到外部存储 DDR3 中需要 l 个时钟周期，那么从卷积区域 Φ 读取输入数据到卷积结果写出完成，理论上至少需要 $n+l$ 个时钟周期，如图 7-21 所示。可以看出，真正决定系统计算速度的不是卷积单元计算所需的时间，而是读写外部数据所需的时间，即整个系统的性能受限于硬件平台的 I/O 带宽。

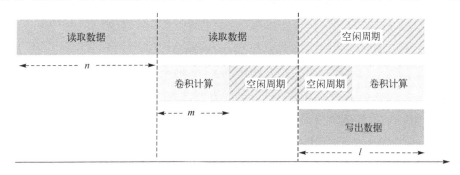

图 7-21　数据读写对计算速度的影响

7.5.2　存储管理单元架构设计

存储管理单元架构设计中，内存单元主要包含输入缓存区、输出缓存区、权值缓存区、偏置缓存区及预读取缓存区。图 7-22 所示为片上缓存结构示意图。其中输入缓存区 Ω_{in} 为 2 个 16×22 位的寄存器组，输出缓存区 Ω_{out} 为 16 个 $32\times14\times14$ 位的寄存器组，权值缓存区 Ω_{weight} 为 2 个 $32\times3\times3$ 位的寄存器组，偏置缓存区 Ω_{bias} 为 512 个寄存器组，预读取缓存区包含 15×8 位的寄存器组成的侧边缓存区 Ω_{side} 和 512 个寄存器组成的顶部预读取缓存区 Ω_{top}。全连接层含有三级缓存区 Ω_{ip1}、Ω_{ip2}、Ω_{ip3}，权值缓存设计和卷积层相同，这里不再画出。下面从卷积层和全连接层两方面介绍缓存机制。

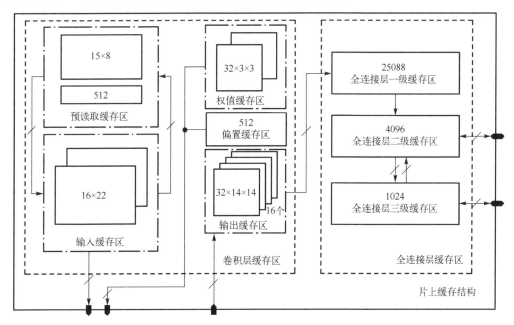

图 7-22　片上缓存结构示意图

197

1. 卷积层缓存区设计

本架构中的卷积操作是以块为单位进行的，称此块为输入缓存区 Ω_{in}，完成一个卷积块的卷积计算所需的时间称为一个卷积周期。一个卷积周期对应的核心区域块的大小为14像素×14像素，但是在块边缘进行卷积计算时，需要对边缘进行像素补齐操作，如图 7-23 所示。

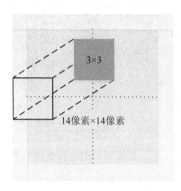

图 7-23　卷积块操作示意图

最终一个卷积周期对应的输入缓存的大小为16×16位，但是输入特征图是按7×7位进行存储的，即中间区域是 4 个完整的连续存储块，边缘区域需要从另外7×7位区域中单独读取。每次卷积引擎开始计算前，16×16位输入缓存区的数据要完全准备完毕。之所以以7×7位作为存储的基本单位，是因为在 VGGNet-16 和 VGGNet-19 中，每层卷积层的输入、输出特征图尺寸都是7×7位的整数倍。例如，第一层卷积层输入特征图大小为224×224位，最后一层卷积层的输出特征图大小为14×14位，所以以7×7位作为基本的存储单元，可以保证缓存区域的数据在外部存储 DDR3 中地址的连续性，提高 DDR3 的数据读取速度。另外由于卷积计算的输出特征图也是以7×7位为基本单位的，因此以7×7位为基本单位的存储方案，简化了数据的排列方式，提高数据读写速率。

图 7-24 所示为输入、输出特征图在 DDR3 中的数据存储方式，首先以7×7位存储单元连续地址存储，同时7×7位存储单元之间按 N 字形排列。连续两行7×7位存储单元为一个单元行，这样就可以保证从 DDR3 中读取的任意14×14位大小缓存块的地址都是连续的，这对于提高 DDR3 的数据吞吐量至关重要。另外以7×7位为存储单元来看，卷积引擎计算的顺序如图 7-24 中的虚线部分所示，称为 Z 字形卷积，即以行优先的方式完成7×7的数据卷积，然后再移至下一单元行。

由于16×16位边缘像素需要从下面和右边的7×7位存储单元中读取，而且右边和下边的边缘像素在 DDR 中不是连续存储的，因此如果每次以这种方式读取边缘输入特征图像素，就直接增加和外部存储交互的次数，使得数据读取速率降低，功耗增加；另外，如果卷积引擎读取该缓存块时，该缓存块无法再接收新的数据，只能等待当前卷积周期完成再接收，读取数据和卷积计算之间的流水线操作无法高效运行；最后考虑到系统并行设计的要求，输入特征图会应用多个卷积核中进行卷积计算，因此如何提高输入特征图的利用率也是卷积缓存区必须要考虑的问题。为此，提出以下三个缓存设计方案：数据预读取机制、乒乓缓存机制和输入特征图优先机制。数据预读取机制旨在减少和外部存储的数据交互次数；乒乓缓存机制旨在提高流水线架构的效率；输入特征图优先机制旨在通过优先读取特征图及最少读取特征图次数来最大化利用读入到片上内存的数据。

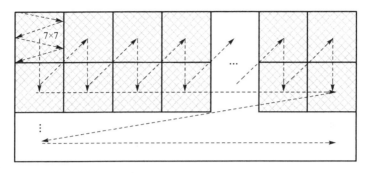

图 7-24　输入、输出特征图在 DDR3 中的数据存储方式

1）数据预读取机制

如前文分析，如果只是每次读取当前卷积区域需要的输入特征图数据，那么下次做卷积计算之前，必须再次读取卷积对应区域的数据，读取外部存储 DDR3 的数据需要相当长的时钟周期，不仅需要读取中间 14×14 位的卷积数据，还需要读取边缘数据，由于边缘数据在 DDR3 中的存储不是连续的，读取边缘数据要花费更长时间，因此，针对卷积块的缓存特性设计出数据预读取机制，如图 7-25 所示，在读取数据到当前输入缓存区 Ω_{in} 时，会附加读取当前卷积块左边的 14×7 位数据（见图 7-25 中的阴影部分）及当前 14×14 位下面的 3×7 个数据（见图 7-25 中的深色部分）。在当前缓存块填充完成时，缓存区中的预读取部分（见图 7-25 中阴影部分）会立即更新到侧边预读取缓存区和顶部预读取缓存区中。

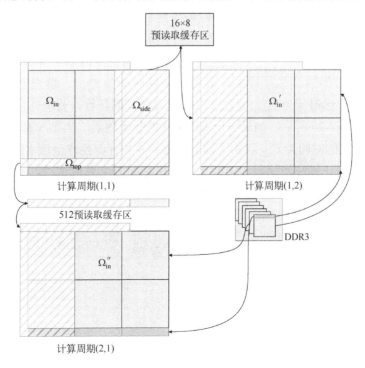

图 7-25　缓存更新示意图

199

对于侧边缓存区，预读取时每次存储当前输入缓存区 Ω_{in} 的 16×22 位左边的 8 列数据，待填充下一个卷积周期的 16×16 位输入缓存区 Ω'_{in} 时，侧边缓存区中的数据会立即填充到输入缓存区的左侧对应区域，而不再由外部存储读入。因此，侧边缓存区的尺寸设计成 15×8 即可。

对于顶部预读取缓存区，在填充当前输入缓存区 Ω_{in} 下方的输入缓存区 Ω''_{in} 时，输入缓存区 Ω''_{in} 顶部像素（顶部阴影部分）需要从上方 7×7 位单元块中读取，由于顶部像素来自输入缓存 Ω_{in} 中，因此这部分像素可直接从顶部预读取缓存区 Ω_{top} 中获取，而不用重复从 DDR3 中读取。而卷积引擎的卷积操作是按 Z 字形顺序进行的，在当前 7×7 位单元行完成后才会进行下一单元行的操作，所以当前单元对应到下一单元行的顶部预读必须全部存储到顶部预读取缓存区 Ω_{top} 中，顶部预读缓存区 Ω_{top} 需要存储输入特征图整行的数据。对于 224×224 位的输入特征图，需要至少 224 个寄存器，而考虑到预读数据之间的重叠，我们将顶部预读取缓存区 Ω_{top} 的数据宽度设置为 256 位。

其他部分从 DDR3 中读取即可。这样就减少了片上内存和外部存储进行数据交互的次数，不仅使数据传输速率提高，还降低了不必要的功耗。

2）乒乓缓存机制

如上文所述，单个输入缓存区无法让读取数据和卷积计算呈流水线运行状态，因为卷积操作从缓存区获取数据的同时，缓存区无法再接收来自外部的输入，对于输入缓存区 Ω_{in} 和权值缓存区 Ω_{weight} 都是如此。为了使读取数据和卷积计算流水线高效运行，我们采用乒乓缓存机制，即输入缓存区 Ω_{in} 和权值缓存区 Ω_{weight} 分别有两组相同的缓存区域 Ω_{in_α}、Ω_{in_β} 及 Ω_{weight_α} 和 Ω_{weight_β}。以输入缓存区为例，当 Ω_{in_α} 用于卷积计算时，Ω_{in_β} 用于接收来自外部存储的数据；下一个时钟周期则 Ω_{in_α} 用于接收来自外部存储的数据，Ω_{in_β} 用于卷积计算。这样卷积操作和读取数据的流水线操作不会因数据交互而打断，尽可能保持流水线的高效运行。同时为了使流水线中不会有空闲周期的出现，卷积核的计算时间和数据读取的时间应该尽量接近，若卷积周期时间为 T_{conv}、填充输入缓存区时间为 T_{in}、填充权值缓存区时间为 T_{weight}，为了使流水线无间断运行，要求 $T_{conv} \approx T_{in} + T_{weight}$。整个流水线运行如图 7-26 所示，如果不计入流水线的起始周期，从载入输入特征图和权值到卷积计算完成需要的时间为 T_{conv}、由于读取数据和卷积计算操作呈流水线运行，所以读取数据的时间被卷积计算时间掩盖，表面上卷积引擎一直全负荷运行，不会因数据读取而等待。

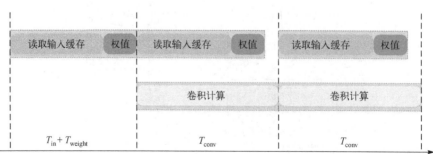

图 7-26　读取数据和卷积计算流水线

3）输入特征图优先机制

卷积神经网络由于是多输入特征图、多输出卷积核并行的网络，把多输入特征图并行计算优先获取某个输出特征图的操作称为**输出特征图优先**，把多输出卷积核并行计算优先完成单个输入特征图的卷积称为**输入特征图优先**。设定优先级对缓存的功耗和整体计算有很大影响。由于本架构频繁和外部存储进行数据交互，因此在提升计算速度和降低存储带宽的前提下，减少与 DDR3 数据交互的次数是首先要考虑的。与外部 DDR3 的交互操作包含读取输入特征图和写出输出特征图，以及读取网络权值参数。

如果采取输出特征图优先机制，每得到一个通道的输出特征图就需要将所有输入特征图读到输入缓存区中，由于输入缓存区不断刷新，之前读入的数据无法再重新利用。对于某层卷积层，如果输入特征图通道数为 m，输出特征图通道数为 n，那么对于输出特征图优先机制，每个输入特征图需要读入缓存区 n 次。完成单层卷积的操作，需要从外部存储中读取 mn 次特征图，每个通道输入特征图需要重复读取 n 次，如图 7-27（a）所示。

如果采取输入特征图优先机制，待输入特征图数据读入片上缓存之后，只有等到和输入特征图有关的所有卷积核都卷积完成，才会读取下一通道的输入特征图。对于含有 m 个输入通道，n 个输出通道的卷积层，每个输入特征图只需要读入缓存区 1 次，完成单层卷积操作，只需要从外部存储中读取 m 次特征图，如图 7-27（b）所示。

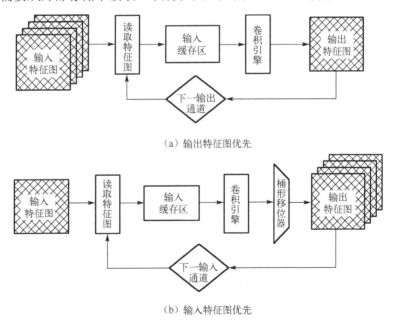

（a）输出特征图优先

（b）输入特征图优先

图 7-27　输入和输出特征图优先性

因此，基于尽可能减少和外部存储进行数据交互的目的，我们采用输入特征图优先机制，如图 7-27（b）所示，图中的网格线表示输出缓存区存储的是卷积的中间过渡数据。

4）输出缓存管理

在此模式中，只有在最后一个通道的输入特征图卷积完成之后，所有的输出特征图数据才有效，在此之前，所有的输出特征图存储的都是中间累加数据。因此，输出缓存区必须能够存储所有输出通道的特征图数据，由于卷积块的大小为16×16位，因此输出缓存区 Ω_{out} 大小为14×14位，由于 VGGNet-16 或者 VGGNet-19 卷积层中最多有 512 个卷积核，而卷积引擎采用 32 个卷积引擎并行的设计，所以输出缓存区总的存储大小为16×32×14×14位，即由 16 个32×14×14位的寄存器组组成。每个卷积周期，卷积引擎都会输出中间特征图数据到某一个32×14×14位的寄存器组中，与寄存器组中原有的数据进行累加，并用累加后的值更新寄存器中的值，如图 7-28 所示。每个时钟周期卷积引擎分别从 32 个并行卷积单元输出 32 个卷积结果，同时卷积引擎输出选择信号以选择输出缓存区中对应位置的数据，用于和卷积引擎输出的结果进行累加，累加之后的结果重新存储到输出缓存区的对应位置中。

片上卷积层输出缓存用于暂存卷积引擎产生的部分和，由于本章采用输入特征图优先的卷积计算过程，当前特征图对应的部分和要作为下一个特征图卷积计算的累加初始值，即需要由输出缓存重新发送至卷积引擎。当最后一个输入特征图计算完毕，输出缓存中保存的为最终的输出特征图，可以写出到 DDR3 中。可以看出输出缓存与卷积引擎和 DDR3 都有数据交互，具体包括以下三个过程。

过程 1：卷积引擎将部分和写入输出缓存。

过程 2：卷积引擎从输出缓存中读取部分和数据作为累加初始值。

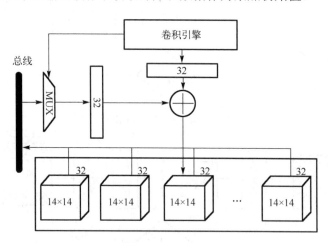

图 7-28　输出缓存区结构示意图

过程 3：输出缓存将输出特征图写出到 DDR3 中。

卷积引擎包含 64 个 PPMAC 处理单元，分别对应 64 个输出通道，每个时钟周期内可以产生对应 64 个输出通道的部分和，为满足过程 1，输出缓存应能直接承接这 64 个部分和数据，并将它们按输出通道分开存储，以便执行过程 2。在 DDR3 中，特征图按照基于 7×7 像素块的方式存储，并按照输入通道组织数据，为保证不同卷积层间的一致性，在过程 3 中，输出缓存应能按输入通道组织以 7×7 tile 子块的结构写出数据。本章采用一种称为桶形移位存储的方案保证输出缓存可同时满足上述要求。此外，桶形移位输出使过程 3 所需的时间最小化，大幅提升了特征图输出效率。

输出缓存基于 BRAM 构造，包含 64 个14×14×8 的双端口 BRAM，64 个 BRAM 对应 64 个输出通道，14×14 的深度可以容纳一个输出特征图，考虑到 VGGNet 中最多有 512 个输出通道，将其深度增加至 8 倍。卷积输出缓存工作方式如图 7-29 所示，其中 A、B 为同一个 BRAM 的两个端口，在地址不冲突的情况下可以同时工作于读入或写出模式。A 端口负责过程 1，B 端口负责过程 2，过程 1 和过程 2 往往会同时工作，所有输入特征图中某个位置的 tile 计算完成后，过程 1 和过程 2 会暂时停下等待过程 3 执行完毕，以清空输出缓存内的数据，为下一次卷积运算做准备。因此过程 3 的延迟应尽可能小，这里为了节约端口模式切换的时间，选择用端口 A 负责过程 3。

图 7-29　卷积输出缓存工作方式

桶形移位输入、输出方案是保证输出缓存正常工作的关键，具体过程如图 7-30 所示，图中虚线框内为输出缓存，包括存储部分（BRAM）和桶形移位逻辑部分（shuffle_i，shuffle_o）。当数据由卷积引擎进入输出缓存时，即在过程 1 中，数据流动过程如图 7-30 中向下的黑色实线箭头所示。shuffle_i 根据数据到来的时刻将卷积引擎中 64 个处理单元阵列产生的计算结果依次右移。准确来说，与前一个时钟周期内产生的结果相比，当前周期内产生的结果依次右移，而后写入对应的 BRAM 存储块。如图 7-30 所示，输出缓存内每个标注有 BRAM 的长矩形块代表 1 个 BRAM 存储块，其中每个正方形块代表一个部分和，第一个数相同代表它们来自同一个处理单元阵列，"$x\#y$"代表处理单元阵列#x 在第 y 个时钟周期产生的部分和。可以看出，每一行部分和都是在同一个时钟周期内产生的，如处理单元阵列#0 在第 0 个时钟周期内由产生的部分和"0#0"存储在 BRAM0 中的第零个位置，而第 1 个周期内产生的结果"0#1"则存储在 BRAM1 的第一个位置中，第 2 个周期内产生的"0#2"则存储在 BRAM2 的第二个位置，依此类推。而在过程 2 中，数据流如图 7-30 中向上的黑色实线箭头所示，即需要反向通过 shuffle_i 向左移位以消除输入时的操作。在过程 3 中，数据流如图 7-30 中的虚线箭头所示，此时需要一次性读出属于同一个处理单元阵列的7×7 个部分和，即颜色相同的 49 个数据。可以看出来自同一处理单元阵列的数据存储在不同的 BRAM 中，因此可以一次性将其读出，写出到 DDR3 中，shuffle_o 负责从读出的 64 个数据中选出所需的 49 个数据，并找到7×7 块内第一个数据的位置。

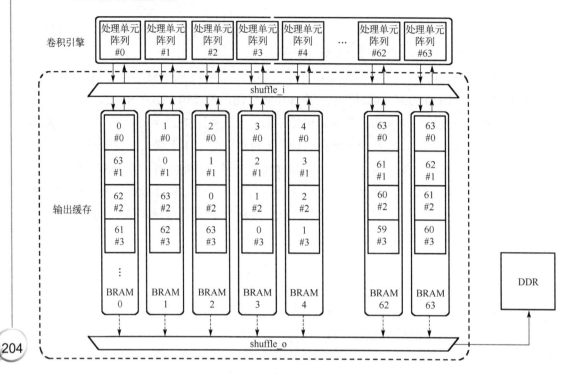

图 7-30　桶形移位输入、输出方案

通过上述方案，输出缓存可以满足与卷积引擎和 DDR3 的交互要求，同时保证 7 像素×7 像素块内的数据保存在不同的 BRAM 中，使其可以在一个时钟周期内读出，最小化输出延迟。

2. 全连接层缓存区设计

全连接层每层输出数据相对于卷积层来说规模很小，因此每层的输入、输出直接保留在片上即可，不需要和外部存储进行数据交互。但是由于网络的大部分参数，特别是对于 VGGNet-16 和 VGGNet-19 而言，都在全连接层中，全连接层和外部存储的数据交互主要表现在读取全连接层的权值和偏置参数上。由于本章采用基于奇异值分解的算法加速架构，全连接层参数规模大幅降低，因此与外部存储进行数据交互的带宽要求相对来说不是很高。

由于全连接引擎本身也是一个流水线架构，因此设计良好的输入、输出缓存对于流水线操作的高效运行有重要意义。如图 7-31 所示，本章采用三级缓存架构，第一级缓存接收来自卷积层最终的输出，第二级缓存和第三级缓存同样组成一个乒乓缓存结构，即两个缓存区，一个为输入缓存区，另一个为输出缓存区，两者的功能一直互相调换。同样对于全连接层的权值缓存区，也采用乒乓缓存结构，以确保全连接层流水线的正常运行。如前面章节所述，全连接引擎只有一个乘加单元，因此全连接层计算流水线周期可能要慢于前面的卷积层计算，在网络上一周期的流水线全连接层还没有计算完成时，网络的下一周期的卷积计算可能就要完成，因此全连接层第一级缓存不能作为乒乓缓存的一部分，而只能接收来自卷积层的输出。

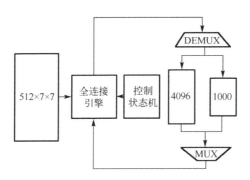

图 7-31 全连接层缓存结构

7.5.3 系统带宽需求分析

系统计算性能可以达到 121.6GFLOP/s，但是系统本身 I/O 带宽能否满足这样的计算性能还需要进一步分析。根据片上存储设计，可以计算出单位数据传输内的计算量 C_β。

从卷积片上缓存设计可知，计算某层卷积层的 n 个完整的输出特征图需要读取 $\left(m \times \dfrac{L}{7} \times \dfrac{L}{7} \times 7 \times 7\right) \times 2 = 2mL^2$ B 的输入特征图数据和 $\left(n \times 3 \times 3 \times m \times \dfrac{L}{14} \times \dfrac{L}{14} + n\right) \times 2 = 2n\left(\dfrac{9}{196}mL^2 + 1\right)$ B 的权值数据，需要写出 $\left(n \times \dfrac{L}{7} \times \dfrac{L}{7} \times 7 \times 7\right) \times 2 = 2nL^2$ B 的输出特征图。而在这段时间内，片上总共涉及 $nm(3 \times 3 + 9 + 1) \times L \times L = 19nmL^2$ 次浮点计算。则单位数据传输内的计算量为

$$C_\beta \approx \frac{19nmL^2}{2mL^2 + 2nL^2 + 2n\left(\dfrac{9}{196}mL^2 + 1\right)} \approx \frac{19nm}{2m + 2n + 0.1nm} \text{FLOP} / \text{B} \tag{7-4}$$

则不同卷积层需要的带宽为

$$B_{\text{req}} \approx \frac{121.6}{C_\beta} = \frac{6.4(2m + 2n + 0.1nm)}{nm} \text{GB/s} \tag{7-5}$$

对于全连接层，计算某层 n 个输出需要读取 $2nm$ B 的权值参数，输入数据直接从 BRAM 中读取，总共涉及的计算量为 $2nm$。则单位数据传输计算量为

$$C_\beta \approx \frac{2nm}{2nm} = 1 \text{FLOP/B} \tag{7-6}$$

则每层全连接层需要的带宽为

$$B_{\text{req}} \approx \frac{0.6}{1} = 0.6 \text{GB/s} \tag{7-7}$$

图 7-32 所示为 VGGNet-16 卷积层和全连接层的带宽需求。全连接层由于只从 DDR3 中读取权值参数，所以 5 层全连接层的带宽需求相同。各层卷积层由于都采用相同的并行

计算单元，所以计算性能都是相同的。但是由于输入、输出通道数随着卷积层改变，导致对带宽的需求不同。系统的最大带宽需求在执行第一层卷积的时候，由图 7-32 可以看出系统的 I/O 带宽还是明显高于系统的带宽需求的。

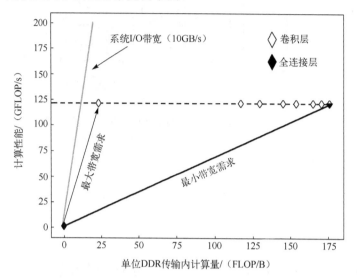

图 7-32　VGGNet-16 卷积层和全连接层的带宽需求

7.5.4　缓存设计和其他模块的协调工作

内存管理单元（MMU）外围设备主要有卷积引擎、全连接引擎、DDR3 数据交互模块及总控状态机。协调内存管理单元和其他模块的时序一致性是设计中非常重要的部分。

首先，由总控状态机发出读取外部数据请求信号，同时使能数据交互模块，输入特征图数据会被读取到片上缓存区中的输入缓存区 Ω_{in}，然后读取权值和偏置数据到卷积层缓存区的权值缓存区 Ω_{weight} 和偏置缓存区 Ω_{bias}。待输入特征图数据和参数都读取完成，总控状态机开启卷积引擎，同时继续保持使能数据交互模块，继续读取下一个卷积周期需要的参数和数据。内存管理单元中的输出缓存区 Ω_{out} 会一直检测卷积引擎的输出数据是否有效，如果有效，就根据卷积引擎输出的地址选择信号选择相应位置的数据与卷积引擎的数据进行累加。待一个卷积周期完成后，卷积引擎会切换到另外的乒乓缓存中读取权值和输入特征图数据，继续进行卷积计算。待所有输出通道的特征图计算完成之后，总控状态机开启必要的激活函数 ReLU 和池化操作，同时开启写数据交互模块，写出输出缓存区 Ω_{out} 的数据到外部存储 DDR3 中。

待所有卷积层完成之后，总控状态机开启全连接引擎，开始进行全连接层计算，同时保持使能卷积引擎，进行下一帧图像的卷积操作。全连接层控制状态机使能内存管理单元中的三级缓存区 Ω_{ip1}、Ω_{ip2}、Ω_{ip3} 及全连接层参数缓存区 Ω_{weight}、Ω_{bias}。由 Ω_{ip1} 输出卷积结果到全连接引擎中，第一层全连接引擎输出结果到 Ω_{ip2} 中，接着全连接引擎从 Ω_{ip2} 读取数据进行下一层全连接计算，并输出结果到 Ω_{ip3} 中。然后全连接引擎从 Ω_{ip3} 读取数据并输出结果到 Ω_{ip2} 中，依此类推，开始乒乓操作。

整个系统的协调工作全部由总控状态机和各子级状态机控制，如图 7-33 所示。总控状态机里含有很多状态，图 7-33 中只涉及和缓存管理相关的状态。图 7-33 中的黑色粗横线表示后面的两个状态并发执行，即读取数据和卷积操作同时进行，为流水线操作。另外由于卷积层和全连接层计算过程不相同，所以对于卷积层和全连接层的缓存控制分别由两组状态机控制。

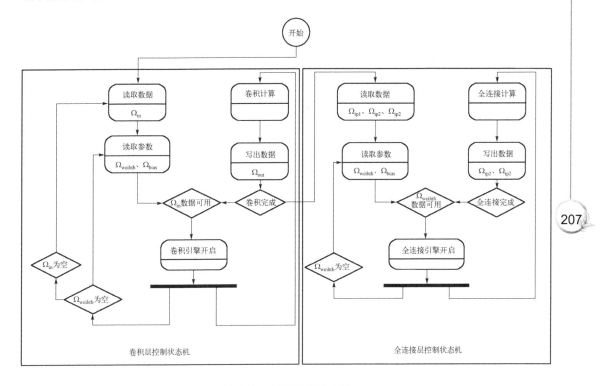

图 7-33　缓存控制状态机

7.5.5　缓存设计比较

缓存设计是卷积神经网络硬件加速架构很重要的一部分，在以片上内存管理为导向的架构设计中，如何最大化利用片上缓存和最小化数据传输带宽始终是一个绕不开的问题。

Peemen 等人提出一种以最小化片上内存为中心目标的加速架构，片上输入缓存区是采用 5 个 FPGA Block RAMs（BRAMs）构建的循环存储结构。卷积计算采取输出特征图优先机制，即不断从外部存储中读入某一输出通道卷积核所需要的输入特征图数据，如前文所述，这样的设计方案虽然简化了卷积计算结构及输出缓存区的控制，但是却增加和外部存储进行数据交互的次数，降低整体架构的运行速度。为了提高计算速度，该架构还采用多输出通道卷积核并行架构，但是缓存区的设计导致架构并不能达到很高的并行度，该文章只给出两个输出通道卷积核的设计。因此，虽然该架构具有低功耗的优势，但也是以降低卷积计算并行度为代价来实现的。

Alwani 等人提出一种金字塔形卷积计算架构 Fused-Layer，该架构的主要目标在于充分利用输出特征图，减少片上内存和片外存储数据交互的次数。该架构通过融合多层卷积层操作，即不是每次等计算完当前卷积层的所有输出才开始计算下一层，而是在当前卷积块的所有输出计算完成之后，立即开始下一层卷积层在该区域上的卷积计算，依此类推。之所以称之为金字塔形卷积计算架构，是因为每层卷积层输出特征图尺寸依次减小，该架构可以融合很多卷积层，直至最后输出的特征图尺寸小于卷积核尺寸。当然考虑到中间存储的问题，该架构可以选择在某一层提前截止。由于每次只输出部分输出特征图，因此这些数据完全可以存储到片上，而不用输出到外部存储中，从而大大减少和外部存储进行数据交互的次数。但是这种架构也存在明显的缺点，每次金字塔形卷积计算过程都是先后互相独立的，由于卷积操作的特点，先后两个金字塔形计算过程在中间数据上存在重叠，如图 7-34 所示。卷积块尺寸越大，重叠计算的区域就越多，重叠计算的部分在该研究中用增加缓存的方法来避免，但是这样就不可避免地增加片上缓存，卷积块尺寸越大，所需要的额外片上缓存就越多。

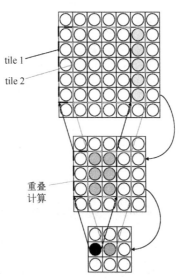

图 7-34　Fused-Layer 中的数据重叠计算

Rhu 等人提出一种面向 GPU 的高效可扩展的卷积计算架构 vDNN，在 AlexNet 网络测试下，GPU 内存占用和原来相比降低了 89%。该研究抛弃传统从全局角度分配内存的方法，转而在卷积操作中动态分配所需要的内存，不需要的内存空间立即进行回收。在 Caffe 平台进行卷积神经网络的前向传播计算时，往往在确定网络结构后，立即从全局为每一层分配好必要的内存。但是真正计算的时候，可能只有和某一层卷积层相关的内存才会被使用，其他内存区域处于空闲状态，这就使得内存的使用率大大降低。因此，一种以单层卷积层为中心的动态内存分配和释放机制被提出。在网络的前向传播过程中，后面的卷积层计算不再依赖前面的卷积层存储，因此，此时前面的卷积层内存完全可以释放，以节省空间为后面的卷积层分配内存，如图 7-35 所示。图 7-35 中黑色的叉号表示当前卷积层的缓存标记释放，只有和当前有关的内存才会被保留，这样就大大降低了卷积神经网络前向操作时的内存需求。

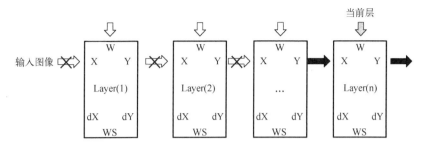

图 7-35　vDNN 动态内存分配示意图

习题

1. CPU 比 GPU 时钟频率更高、计算速度更快，为什么 GPU 更容易实现计算加速功能？

2. 当前主流的实现卷积神经网络加速器的解决方案主要有哪些？

3. 在 FPGA 部署卷积神经网络的主要瓶颈表现在哪些方面？

4. 利用 FPGA 实现卷积神经网络加速器的优势主要体现在哪些方面？

5. 卷积神经网络加速器系统架构主要包含哪几个模块？模块间的数据流动关系是什么？

6. 计算模块中的卷积引擎和全连接引擎在处理单元阵列分配上有何不同？为什么？

7. 使用循环分块的卷积运算控制策略，如何对特征图进行划分？tile 的尺寸设置主要依据是什么？

8. 卷积层中有多个输入、输出特征图，在设计并行计算时，主要有哪些实现思路？各种思路的差异主要体现在哪些方面？

9. 卷积神经网络推理过程有哪些计算操作可以实现并行处理？在 FPGA 加速器实现中，主要受到哪些因素的限制？

10. 如何构造卷积-全连接流水结构以提升系统模块工作时序上的协调一致性？

11. 混合计算中，块浮点数主要包含哪几个部分？块浮点计算的缺点主要表现在哪些方面？

12. 稀疏化矩阵的主要存储方式有哪几种？各种方式的优缺点分别是什么？

13. 简要概述卷积层加速器的控制流程及卷积引擎的控制方式？

14. 全连接层的参数规模较大、计算量较少，存在输入数据多次遍历访问问题，如何设计其加速器的存储方案？

15. 加速器吞吐量的主要受到数据传输的制约，如何设计片上缓存及片外存储方案？

16. 在片外像素块的存储管理中，如何通过补充无效数据的方式实现数据对齐？

17. 基于行缓存区的片上输入缓存如何实现输入特征图的重复利用？

18. 片上输出缓存与卷积引擎及 DDR3 的数据交互包含哪几个过程？简要描述各个过程之间的交互关系。

思政之窗

党的二十大报告指出："研究掌握信息化智能化战争特点规律，创新军事战略指导，发展人民战争战略战术。打造强大战略威慑力量体系，增加新域新质作战力量比重，加快无人智能作战力量发展，统筹网络信息体系建设运用。"在信息化、智能化军事对垒中，可能在导弹、战机出动之前，双方已经在看不见的电磁世界分出了胜负。这其中，具备超强算力的芯片扮演了重要角色。芯片广泛应用于军事装备的侦察、指挥、控制、通信环节。例如，雷达的探测能力就建立在芯片的运算能力之上；预警机强大的目标识别和指挥控制能力也有赖于高性能芯片的支撑；大数据、云计算、人工智能的诸多计算任务都要通过芯片来实现。电子信息以光速在作战系统内部沿着"OODA"闭环自动循环，而芯片则是决定其循环速度的关键。

附表 A-1　逻辑门符号对照表

名称	本书逻辑门符号	国标逻辑门符号
反相器	A ——▷○—— Y	A ——[1]○—— Y
与门	A, B ——⊃—— Y	A, B ——[&]—— Y
或门	A, B ——)—— Y	A, B ——[≥1]—— Y
异或门	A, B ——)—— Y	A, B ——[=1]—— Y
与非门	A, B ——⊃○—— Y	A, B ——[&]○—— Y
或非门	A, B ——)○—— Y	A, B ——[≥1]○—— Y

参 考 文 献

[1] W S CULLOCH, W H PITTS. A Logical Calculus of the Ideas Immanent in Nervous Activity[J]. Bulletin of Mathematical Biophysics, 1942, 5(4): 115-133.

[2] E CAPALDI. The Organization of Behavior[J]. Journal of Applied Behavior Analysis, 1992(25): 25-575.

[3] F ROSENBLATT. The Perceptron: A Probabilistic Model for Information Storage and Organization in the Brain [J]. Psychological Review, 1958(65): 386 - 408.

[4] Y CHAUVIN, D E RUMELHART. Backpropagation: Theory, Architectures and Applications[M]. Hillsdale: L. Erlbaum Associates, 1995.

[5] G HINTON, S OSINDERO，Y W TEH. A Fast Learning Algorithm for Deep Belief Nets[J]. Neural Computation, 2006(18): 1527-54.

[6] A KRIZHEVSKY, I SUTSKEVER, G HINTON. ImageNet Classification with Deep Convolutional Neural Networks[J]. Neural Information Processing Systems(NIPS), 2012(25): 1097-1105.

[7] McCULLOCH W S, PITTS W. A Logical Calculus of the Ideas Immanent in Nervous Activity[J]. The Bulletin of Mathematical Biophysics, 1943, 5(4): 115-133.

[8] HUBEL D H, WIESEL T N. Receptive Fields, Binocular Interaction and Functional Architecture in the Cat's Visual Cortex[J]. The Journal of Physiology, 1962, 160(1): 106- 154.

[9] DIETTERICH T. Overfitting and Undercomputing in Machine Learning[J]. ACM Computing Surveys, 1995, 27(3): 326-327.

[10] HUBEL D H, WIESEL T N. Receptive Fields and Functional Architecture of Monkey Striate Cortex[J]. The Journal of Physiology, 1968, 195(1): 215-243.

[11] ZEILER M D, FERGUS R. Visualizing and Understanding Convolutional Networks[C]. European Conference on Computer Vision. Springer, Cham, 2014: 818-833.

[12] NAIR V, HINTON G E. Rectified Linear Units Improve Restricted Boltzmann Machines[C]. Proceedings of the 27th International Conference on Machine Learning (ICML-10) , 2010: 807-814.

[13] SRIVASTAVA N, HINTON G, KRIZHEVSKY A, et al. Dropout: a Simple Way to Prevent Neural Networks from Overfitting[J]. The Journal of Machine Learning Research, 2014, 15(1): 1929-1958.

[14] Softmax function [S/OL] https://en.wikipedia.org/wiki/Softmax_function. Accessed: 2019/10/5.

[15] HAN S, MAO H, DALLY W J. Deep Compression: Compressing Deep Neural Networks with Pruning, Trained Quantization and Huffman Coding[C]. International Conference on Learning Representations, 2016: 1-14.

[16] VAN L J. On the Construction of Huffman Trees[C]. ICALP, 1976: 382-410.

[17] MEI C, LIU Z, NIU Y, et al. A 200MHZ 202.4 GFLOPS@ 10.8 W VGG16 accelerator in Xilinx VX690T[C]. 2017 IEEE Global Conference on Signal and Information Processing (GlobalSIP). IEEE, 2017: 784-788.

[18] CHEN T, DU Z, SUN N, et al. Diannao: A Small-Footprint High-Throughput Accelerator for Ubiquitous Machine-Learning[C]. ACM Sigplan Notices. ACM, 2014, 49(4): 269-284.

[19] CHEN Y, LUO T, LIU S, et al. Dadiannao: A Machine-Learning Supercomputer[C]. Proceedings of the 47th Annual IEEE/ACM International Symposium on Microarchitec- ture. IEEE Computer Society, 2014: 609-622.

[20] QIU J, WANG J, YAO S, et al. Going Deeper With Embedded Fpga Platform for Convolutional Neural Network[C]. Proceedings of the 2016 ACM/SIGDA International Symposium on Field-Programmable Gate Arrays. ACM, 2016: 26-35.

[21] SANDLER M, HOWARD A, ZHU M, et al. Mobilenetv2: Inverted Residuals and Linear Bottlenecks[C]. Proceedings of the IEEE Conference on Computer Vision and Pattern Recognition. 2018: 4510-4520.

[22] ZHANG X, ZHOU X, LIN M, et al. Shufflenet: An Extremely Efficient Convolutional Neural Network for Mobile Devices[C]. Proceedings of the IEEE Conference on Computer Vision and Pattern Recognition. 2018: 6848-6856.

[23] MA N, ZHANG X, ZHENG H T, et al. Shufflenet v2: Practical Guidelines for Efficient CNN Architecture Design[C]. Proceedings of the European Conference on Computer Vision (ECCV). 2018: 116-131.

[24] JOUPPI N P, YOUNG C, PATIL N, et al. In-Datacenter Performance Analysis of a Tensor Processing Unit[C]. 2017 ACM/IEEE 44th Annual International Symposium on Computer Architecture (ISCA). IEEE, 2017: 1-12.

[25] KUNG H T. Why Systolic Architectures[J]. IEEE Computer, 1982, 15(1): 37-46.

[26] ZHANG C, LI P, SUN G, et al. Optimizing Fpga-Based Accelerator Design for Deep Convolutional Neural Networks[C]. Proceedings of the 2015 ACM/SIGDA International Symposium on Field-Programmable Gate Arrays. ACM, 2015: 161-170.

[27] POUCHET L N, ZHANG P, SADAYAPPAN P, et al. Polyhedral-Based Data Reuse Optimization for Configurable Computing[C]. Proceedings of the ACM/SIGDA International Symposium on Field Programmable Gate Arrays. ACM, 2013: 29-38.

[28] GUO K, SUI L, QIU J, et al. Angel-Eye: A Complete Design Flow for Mapping CNN onto Embedded FPGA[J]. IEEE Transactions on Computer-Aided Design of Integrated Circuits and Systems, 2017, 37(1): 35-47.

[29] TURING A M. On Computable Numbers, with an Application to the Entscheidungsproblem[J]

Proceedings of the London Mathematical Society,1936, 58(345-363).

[30] MCC J, M M L, ROCHESTER N. A Proposal for the Dartmouth Summer Research Project on Artificial Intelligence, August 31, 1955[J/OL]. AI Magazine, 27(4), 12. https://doi.org/10.1609/aimag.v27i4.1904.

[31] ANDERSON, JAMES A, ROSENFELD EDWARD. Talking Nets: An Oral History of Neural Networks[J]. IEEE Transactions on Neural Networks, 1998,1054-1054.

[32] RUMELHART D E, HINTON G E, WILLIAMS R J. Learning Representations by Back-Propagating Errors[J]. Nature, 1986, 323(6088): 533-536.

[33] BUCHANAN B G, SHORTLIFFE E H. Rule-Based Expert Systems: The Mycin Experiments of the Stanford Heuristic Programming Project (the Addison-Wesley series in Artificial Intelligence) [M] . Addison-Wesley, 1984.

[34] SHORTLIFFE EH, BUCHANAN BG. A Model of Inexact Reasoning in Medicine[J]. Mathematical Biosciences, 1975, 23 (3–4): 351–379.

[35] JORDAN M I, MITCHELL T M. Machine Learning: Trends, Perspectives, and Prospects[J]. Science, 2015, 349(6245): 255-260.

[36] BENGIO Y, COURVILLE A, VINCENT P. Representation Learning: A Review and New Perspectives[J]. IEEE Transactions on Pattern Analysis and Machine Intelligence, 2013, 35(8): 1798-1828.

[37] ZHOU BIN, L WENTAO, CHAN, KA WING. "Smart Home Energy Management Systems: Concept, Configurations, and Scheduling Strategies," Renewable and Sustainable Energy Reviews, Elsevier, vol. 61[C]. 2016, 30-40.

[38] TOPOL E J. High-Performance Medicine: the Convergence of Human and Artificial Intelligence[J]. Nature Medicine, 2019, 25(1):44-56.

[39] SILVER D, HUANG A, MADDISON C J, et al. Mastering the Game of Go with Deep Neural Networks and Tree Search[J]. Nature, 2016, 529(7587): 484-489.

[40] AMODEI D, OLAH C, STEINHARDT J, et al. Concrete Problems in AI Safety[J]. ArXiv Preprint arXiv:1606.06565, 2016.

[41] Y YANG, D YANG C. DYER. Hierarchical Attention Networks for Document Classification[C] Proceedings of the 2016 Conference of the North American Chapter of the Association for Computational Linguistics: Human Language Technologies, 2016:1480-1489.

[42] PEEMEN M, SETIO A A A, MESMAN B, et al. Memory-Centric Accelerator Design for Convolutional Neural Networks[J]. IEEE, 2015:13-19.

[43] ALWANI M, CHEN H, FERDMAN M, et al. Fused-Layer CNN Accelerators[C]// IEEE/ACM International Symposium on Microarchitecture. IEEE, 2016:1-12.

[44] RHU M, GIMELSHEIN N, CLEMONS J, et al. vDNN: Virtualized Deep Neural Networks for Scalable, Memory-Efficient Neural Network Design[J]. IEEE, 2016:1-13.

反侵权盗版声明

电子工业出版社依法对本作品享有专有出版权。任何未经权利人书面许可，复制、销售或通过信息网络传播本作品的行为；歪曲、篡改、剽窃本作品的行为，均违反《中华人民共和国著作权法》，其行为人应承担相应的民事责任和行政责任，构成犯罪的，将被依法追究刑事责任。

为了维护市场秩序，保护权利人的合法权益，我社将依法查处和打击侵权盗版的单位和个人。欢迎社会各界人士积极举报侵权盗版行为，本社将奖励举报有功人员，并保证举报人的信息不被泄露。

举报电话：（010）88254396；（010）88258888
传　　真：（010）88254397
E-mail：　　dbqq@phei.com.cn
通信地址：北京市海淀区万寿路 173 信箱
　　　　　电子工业出版社总编办公室
邮　　编：100036